JN296804

カラー版 徹底図解

色のしくみ

Johann Wolfgang von Goethe

The visual encyclopedia of Color

新星出版社

徹底図解 色のしくみ

はじめに……6

Image Gallery　宇宙と空の色……8
　　　　　　　　昆虫の色……10
　　　　　　　　海中の色……12

第1章　光と色　13
色研究の元祖、ニュートンとゲーテ……14
光－色の感覚を引きおこすもの……16
可視光線……18
光の反射、吸収、透過……20
色光の3原色、色材の3原色……22
光の色彩現象①屈折……24
光の色彩現象②散乱……26
光の色彩現象③回折と干渉……28
色の現象的分類……30
人工光　白熱灯と蛍光灯……32
光と色温度……34
光の明るさ①単位……36
光の明るさ②条件等色……38
光の明るさ③標準イルミナントと演色性……40
動植物の色素……42
染料……44
顔料……46
印刷インキ……48
塗料……50
絵の具、その他の色材……52
　Column　JIS 慣用色名①……54

第2章　色が見えるしくみ　55
眼の構造と役割……56

網膜の役割……58
大脳のはたらき……60
色の知覚……62
明暗順応と色順応……64
比視感度とプルキンエ現象……66
色の恒常性と明るさの恒常性……68
残像……70
色相対比……72
明度対比、彩度対比……74
同化……76
視認性、誘目性、識別性……78
色記憶と記憶色……80
色の見え方……82
主観色とネオンカラー効果……84
錯視……86

Column JIS慣用色名②……88

第3章 色を表すしくみ 89

色の3属性……90
マンセル表色系……92
PCCS（日本色研配色体系）……94
NCS（Natural Color System）……96
XYZ表色系、L*a*b*表色系……98
色の伝達方法……100
色の記号で伝達する……102
測色値で伝える……104

Column JIS慣用色名③……106

第4章 混色と色再現 107

加法混色①同時加法混色……108
加法混色②中間混色……110
減法混色……112
印刷の色再現……114
写真の色再現……116
テレビの色再現……118

Column JIS慣用色名④……120

第5章　色と心理　121

共感覚……122
色の連想……124
色の寒暖感……126
膨張色と収縮色……128
色の軽重感、硬軟感……130
色に対するイメージ……132
投映法（投影法）……134

> Column　JIS 慣用色名⑤……136

第6章　色彩調和論と配色調和　137

ゲーテの色彩調和論……138
シュヴルールの色彩調和論……140
オストワルトの色彩調和論……142
イッテンの色彩調和論……144
ジャッドの色彩調和論……146
代表的な配色①……148
代表的な配色②……150
代表的な配色③……152
代表的な配色④……154
慣用的な配色……156
配色の基礎用語……158

> Column　JIS 慣用色名⑥……160

第7章　生活と色彩　161

景観と色彩……162
街並みと色彩……164
インテリアのカラーコーディネート……166
部屋の用途別のインテリアカラー……168
食物と色彩……170
家電の色……172
自動車の色……174
ケータイ（携帯電話）の色……176
CIカラー……178
安全色彩……180

> Column　JIS 慣用色名⑦……182

第8章　これからの色彩　183
デジタル色彩（Digital Color）……184
発光ダイオード……186
ユニバーサルデザインと色彩……188
機能性色素……190
カラーマネジメント（Color Management）……192
癒しと色彩……194
> Column　JIS 慣用色名⑧……196

第9章　世界各国の色彩文化　197
国旗と色彩……198
ヨーロッパの色①オランダ……200
ヨーロッパの色②ドイツ……202
ヨーロッパの色③イギリス……204
ヨーロッパの色④イタリア……206
ヨーロッパの色⑤フランス……208
アフリカ諸国の色……210
中南米諸国（ラテンアメリカ）の色……212
イスラム圏の色……214
アジアの色①中国……216
アジアの色②日本……218

さくいん……220
特別協力・おもな参考文献……223

■ **図解・イラスト作成**
飯田貴子
ニシ工芸株式会社
坂本勝美

■ **写真撮影**（著者撮影によるものを除く）
望月豪太

■ **画像提供**（本文にクレジットのある場合を除く）
PANA 通信社
Morguefile.com（http://www.morguefile.com/）

■ **DTP 制作**
ニシ工芸株式会社

★本書掲載の図版類はすべて CMYK 4色分解により表現されたものであり、その色再現性には十分でない部分があります。
★ Adobe Photoshop はアドビシステムズ社の商標です。
　その他、本書掲載の会社名・製品名は各社の登録商標または商標です。
★本書掲載の商品、企業ロゴ等は初版発行時（2009 年）のものです。

はじめに

　本書は、「色のしくみ」と題して、私たちの生活環境の中で、色彩がいかに重要な役割を果たしているかを、多角的な視座から考察することを目的としている。その具体的方法論として、色彩の成り立ち、色の見え方、色の生理と心理、色の感情効果、そして色彩文化などの、「色のしくみ」を解明し、色彩の本質を解明・考察しようとする試みである。

　現在、色彩に関する数多くの書籍が刊行されている。ただその多くは色彩科学に関する記述か、カラーコーディネートに関する色彩演習に関したものである。

　本書はこれらの書籍と異なり、カラー写真、イラスト、図表を多用して、「色のしくみ」を視覚的に、具体的に解明することを試みている。上記の狙いを解明するため、本書は以下の順序に従って、構成されている。

(1) 光と色の理解

　私たちは光がなければ色を見ることができない。光がない暗闇の中では、色彩はもちろんのこと、物の存在や形態でさえ認識することが難しい。色彩を考えるに当たって、最初に光の性質や特性を学ぶことにより、色が生まれる「しくみ」などを考察する。

　また光には太陽光と人工光がある。太陽光の性質や特徴を学ぶとともに、太陽光から生まれる虹や光環などの色彩現象、色温度について学び、合わせて白熱灯や蛍光灯などの人工光の種類と特徴を理解する。

　さらに色を作り出す代表的な色素・色材―染料、顔料、インキ、塗料―について種類や発色の原理や性質などを学び、色への理解を深めたい。

(2) 色の感覚と知覚の理解

　光があっても光を受容する眼の働きが正常でなければ、色を正しく見たり、知覚することはできない。光がどのような過程を経て視細胞に受容され、やがて大脳に伝達され、私たちが色として知覚するかの基本的な原理を学ぶとともに、眼の構造と大脳のはたらきを正しく理解することによって、色の感覚と色の知覚の「しくみ」を学ぶこととする。さらに色の知覚にともなう残像、対比、同化、主観色、錯視、記憶色などを視覚的に理解するとともに、色の見え方の不思議な現象を体験したい。

(3) 色の表色体系への理解

　色を正しく記憶したり、伝達する必要に迫られたとする。その際、私たちは、どのような方法で色を記憶し、伝達しているのであろうか。ここでは日常、慣用的に使われる慣用色名を学ぶとともに、色を秩序よく分類整理した顕色系の代表的なカラーオーダーシステムのマンセル表色系、NCS、PCCSや、混色系のXYZ表色系、$L*a*b*$表色系などを学び、「色のしくみ」を理解し、合わせて色を正しく記憶・伝達する手法を学びたい。なお、代表的な慣用色名については、各章末のコラム欄において、色票とともにマンセル値を記載した。

(4) 色再現への理解

あらゆる色は色光の3原色や色材の3原色の混色によって作られる。この章では、色の2つの混色原理である加法混色と減法混色を学ぶとともに、その原理によって再現される印刷物、写真、テレビなどの色再現の技法を理解し、さらに日進月歩の技術革新によって、色再現のシステムが、どのように変わりつつあるかを学ぶこととする。

(5) 色彩心理・生理への理解

赤い林檎（りんご）を見れば「きれいだな」とか「食べたいな」とか思ったり、「赤い頬っぺの女の子」を思い出したりする。またある色を見て、さまざまな事象や言葉を連想したり、元気になったり、気持ちが沈んだりする。これらは色を見ることによって引きおこされる色彩心理のはたらきである。本章では、色の連想、色の寒暖、軽重、派手・地味などの色彩心理を考察するとともに、SD法などの色のイメージ調査法や、色を通した人間の心理考察法などのいくつかの手法について紹介する。

(6) 色彩調和と配色調和への理解

色は常に他の色とともに用いられる。背景の色や周囲の色とともに用いられ、たった1色だけで使われることは極めて少ない。私たちは、その色の組み合わせを見て、美しい色だとかよく調和しているなどと判断を下している。ここでは過去の有名な色彩研究者による色彩調和論を紹介して、その基本を学ぶとともに、産業界で用いられている一般的な配色技法を列挙して、よい配色を得るための縁（よすが）としたい。

事例としてはファッション・カラーコーディネーションのケースを取り上げたが、広くデザイン業務にも応用できるように考案した。

(7) 生活デザインや色彩文化への理解

私たちの生活環境には、さまざまな色が溢（あふ）れている。この章では、現在のわが国の景観、インテリア、家電、商品、CIカラーなどの生活色彩、視覚言語としての色彩などの動向と変遷について、視覚的に紹介する。

また世界各国は、民族、風土、伝統などによって、独自の色彩文化をもっている。国旗にはその国家や民族、宗教、伝統行事などの色が表されている。その国旗の特徴を学んだり、それぞれの国に生きている色彩文化を正しく理解することは、「色のしくみ」への理解を一層深めるものと思われる。

本書は、色への関心が薄い方、また色に対する関心を持ち始めた方々を対象にして、「色のしくみ」を極めて平易に解説することに努めている。本書は主に渡辺明日香、矢部淑恵が執筆し、城一夫が監修した。また、本書を編纂、執筆するに当たって、多数の企業、大勢の方々に資料提供、助言を頂いた。ここで一々お名前をあげさせて頂くことは控えるが、これらの方々の協力がなければ、本書は完成することはなかったと思われる。ここに改めて謝辞を述べさせて頂く次第である。

監修　城　一夫

Image Gallery | 宇宙と空の色

かに星雲
西暦1054年の超新星爆発による星の残骸で、望遠鏡で見ると、かにの甲のように見える。爆発の後に飛び出るガスが輝いて、星雲として見えている。ガスの化学組成によって、さまざまな色が生じる。

写真／ESO

彩雲

光の回折(かいせつ)(P.28)によって起こる現象。小さな雲粒によって太陽光線が曲がり、スペクトルの色に分かれるために、雲が美しく色づいて見える。昔から、めでたいことが起こる前触れと考えられた。

オーロラ

太陽から飛来する電子や陽子が、地球の超高層大気の粒子に衝突することによって、さまざまな色の光を出す現象。もっともよく見られる色は、高さ100〜200kmにある酸素原子が出す、緑色である。

写真／武田康男(2点とも)

Image Gallery ｜ 昆虫の色

タマムシ

タマムシの外皮を観察すると、透明な薄い膜が18層も重なった構造になっている。この層に光が屈折、干渉、回折し、体表に分布する色素の発色と結びついて美しい輝きを呈する。これを「構造色」という。オスが同種のメスを見つけるのに役立つと考えられている。

写真／海野和男（3点とも）

コノハムシ

コノハムシの仲間は熱帯に多い。特にメスは木の葉にそっくりな姿をしており、羽だけでなく脚まで葉のように平たい。植物を食べるおとなしい昆虫だが、風景の一部になりきることで、身を守っている。矢印部分が頭（右下の写真も同様）。

ハナカマキリ

熱帯アジアに分布する、花にそっくりな姿のカマキリ。白色のタイプとピンク色のタイプがあり、自分とよく似た色の花の上に止まって、チョウなどの獲物が近くに来るのを待ち伏せする。

Image Gallery | 海中の色

ヤリイカの幼生

イカやタコの仲間は、皮膚の下にある色素胞という袋の大きさを変えることで、瞬間的にさまざまな色に変化することができる。イカ類では敵から身を隠すだけでなく、求愛や威嚇などのコミュニケーションにも利用している。

キンギョハナダイ

魚類には、オスとメスで体の色が異なるものが多い。キンギョハナダイは、オスでは胸びれに濃紫色の斑紋があるが、メスにはそれがない。数尾のオスと数十尾のメスで群れを作ることが多く、メスからオスに性転換することが知られている。

写真／ネイチャー・プロダクション
（2点とも）

第 1 章

光と色

色研究の元祖、ニュートンとゲーテ

> **Key word　色彩科学**　色彩科学には2つの大きな潮流がある。ひとつはニュートンによる「光の科学」に基づく研究、もうひとつはゲーテによる「色彩の生理・心理」に基づく研究である。

ニュートンの光の科学

1666年、イギリスの物理学者のアイザック・ニュートン（1642年～1727年）は**プリズム**の実験を行い、太陽光は白色光であり、その白色光が赤橙黄緑青藍菫（せきとうおうりょくせいらんきん）(Red、Orange、Yellow、Green、Blue、Indigo、Violet) の7つの**スペクトル**（虹の色の順に並んだ光の帯）に分光されることを証明した。ニュートンは「オリジナルな基本色は赤、黄、緑、青および菫（すみれ）であり、それに橙、藍が加わり、さらにその中間に無限の色がある」といい、スペクトルは無限の色を引きおこす光であることを指摘している。

さらにニュートンは「光線には色はない。それぞれの色の感覚を引きおこす、ある種の力と性質があるだけである」といった。これは古代ギリシャの哲学者アリストテレスが提唱し信じられてきた「色は白と黒の間にある」という色彩観に相反するものであった。また彼は「宇宙にあるすべての色は、光によって構成され、人間の想像の力には左右されない」と結論した。色彩の科学は、このニュートンから始まったのである。

ゲーテの色彩の生理・心理学

1700年代後半、ドイツの文豪ヨハン・ヴォルフガング・ゲーテ（1749年～1832年）は、ある日ニュートン学派からプリズムを借りてきて、スペクトルの分光を試みた。しかし、プリズムを白い壁にかざしてみても、壁は白いままであった。ここからゲーテは、科学的な実験を積み重ね、ニュートン理論とニュートン学派への鋭い反撃を加えるようになる。

ゲーテの有名な実験にロウソクの青い影の実験がある。彼は「夕方、夕日に向かって燃えているロウソクを白い紙の上に置き、夕日とロウソクの間に1本の鉛筆を立てたとする。すると、夕日に照らされた鉛筆の影は黄赤であるのに対して、ロウソクによる影は美しい青色に見える」と述べている。

ゲーテは、この現象は人間の生理的・心理的作用によるものだと考え、ここから彼の生理的・心理的な研究が始まるのである。

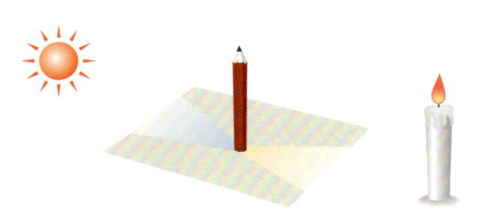

ゲーテによるロウソクの実験

豆知識　古代ギリシャの哲学者アリストテレスは、すべての有彩色は白と黒の間にあると考え、白、黄、赤、緑、青、紫、黒の7色の配列とした。この考え方は、ニュートンのプリズムの実験まで受け継がれていく。

ニュートンの色相環

ニュートンの肖像画
(原画:ゴッドフレイ・ネラー卿 版刻:ロバート・ベル)

図版右/ニュートン著『光学』より改変

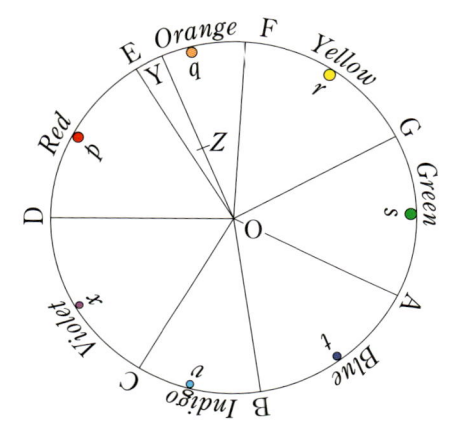

ニュートンの色相環。この円は7音階(A,B,C……)各々の音を出す弦の長さと同比率で分割してあり、そこに赤、橙、黄、緑、青、藍、菫の7色が当てはめられている。OYは色相(上図では赤みの橙を指している)、Zは色の濃さを表す。Oは白である。

ゲーテによる色彩の図解

ドイツの文豪ヨハン・ヴォルフガング・ゲーテ(J.C.スターラー画)。『色彩論』はゲーテが1810年に発表した色彩に関する著述。第1巻「教示編・論争編」、第2巻「歴史編」、別冊「図版集」の3部からなる大作である。

ゲーテ著『色彩論』より。
(左上)互いに求め合う補色関係の色相環
(中央)色のついた影が現れる実験図
(下)色覚障害の見え方の想像図

豆知識 ニュートンの色相環には、赤と菫の混色でできる赤紫がない。なぜ、入っていないのかわからないが、後にドイツの物理学者のグラスマンが入れたといわれている。

光 ― 色の感覚を引きおこすもの

> **Key word　電磁波**　光は空間を電場と磁場の振動として直進する電磁波である。その内訳は電波、マイクロ波、赤外線、可視光線、紫外線、X線、ガンマ線などで形成される放射エネルギーである。

光は光量子

　光とはなにか。17世紀末、イギリスの物理学者アイザック・ニュートンは、光は小さな**粒子**であると主張した。これに対してオランダの物理学者のクリスティアーン・ホイヘンスが、光は音波と同様に波が振動することにより伝播するという**波動説**を主張し、この2説のどちらが正しいか、長い間議論されてきた。

　19世紀中期にはイギリスの物理学者ジェームズ・クラーク・マクスウェルが、光が**電磁波**の一種であることを発見した。また1905年、ドイツの理論物理学者アルベルト・アインシュタインが「光は振動数に比例したエネルギーをもつ粒子（光量子または光子）である」という光量子説を唱え、光が粒子と波の性質を兼ね備えている光量子であると結論し、この論争に決着をつけた。

光は真空で直進する

　光は波の性質がある。真空の空間では直進する性質をもっており、毎秒30万kmというとてつもない速さで直進する。これが**光の直進性**である。また光はある物質にぶつかったとき、異なる物質と物質の境界面で屈折し、その一部を反射したり、吸収したり、透過したりする性質をもっている。これを**光の屈折性**という。また、波長の短い光は中波長や長波長に比べると振動数が大きいので、その分、高いエネルギーをもっており、物質との境界面では鋭く屈折する。

電磁波のはたらき

　マクスウェルが主張したように、光は**電気**と**磁気**のエネルギーが波状に空間を伝わる電磁波と呼ばれる放射エネルギーの一種である。光の波長の単位は**nm（ナノメートル）** を使用する。1nmは10億分の1（10^{-9}）mである。

　電磁波は、さまざまなものに利用されている。波長の長い順にあげていくと、ラジオやテレビの電波、リモコン、携帯電話の電波、電子レンジのマイクロ波、暖房器具などに使われる**赤外線**がある。さらに日焼けの原因である**紫外線**、レントゲン撮影の**X線**、核爆弾などで放出される**ガンマ線**などがその仲間である。その中で、赤外線と紫外線に挟まれ、人間の視覚に作用して、波長の長さにより異なる色の感覚を引き起こす光が**可視光線**（領域）である。

豆知識　紫外線は、波長範囲が可視光線とX線の間にある電磁波。200nm以上を近紫外線、200nm以下を遠紫外線という。光のエネルギーが大きく、過度に浴びるとやけどや皮膚癌のもとになる。

電磁波の種類

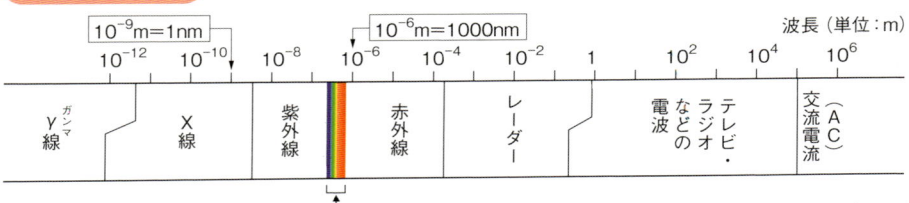

波長（単位：m）

10^{-9}m=1nm　　10^{-6}m=1000nm

10^{-12}　10^{-10}　10^{-8}　10^{-6}　10^{-4}　10^{-2}　1　10^{2}　10^{4}　10^{6}

γ(ガンマ)線　X線　紫外線　赤外線　レーダー　電波　テレビ・ラジオなど　交流電流（AC）

可視光線
約380〜780nm

人間の目に見える範囲の電磁波を可視光線という。可視光線の波長は約380nm〜780nmで、電磁波全体のほんの一部にすぎない。

光は波の性質をもつ

光は波の性質をもっており、波長と振幅で表される。波長とは波の山から山、または谷から谷までの距離をいう。振幅は波の高さのことで、波の振れの大きさを表している。

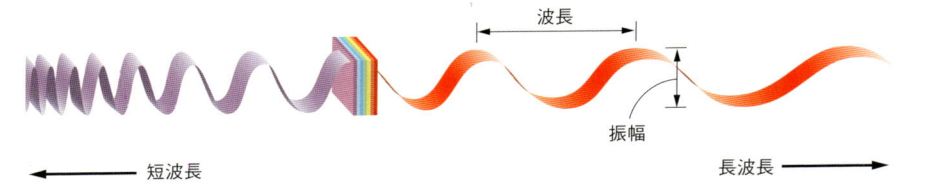

波長　振幅

← 短波長　　　　　長波長 →

光の直進性

上図のように人に小さな照明を当ててみる。光源から人の輪郭線を通って、後ろにできた影まで、光源から延長線上にまっすぐに光が進んでいることがわかる。

光の屈折

水中にある物体を見たとき、実際の物体の位置と見えている位置がずれることがある。これらはどちらも、光が、水と空気との境界で屈折するために起こる現象である。

豆知識 赤外線は熱線ともいい、0.7μm〜1mmの波長の光のこと。近赤外線は0.7〜2.5μm、遠赤外線は4〜1000μmの間である（1μm＝1000nm）。

可視光線

> **Key word** **可視光線** 可視光線は視覚に作用して色としての感覚を引き起こす電磁波の波長域である。そして可視光線の範囲の光を受けることにより、人間は色を目と脳で知覚することができるのである。

太陽光は白色光で複合光

物理学者のアイザック・ニュートンは分光実験を行い、スペクトルを発見した（1666年）。暗室の壁に小さな穴を開け、その穴から太陽光を導き入れ、透明なガラスでできた三角柱である**プリズム**に通すと、光がプリズムに入って出るときに波長ごとに異なった屈折をするために赤・橙・黄・緑・青・藍・菫（紫）と波長順に並んだ7色の虹の帯が現れた。ニュートンは、この虹の帯を**スペクトル**と名づけた。

このように異なる波長を含んだ光を赤、橙、黄、緑などの各波長に分けることを**分光**といい、単一の波長の色光を**単色光**という。

さらにニュートンは、分光した光を再び凸レンズで集めて、もとの白色光に戻す実験も行った。このように太陽光はすべての単色光の波長を均等に含んだ光で、集めると再びもとの白い光になることがこの実験によって証明された。

つまり、太陽光は白色光であり、単一の波長の色光の**複合光**であり、各々の色光は単色光である。その単色光の色が異なって見えるのは、太陽光が物体に当たったときの**屈折率**が異なり、ゆるく屈折する単色光は赤に見え、中位に屈折する光は緑であり、鋭く屈折する光は短波長の青や紫に見えるためである。

可視光線とは何か

電磁波の**可視領域**は赤外線と紫外線の間に挟まれた波長780nm～380nmのごく狭い範囲である。ただ赤外線、紫外線と可視光線の境界は曖昧であり、長波長の端は760nm～830nm、短波長の端を360nm～400nmとしている記録もある。700nm付近の赤の波長を長波長といい、520nm付近は中波長で緑、400nm付近は短波長で紫の波長である。つまり、スペクトルの色は光の波長の違いである。この可視光以外の波長を人間は見ることはできない。見ることのできる可視領域に対して、この見えない領域を不可視領域という。

可視領域は生物によって見える波長の範囲が異なる。人間の場合は、780nm～380nmの範囲の色を見ることができるが、ミツバチは紫に寄った短波長の領域の色を見ることができる代わり、逆に長波長側の赤は見えないといわれている。

可視領域は、太陽光の全放射エネルギーのうち、54%を占め、赤外域は22%、紫外域は24%であり、最も大量のエネルギーを含んでいるという。

豆知識 個人差にもよるが、人間の眼が見分けられる物体色の数は、数百万色から1000万色といわれている。

プリズムとスペクトル

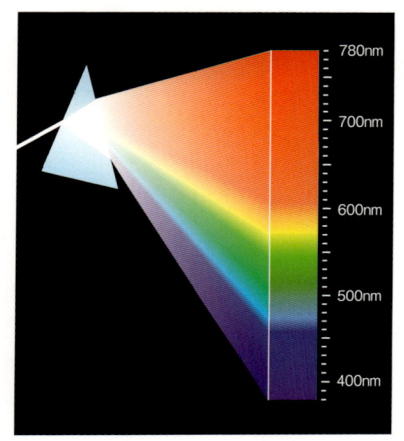

白色光はプリズムに当たると屈折し、赤・橙・黄・緑・青・藍・紫の色を出すスペクトルになる。スペクトルは、図のように連続的に変化する色の帯である。

●色と波長

特定の波長の光は、特定の色の感覚を生じさせる。

赤	610〜700nm	長波長
黄赤	590〜610nm	中波長
黄	570〜590nm	
緑	500〜570nm	
青	450〜500nm	短波長
紫	400〜450nm	

※黄赤は橙に等しい

出典／塚田敢著『色彩の美学』

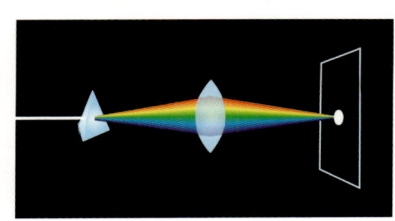

プリズムを通った光(スペクトル)を凸レンズで集めると、再び太陽光と同じ白色光になる。このことにより、スペクトルが分光された太陽光であることがわかる。

人間とミツバチの可視領域の違い

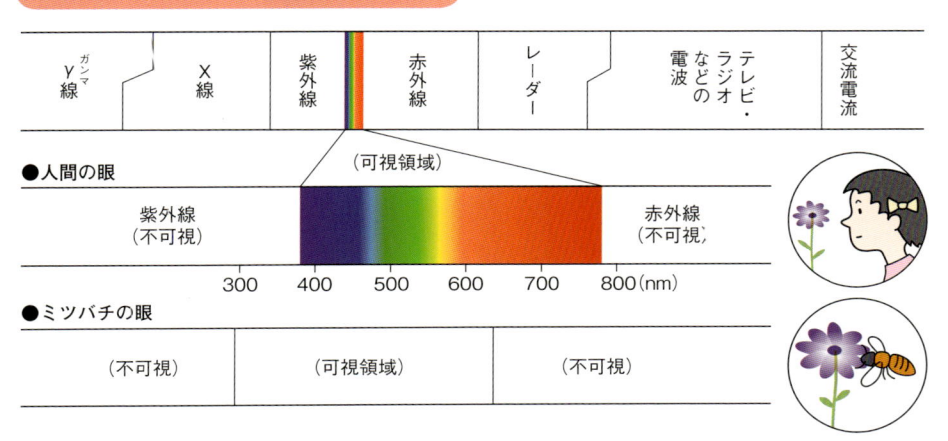

●人間の眼
(可視領域)
紫外線（不可視）　赤外線（不可視）
300　400　500　600　700　800(nm)

●ミツバチの眼
(不可視)　(可視領域)　(不可視)

人間の可視領域(色が見える波長の範囲)は約380〜780nm。一方、ミツバチの可視領域は人間よりも紫(短波長)に寄っている。赤の波長を感じることはできないが、人間には見えない紫外線を見ることができる。

豆知識 ミツバチの可視領域は、300nm〜650nmでミツバチパープルからミツバチイエローであり、人間が白と見る色は、ミツバチにとって青緑に見えるといわれている。

光の反射、吸収、透過

> **Key word**　**光の性質**　地球上で直進する光は、物体に当たったとき、物体の表面で反射するか、吸収されるか、あるいは透過するか、3つのうちのいずれかの形をとる。

光の反射・吸収・透過

光の**反射**は「全反射」と「選択反射」に分かれる。

全反射とは物体の表面で直ちに反射される状態である。白色光が物体の表面に当たって、全波長が白色光としてそのまま反射されるような状態をいう。また反射は、物体の表面の状態により、色の見え方が異なる。たとえば鏡のように平らな面に光が当たった場合、一部の光は、光の角度（入射角）と反射する角度（反射角）が等しく一定の方向に反射する。こういう反射を**正反射（鏡面反射）**といい、観測する方向が限られている。しかし、物の表面に凹凸のある場合は、光はさまざまな方向に反射する。こういう反射を**拡散反射（乱反射）**という。一方、**選択反射**は色の見え方に直接関係する反射である。物体に当たった光は物体の性質により、一部の光を吸収し、一部の光を反射する。その選択的に反射された色を、私たちは、その物体の**表面色**と見るのである。

吸収にも「全面吸収」と「選択吸収」がある。白色光が全波長にわたり、**全面吸収**された場合には、表面色は灰色か黒になる。だが黄色の物体は、青の波長（短波長→P.19）を**選択吸収**し、赤と緑（中・長波長）を反射している。つまり、選択吸収された色と選択反射された色とは補色の関係になる。

透過とは光が物体に当たり、そのまま通り抜けることをいう。光の全領域が物体を全面的に透過すると、その物体は透明に見える。透明なガラスでは、光は全波長にわたり、ガラスの内部を真直ぐに進んで反対側にそのまま出る。これを**全面透過**とか、正透過という。一方、緑と青の波長を吸収して、長波長の赤のみが透過すると、赤い色ガラスに見える。これを**選択透過**という。また曇ガラスの場合には、入射した光が、さまざまな方向に反射するので、曇ったように見えるのである。これを**拡散透過**という。

分光分布図

以上の反射物体、透過物体の色は、波長別の反射光、透過光の割合をグラフで表すことによって、色を正確に把握することができる。これを**分光分布図**といい、横軸に長波長～短波長を配し、縦軸に反射エネルギーの比率または透過率を％で表したものである。この波長の示す曲線を**分光反射率（透過率）曲線**という。この各波長の反射率の高低によって色が決まる。

豆知識　物体色の白は波長の全部が反射されたとき、白く見えるという。だが、物体色ではすべて反射されることはなく、波長のいくらかは吸収され、大部分が反射したときに白く見える。

分光分布図
(代表的な色の分光反射率曲線。R、G、B等についてはP.22参照)

光の透過と反射

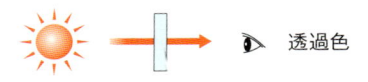

光源色

透過色

表面色（反射色）

光は物体に当たると、全部またはその一部を透過するか、反射する。赤い光を透過したガラスを透過物体といい、赤い色を反射した赤い物体を反射物体という。

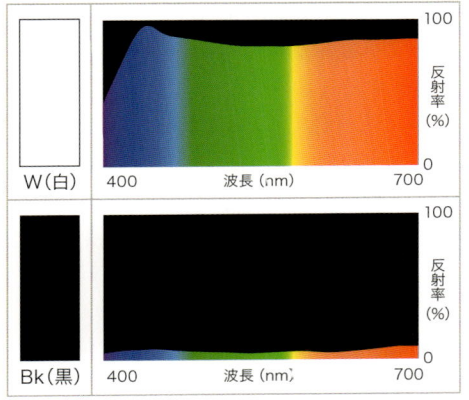

私たちが見ている色は、分光分布曲線の波長の位置とその高低によって決まる。全波長域にわたって反射すれば白となり、逆にほとんど反射しないと黒になる。

豆知識 物体色の黒は波長の全てが吸収されたとき、黒く見えるという。だが物体色では全てが吸収されることはなく、波長のいくらかは反射され、大部分が吸収されたときに黒く見える。

色光の3原色、色材の3原色

Key word **原色** 原色とは、他の色を混色しても作り出すことのできない色のことである。色光の3原色全部を混色すると白になり、色材の3原色全部を混色すると黒になる。

2種類の原色

ニュートンによって光は7つの波長に分光されることが証明されたが、1792年にドイツの物理学者のヴュンシュが光には赤、緑、菫の3色の原色（他の色では作り出すことのできない色）があり、他の色はその混色で出来ると主張した。また1801年にイギリスの物理学者ヤングが色覚3原色説（P.62）を提唱し、**色光の3原色**の存在を証明した。

また、それより早く1720年頃、カラー印刷の発明者ル・ブロンは赤、黄、青の3色によって他の色が作られることを実証し、色光の3原色と異なる色材の3原色の存在を証明した。

光の場合は色光の3原色といい、絵の具などの場合は色材の3原色という。色光の3原色と色材の3原色とは原理が異なっているが、どちらも原色の3色を混色して、あらゆる色を再現している。

色光の3原色（R・G・B）の見え方

色光の3原色は**赤**（Red）、**緑**（Green）、**青**（Blue）である。略号の**RGB**で表す。他の色はこの3原色を混色することによってできる。そして光の混色は、色を混ぜれば明るさが明るくなり、RGB全部を混色すると白い色になる。

ここに黄色いレモンがあったとしよう。自然光や人工光の白色光は、レモンという物体に当たると、3原色のうち、青（B）の波長（短波長→P.19）のみが吸収され、後の赤（R）と緑（G）の波長（長波長・中波長）を反射する。同時に反射した赤と緑は、眼の中で混色して、黄（Y）に知覚するのである。私たちは、常に3原色か、その混色した波長の光を見ていることになる。

色材の3原色（C・M・Y）の見え方

一方、色材の3原色は、**シアン**（Cyan）、**マゼンタ**（Magenta）、**イエロー**（Yellow）の3色で、略号の**CMY**で表す。シアンは物体で赤い光が吸収され、緑と青の光が反射して見える色である。マゼンタは緑の光が吸収され、赤と青の光が反射すると見える色である。また、イエローは、物体で青の光が吸収され、赤と緑の光が反射した色である。

色材の混色は、色を混ぜれば混ぜるほど、次第に暗くなっていくのが特徴である。

豆知識 マゼンタ（Magenta）は1859年に開発された有機染料のフクシン色。この年、フランス軍はイタリア北部のマゼンタの町で、オーストリア軍と戦って勝利したため、この名がついた。

色光の3原色(R・G・B)の見え方

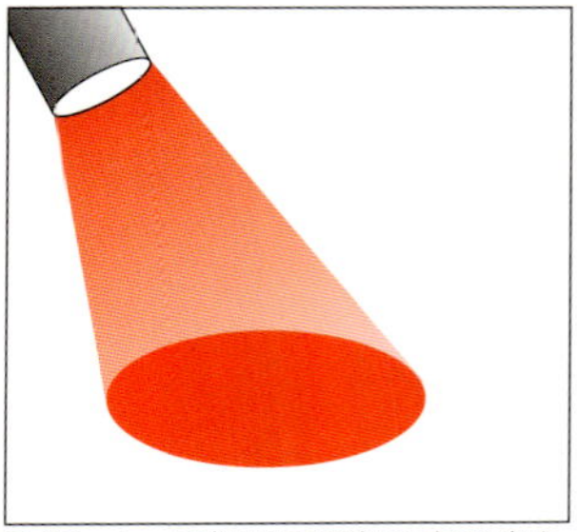

R(Red＝赤)は緑の光も青の光も含まない、赤だけの光である。
※Rは厳密には「黄みの赤」だが、一般的には「赤」と表す。

Rの光にG(Green＝緑)の光を混ぜると、黄色(Yellow)になる。

RにB(Blue＝青)の光を混ぜると赤紫(Magenta)に、GとBでは青緑(Cyan)になる。3色が混ざると白色になる。
※Bは厳密には「青紫」だが、一般的には「青」と表す。

色材の3原色(C・M・Y)の見え方

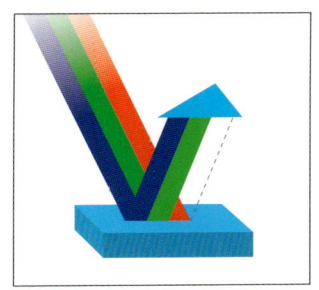

Rの光が物体に吸収され、GとBが反射すると、G・Bが混色されてシアン(Cyan＝青緑)に見える。

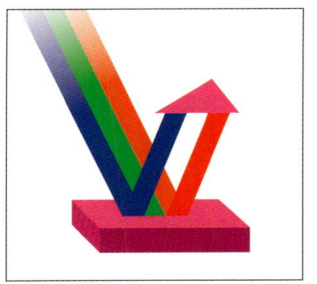

Gの光が物体に吸収され、RとBが反射すると、R・Bが混色されてマゼンタ(Magenta＝赤紫)に見える。

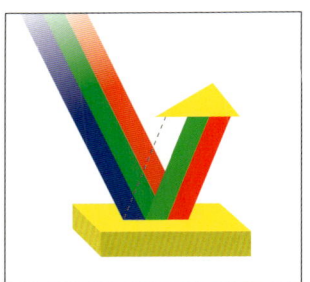

Bの光が物体に吸収され、RとGが反射すると、R・Gが混色されてイエロー(Yellow＝黄)に見える。

W(白)・Gy(灰色)・Bk(黒)の見え方

R・G・Bすべてが物体に反射されると、白に見える。

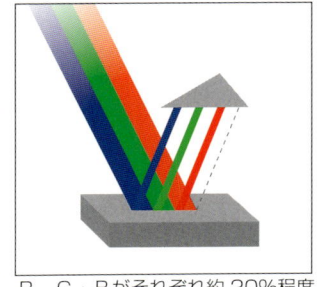

R・G・Bがそれぞれ約20％程度反射すると、灰色に見える。

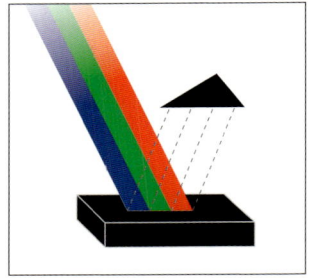

R・G・Bすべてが物体に吸収されると、黒に見える。

豆知識 色光はRGBの3原色、色材はCMYの3原色を混色して、あらゆる色を作り出すことができる。だが、それを色として認識するのは視細胞の3錐体で、色はあくまでも3次元性である。

第1章

光の色彩現象①屈折

> **Key word　屈折**　電磁波である光が電磁気的性質の異なる物体にぶつかったとき、入射光と分光分布が異なったり、進行方向が変化することを屈折という。

光の屈折─虹の現象

　虹は、空気中に浮遊する水滴に太陽光が当たり、水滴内で**屈折**や反射をすることによって起こる現象である。空気中の水滴はプリズムと同じような役割を果たしているが、水滴は円形をしているため、光は複雑な経路をたどる。

　太陽光は水滴に当たると、光の一部はその表面で反射し、また一部は屈折して水滴の中に入り込む。水滴の中に入った一部の光は、その内側で反射して再び屈折し、表面から出ていくことになる。表面で反射した光は、水滴のどこに当たるかによって、さまざまな方向に反射される。また水滴内部に入り込んで、その内側を透過する光もさまざまな方向に進む。ただし内側で反射して、再び屈折して表面に出てきた光は、光の波長の屈折率の相違から、ある特定の角度で出ていくことになる。

主虹と副虹

　虹をよく見ると2重の虹が見えることがある。下の虹を**主虹**といい、上の薄い虹を**副虹**という。私たちがふだん、よく見る虹は下の主虹で、副虹より明るく、はっきり見える。主虹の出る方向は、太陽を背にしてちょうど反対の方向（対日点という）を中心にして、約40〜42°の角度に見える。主虹の色の並び方は外側が赤（42°）で、順に橙、黄となり、一番内側が紫（40°）である。一方、副虹は対日点を中心にして、約51〜54°の方向に出現する。虹色の並び方は主虹と逆で、一番外側が紫（54°）で、藍、青と続き、一番内側が赤（51°）である。主虹と比べるとかなり暗く、しかも幅が広いので、私たちは副虹を見逃しがちである。

　では主虹と副虹では、どうしてこのように見え方が違うのであろうか。この謎を解いたのはフランスの哲学者ルネ・デカルト（1596年〜1650年）である。彼は空気中に浮遊する水滴に、太陽光が当たった場合、水滴上のA点（右ページ参照）とB点から入った光だけが、水滴内で特別な経路を辿って観察者の眼に入る角度で出ていくが、他の点から入射した光はそれぞれ違った方向に霧散してしまうとしたのである。図のようにA点及びその周辺から入った光は、水滴内で1回反射して出て行くとき、約40〜42°の角度で進んでいき、Bの地点から入射した光は水滴内で2回反射して約51〜54°で出て行くと説いた。

豆知識　主虹と副虹の間の暗くなっているところをアレキサンダーの暗帯という。これが本来の空であり、両方の虹が白っぽくなっているので暗く見える。

虹が見えるしくみ

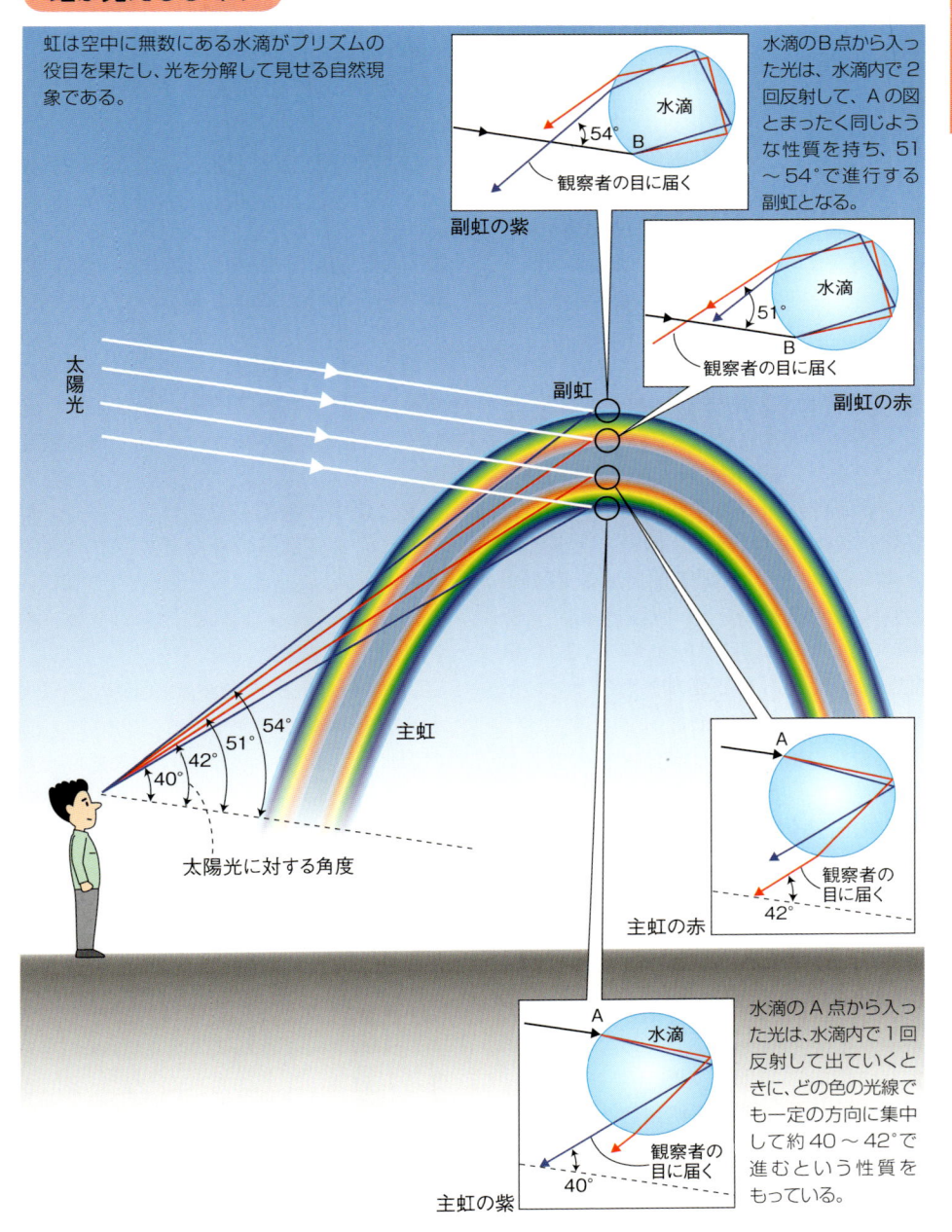

虹は空中に無数にある水滴がプリズムの役目を果たし、光を分解して見せる自然現象である。

水滴のB点から入った光は、水滴内で2回反射して、Aの図とまったく同じような性質を持ち、51～54°で進行する副虹となる。

副虹の紫

副虹の赤

太陽光

副虹

主虹

54°
51°
42°
40°

太陽光に対する角度

主虹の赤

主虹の紫

水滴のA点から入った光は、水滴内で1回反射して出ていくときに、どの色の光線でも一定の方向に集中して約40～42°で進むという性質をもっている。

豆知識 虹は何色か。古代ギリシャのアリストテレスは赤、緑、青の3色と考えた。以来、洋の東西を問わず4色、5色説が中心であったが、ニュートンが7色としたため、以後、7色説が主流となった。

光の色彩現象② 散乱

Key word　**散乱**　大気中の微細な気体分子をはじめ、塵埃(じんあい)などの粒子に太陽光が当たり、当たった光が不規則な方向に散らされること。散乱は、波長の長さと、気体分子など粒子の大きさに関係している。

青空と朝焼け、夕焼けの原理

　晴天の昼間、空はなぜ青く、夕方の空はなぜ赤いのか。これは古くからの謎であった。この青空、夕焼け空の謎を解明した人はイギリスの物理学者のJ.W.レイリー卿（1842年〜1919年）である。

　大気中の気体分子に太陽光が当たって散乱すると、昼間の空は青く見え、朝焼けや夕焼けは赤く見える。右図のように、昼間の太陽はほぼ真上にあり、大気層を通って光が地上に届くまでの距離が短い。大気中に差し込んだ太陽光は、大気中の気体分子にぶつかって四方八方に**散乱**する。このとき波長の長短によって散乱の程度が異なる。

　青の光の波長は赤の光の約1/2で、振幅が大きく、エネルギーが強いので赤の光の16倍の強さで散乱する。長波長の赤系統の光は散乱が少ないが、短波長の青系統の光は散乱の度合も大きく、しかも方々に散乱しているために、私たちには空が青く見えるのである。

　一方、朝焼けや夕焼け空は、太陽が地平線近くに傾き、太陽の光が大気中を通る距離が長くなる。散乱された光は、直進する光の強さが弱くなる。これを**散乱吸収**というが、散乱しやすい短波長の青い光は途中で散乱吸収されてしまい、散乱しにくい長波長の赤やオレンジの光だけが空気層を通過して、地表まで届く。私たちはその光を眼にし、赤い夕焼けや朝焼けを見るのである。

　この現象は、酸素や窒素の気体分子（大きさは可視光線の波長の約5000分の1）のように、大気中の粒子のうち光の波長より小さい粒子で起こる。これを発見者の名にちなんで**レイリー散乱**（Rayleigh Scattering）という。青空や朝焼けの空はレイリー散乱によるものなのである。

白い雲の原理

　雲は無数の水滴や氷の結晶が集まってできている。雲が白く見えるのは、この雲に白色光が当たって散乱するからだ。大気中の粒子の大きさが波長よりも大きいときは、すべての波長が同じように散乱するので光は白く見える。これを**ミー散乱**（Mie Scattering）という。大気中に水滴が数多く浮遊しているときは、光が粒子の大きな水滴に当たり、短波長の光も長波長の光もまんべんなく一様に散乱するので白く見えるのである。

　かき氷が白いのも、氷の表面に光が当たって、全波長域を散乱するからに他ならない。

豆知識　エネルギーの強い短波長が散乱して見えるのなら、青空ではなく紫空があっても当然である。もちろん、紫も散乱しているが、私たちの視細胞は、紫に対する感度が低く、紫は見えにくい。

青い空と夕焼け空のしくみ

太陽光が大気圏を通る距離は、太陽が中天にあるとき（昼間）より、太陽が傾いたとき（朝や夕方）のほうが長い。

太陽光が大気中の気体分子に当たり、波長の短い青い光が四方八方に散乱して、私たちの眼に届く。

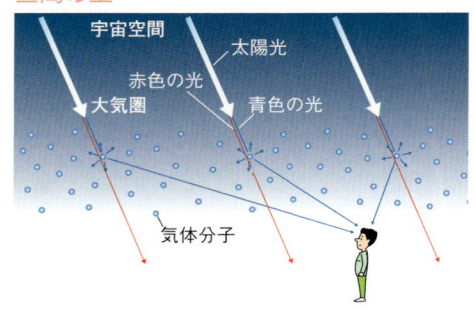

昼間の空

宇宙空間　太陽光　赤色の光　大気圏　青色の光　気体分子

朝や夕方の空

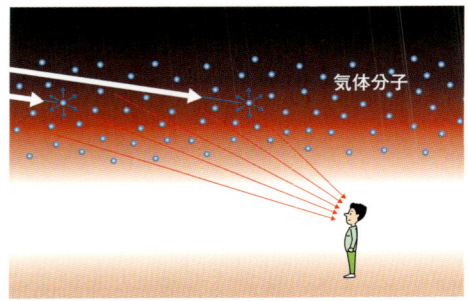

気体分子

太陽光が大気中を進む間に、波長の短い青い光は散乱し、散乱しにくい赤やオレンジの光が、私たちの目に届く。

レイリー散乱とミー散乱

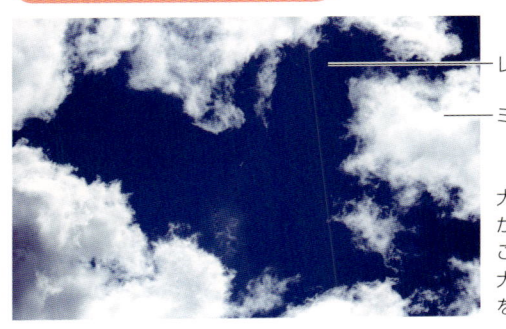

レイリー散乱
ミー散乱

大気中の粒子が光の波長より小さいとき、青い短波長が散乱する。人間の目はその散乱された青色を見る。これをレイリー散乱という。また粒子が光の波長より大きいと、光は一様に散乱するので、白く見える。これをミー散乱という。

> **豆知識**　雲の上は真っ青な空である。レイリー散乱は、雲の上では少ない水滴や塵埃（じんあい）に当たって起こる現象ではなく、気体分子に当たって起こる現象である。

光の色彩現象③回折と干渉

Key word　**回折と干渉**　光がものの近くを通るとき縁を通って後ろに回り込む現象を回折という。また、ものの表面に凹凸があるとき、反射する波長が強めあったり、弱めあったりして、虹色に見える現象を干渉という。

光の回折

太陽や月にうっすらと雲や霧がかかっていると、その周囲に淡い色のついた環が見えることがある。この環を**光環**または**光の冠**という。光環は、太陽や月の光が薄い雲粒に当たって光の進路が変わる**回折**という現象によって起こる。

光は波の性質をもっているため、物体に当たると後方に回り込む性質がある。太陽の周りの環は、外側は赤みを帯び、ついで橙、黄、緑、青、そして内側が紫みを帯びている。これは赤い長波長が回り込む角度がゆるいため環の外側に現れ、青や紫の短波長は急激に回り込むために、青や紫の光が内側に見えるのである。光環の輪は視直径（天体の見かけの直径を角度で表したもの）が4〜6°（太陽の視直径の10倍程度）で、かなり明るい。輪というより、光の円盤のように見える。中世ヨーロッパでは、この輪のことを「黄金の羊」とか「神の遣いの羊」といって崇めたという。

山頂で太陽を背にして雲や霧に自分の影が映ったとき、影の周りに環が見える現象も光環と似た原理で起こる。これを「御来迎」とか「**ブロッケンの妖怪**」（ドイツのブロッケン山でよく見られたことからついた名称）という。

回折の角度は波長によって異なる

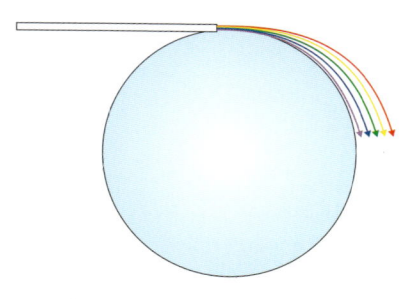

短波長は鋭く内側に回り込み、
長波長はゆるやかに外側に回り込む。

ブロッケンの妖怪。観測者の影が霧に映り、その周囲に光の環が見える。

写真提供／コックちゃん

28　**豆知識**　ブロッケン山は、ドイツのハルツ山地の主峰。ブロッケンの妖怪は「ブロッケン現象」とも呼ばれている。

光の干渉

　シャボン玉や貝殻の内側、油膜などを見ると表面が虹色に見えることがある。また、孔雀の羽根や、蝶の羽、オパール、CDなども見る角度によって虹色に輝くことがある。これらは**干渉**という現象によって起こる。

　干渉とは2つの位相の波が重なることで強め合ったり、弱め合ったりすることをいう。光の波長の山と山が合うと足し合わされて強め合い、色の強い光を作る。反対に山と谷が合うと、打ち消されるために弱め合ってしまい、色はつかない。

　シャボン玉に当たった光の一部は薄い膜の表面で反射し、残りは膜の内部に入るときに屈折し、膜の内側で反射して表面に出てくる。このとき別の光の波長と干渉し合って、さまざまな色に見える。CDなどに見られる表面の虹色は、光が当たると、音の信号を記録するための多くの溝に回り込むように回折し広がっていき、回折した光が互いに干渉することで現れる。蝶や孔雀の羽根などの表面の色も、回折と干渉によって現れるものである。

光の干渉―シャボン玉の虹色

シャボン玉の膜は美しい虹色に見える。これは、光の干渉による。
膜の表面で反射した光の波長と、膜の内側に入ってから反射した波長との、波の位相が合うと色が強く見える。膜の厚さや見る角度によって、さまざまな干渉が起こる。

＜強め合う干渉＞

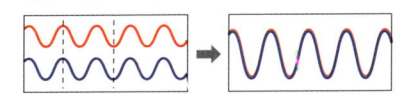

2つの波長の山と山が合うと、強め合う干渉が起きて、波の振幅が大きくなる。

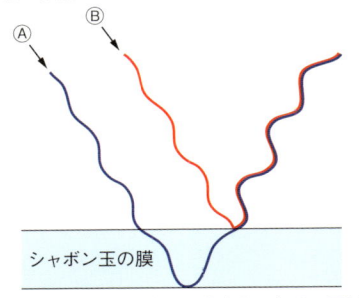

光Ⓐ(膜の内側で反射)と光Ⓑ(膜の表面で反射)との波の位相が合う。

＜弱め合う干渉＞

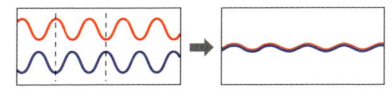

2つの波長の山が合わないと、弱め合う干渉が起きて、波の振幅が小さくなる。

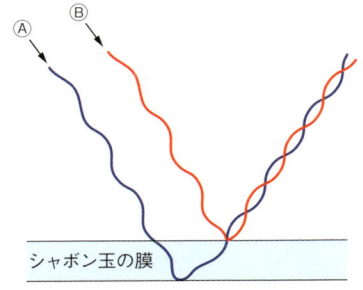

膜の厚さなどが変わると、ⒶⒷの波の位相にずれが生じる。すると色はつかない。

豆知識 位相とは、周期的に繰り返される現象の1周期のうち、ある特定の局面を表す言葉(物理学用語)。干渉は反射光と入射光の位相がぶつかり合って起きる現象である。

色の現象的分類

> **Key word　カッツの分類**　ドイツ心理学者のカッツによる「色の現れ方」の分類をさす。面色、表面色、空間色、透明面色、透明表面色、鏡映色、光沢、光輝、灼熱の9分類である。

色の現象を全部で9種に分ける分類

ドイツの心理学者ダヴィッド・カッツ（1884年～1953年）は、心理学の面から、色が人間にとってどのような状態でとらえられるかに着目し、9種に分類した。

①面色（Film Color）
空の色のように観察者がその色までの距離を知覚できない状態にある色をさす。その面に手が届きそうで、届いたなら手が中に入ってしまうように感じられる色。物体色がもっている素材感や陰翳がまったくなく、かたい表面をもたない。視線に対してほぼ直角に広がる色である。

②表面色（Surface Color）
物体の表面に付着した色のように知覚される色の総称。観察者が、その物体色までの距離を確認できる。その色が属している物体のかたさや、物体表面の素材感や陰翳感、その色が属しているさまざまな方向性などを知覚できる特徴がある。

③空間色（Volume Color）
別名、容積色。目の前に色水の入った透明な水槽があり、その向こう側に何かが見える状態を設定したとき、その向こうに見える物体の色ではなく、その手前の水槽の色を反映したように見える空間の色である。

④透明面色（Transparent Film Color）
半透明の色ガラスや多少とも瑕（きず）のついた色フィルター、または色フィルターの縁が視野に入ったままで、対象物を見たとき、フィルターにピントがあって、対象物を見る。そのときのフィルターの色の見え方を、透明面色という。

⑤透明表面色（Transparent Surface Color）
不透明な色紙や手のひらを片目の前3～4cmにかざし、もう一方の目で前方の物体を見たときに、色紙や手のひらを透かして背後に物体が見える。そのときの手の色を透明表面色という。

⑥鏡映色（Mirrored Color）
鏡に映った物体を見たとき、鏡特有の奥行きのある見え方をする色をいう。

⑦光沢（Luster）
物体の表面色が、一部の反射光の明るさの影響を強く受け、その部分が見にくくなったり、光の発散率の高い高輝度の色として知覚される色の現れ方をいう。

⑧光輝（Luminosity）
ロウソクや炎の色。また暗室で曇りガラスか紙の裏から強い光で照らしたときの色の現れ方のこと。

⑨灼熱（Glow）
輝度の高い色として知覚するのではなく、物体の内部から発光、発色しているように感じられる色の現れ方のこと。

> **豆知識**　開口色とはカッツの分類にはない現象色である。スクリーンに小さな穴をあけ、少し離れてその穴から向こうを見るとき、その物体の形はわからない。そこに見える面色を開口色という。

面色

対象までの距離を知覚できないような色の見え方で、対象に手が届きそうに感じる。青空を、空だけが目に入る状態で見ているときに生じる。

空間色

色水の入った透明な容器の向こうに、対象物が見えるときに生じる。対象物までの距離（空間）が、手前の色水の色を反映して見える。

透明面色

色ガラスなど、色のついたフィルターが視野の一部に入った状態で、別の対象を同時に見るときの見え方。このとき、透明面色はフィルター上だけに生じる。

透明表面色

不透明な紙片や、手のひらを片方の目の前3～4cmにかざして風景を見てみよう。半透明になった紙片や手のひらの向こうに風景が見えないだろうか。

> **豆知識** 絵画の色はキャンバスに彩色する物体色であり、表面色である。19世紀の印象派の画家たちは、その色彩を点描で描き、物体色から遊離した面色として描くことに成功した。

人工光　白熱灯と蛍光灯

> **Key word** **人工光**　私たちが一般に照明で用いている光源には、屋内照明で用いる白熱電球、ハロゲン電球、蛍光灯、自動車のフロントライトなどに用いられる高輝度放電タイプのHIDランプなどがある。

白熱灯と蛍光灯

人工光源は大きく分けて、熱放射タイプと放電タイプ、それに電界発光タイプ（P.186）がある。

①熱放射－白熱灯

白熱灯は19世紀後半に、トーマス・エジソン（1847年～1931年）によって発明された代表的な照明装置である。白熱灯はガラス電球の中心部にフィラメントを巻いたもので、これに電圧をかけて熱放射させる。白熱電球の光色は、スペクトル光の青・緑成分が少なく、赤、橙、黄色の成分が多く含まれている。一般の白熱灯は、**色温度**（P.34）2800Kで、全体的に黄色っぽく色再現される。この白熱灯の黄色い明かりは温かなぬくもりを感じさせるものとして、私たちの生活の中で長い間親しまれてきた。ただし、電気エネルギーの大部分は熱の維持に消費されるので、実際に光になるのは数％しかない。寿命も1000時間程度と短いのが難点といえる。この白熱電球を改良したものとして、**ネオジウム電球**、**ハロゲン電球**、**クリプトン電球**、**キセノン電球**などが市販されている。また、電球型蛍光灯にも移行している。

②放電－蛍光灯

蛍光灯はガラス管の両端に放電用の電極を配置し、高電圧をかけて放電し、ガラス管内部に塗布する発光物質（蛍光体）に、放電によって発生させた紫外線を当てて発光させるしくみである。この放電タイプには、蛍光灯以外に、HIDランプ（高圧水銀灯や高圧ナトリウムランプ）などがある。

この蛍光管内部の発光物質を変えて、いろいろな光を出す蛍光灯を作ることができる。現在、市販されている蛍光ランプには、色温度がおよそ3000Kから7000K程度までのさまざまな光色の蛍光ランプがあり、規格化されている。日本ではJIS（日本工業規格）によって5種類の光の色に分類されている（P.35下の表参照）。

③電界発光

1) **発光ダイオード**　半導体（LEDチップ）に電圧をかけることによって発光させる、新しいタイプの照明光。1993年に青色発光ダイオードが開発されて、白色をはじめとしてフルカラーが可能になり、利用範囲が飛躍的に広がった。高輝度と低消費電力による効率化が特色である。（P.186）

2) **有機EL**　薄いフィルムのような有機化合物に電圧をかけることにより発光させる物理現象であり、0.7mmの超薄型の光源である。

豆知識　レーザー光線は、光の誘導放出によって作り出される人工光。1つの波長（単色性）、1つの方向（強指向性）、同時振幅の仕方（同方位）の高エネルギーの光線である。

人工光の分光分布

資料／東京商工会議所編『カラーコーディネーションの基礎』
第3版(中央経済社)ほか

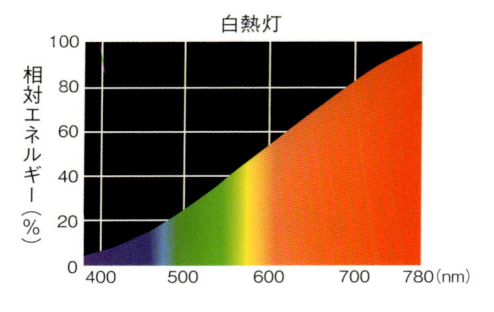

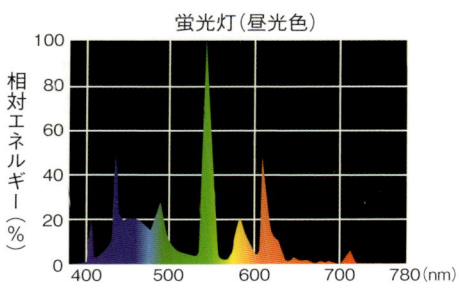

第1章

白熱灯

蛍光灯（昼光色）

- ●白熱灯
光に青・緑成分が少ないため黄色っぽく見え、温かみを感じさせる。

- ●蛍光灯
さまざまな光色のものがある。昼光色タイプは青白い色である。

- ●ナトリウムランプ（低圧）
約590nmに線スペクトルがある。黄赤以外はグレーがかって見える。

- ● LED
（発光ダイオード）
エネルギー効率がとてもよい。さまざまな光色がある。写真は青色の場合。

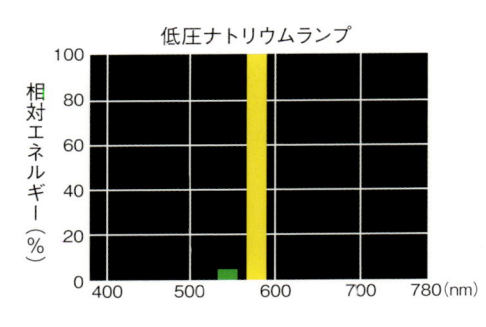

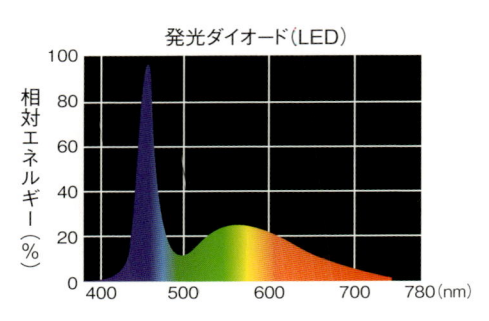

低圧ナトリウムランプ

発光ダイオード（LED）

豆知識 蛍光灯の色は、電球色〜温白色〜白色〜昼白色〜昼光色の順に色温度があがって、人工光の色みが3000Kのオレンジから7000Kの青白い色へ変化していく。

光と色温度

> **Key word** **色温度** 物体は熱すると色が赤→黄→白→青白と変化する。色温度とは光源の色みを表現するために、すべての色を吸収し、かつすべての光の放射が可能な仮想上の「黒体」の温度変化を利用したものである。

色温度とは何か

19世紀後半のドイツでは、製鉄の際に溶鉱炉の中の鉄の温度を知るために、鉄の箱の内部空間を加熱して、そのなかから出てくる光の色と温度の関係を分析することを試みた。その結果、光の色は、最初はオレンジ色になり、より高熱で熱すると黄色みを帯びた白になり、さらに温度が高くなると青みがかった白になる相関性があることがわかってきた。そこでドイツの物理学者プランクたちは、この鉄の箱をすべての波長の放射光を完全に吸収する仮想の「**黒体**」と想定して、この黒体を熱したとき、放射する光の波長の分布を考え、太陽光をはじめとする光の色と温度の関係を数式で明らかにした。この温度変化を**色温度**と呼び、光がもつ「色み」を色温度という単位で表すことにした。つまり、色温度とは熱温度を表すのではなく、光の色みを表す単位である。この考え方を導入したイギリスの物理学者ケルビン男爵の頭文字をとった「**K**」（**ケルビン**）で表記する。

自然光と人工光源の色温度

自然光では、茜色を帯びた朝日の光で3000K、標準的な昼間の自然光の色温度で5000K、さらに温度が上がると青白い色になり、7000Kを超えると青みを帯びた色になる。曇り空の昼光で8000K、快晴の青空下の日陰で8500Kとされている。また、この自然光の色温度は、地球の緯度とも関係しており、高緯度の太陽光は、青みの多いハイケルビンになり、低緯度地域では赤みの多いローケルビンになる。一方、人工光源では、比較的赤っぽい光源であるロウソクの炎の色温度は1920K、白熱電球は2800Kであり、昼光色の蛍光灯で6500Kである。

ディスプレイにおける色温度

テレビ、パソコンのディスプレイでは、色の正確な再現のために色温度設定が重要である。つまり、白表示の際の白の色みを合わせるためである。アメリカのテレビでは色温度の基準は6500Kだが、日本では9300Kでかなり青みがかっている。テレビやパソコンのディスプレイは色温度を変更する機能が備わっているものが多いため、適切な色温度を選ぶことができる。デジタルカメラやビデオには、光源によって色温度を自動的に調整する**ホワイトバランス機能**がついている。

> **豆知識** 色温度の単位Kは、イギリスの物理学者ケルビン男爵に由来しているが、このようにJ（ジュール）、W（ワット）など、単位には発見者の名前がつけられることがある。

色温度

自然光と人工光の色温度。一般に色温度が高い光ほど青く、低い光ほど赤い。

正午の光（5000K）

曇り空（7000～8000K）

天頂の青空（12000K）

12000K

パソコンディスプレイの初期設定（9300K）

8000K

7000K
昼光色の蛍光灯 　標準の光 D_{65} (p.40)（6500K）

6000K

昼白色の蛍光灯
5000K
白色の蛍光灯
4000K
温白色の蛍光灯
電球色の蛍光灯
3000K

日の出1時間後（4000K）

2000K

朝焼け・夕焼け（2500K）

ロウソクの炎（1920K）

＜蛍光灯の種類と色温度＞

電球	表示	色温度	色みの目安
電球色	L（Light）	2600K～3150K	赤
温白色	WW（Warm White）	3200K～3700K	黄
白色	W（White）	3900K～4500K	白
昼白色	N（Neutral）	4600K～5400K	白
昼光色	D（Day Light）	5700K～7100K	青白

豆知識 色温度は地球の緯度と深く関係しており、北緯でも南緯でも緯度が高ければ太陽光線は青みをおび、緯度が低ければ赤みをおびた光線になる。

光の明るさ①単位

> **Key word** 　**光の明るさ**　光の明るさを数値で表す場合、エネルギーとして扱う場合の単位と、見た目の明るさを考慮した単位の2種類がある。前者ではジュール（J）とワット（W）、後者ではルーメン（lm）、カンデラ（cd）などがある。

エネルギーとしての光の単位

光は可視領域の波長をもつ**放射エネルギー**である。そこで、光の強さや明るさを知るためには、放射エネルギーとしての量を計測する。その単位には**ジュール（J）**を使い、1秒間に1ジュールの仕事をするエネルギーの仕事率（パワー）を**放射束**といい、**ワット(W)**という単位で表す。電球に表記されている30Wとか60Wなどの数字は、消費する電力量を表す単位で、光源の明るさを示すものではない。さらに、人の目が感じる明るさ、つまり光の明るさに対する心理的な物理量を表した測光量の単位には以下のようなものがある。

人間の目に感ずる明るさの単位

①光束　単位：lm（ルーメン）

光を一本、一本の束と考えた単位で、光源がすべての方向に放出する光の量を全光束といい、光のエネルギー量を人間の目で感じる量として表したものである。単位時間当たりに放射される光の放射エネルギー量（単位はW）を、標準的観測者の視感度（見え方）で測定したもの。単位はルーメン（lm）でlm/Wで表す。光源から出る光については、この量を主に測定する。一般的にこの数値の大きい光源は、明るい光源となる。

②光度　単位：cd（カンデラ）

光源からある方向に向かう光束の、単位立体角内の密度を表したもの。光源自体の光の強さを表している。

③輝度　単位：cd/m^2（カンデラ毎平方メートル）

光源の輝きの強さを表す量で、発光面のある方向への光度をその方向から見た見かけの面積（投影面積）で割った光度である。輝度はその結果ある方向から見たとき、そこからその方向に放出される光の強さを表している。面積$1m^2$の明るさの単位である。たとえば青空は$8000cd/m^2$、裸の水銀灯は15万cd/m^2、裸の蛍光灯は1万cd/m^2程度である。

④照度　単位：lx（ルクス）

光源そのものの明るさではなく、光がある面に当たったときの単位面積当たりの入射光束の密度をさしている。面積$1m^2$あたり、どれだけの光が届いているかを示すため、lm/m^2（ルーメン毎平方メートル）で求める。直射日光下では約10万 lx、一般事務は約500 lx、精密作業は約1000 lx程度で、JISに**照度基準**として示されている。

豆知識　ルクスはラテン語の「光」、ルーメンはラテン語の「窓」または「光」、カンデラはラテン語の「獣脂蝋燭（じゅうしろうそく）」が由来となっている。

光の明るさの単位

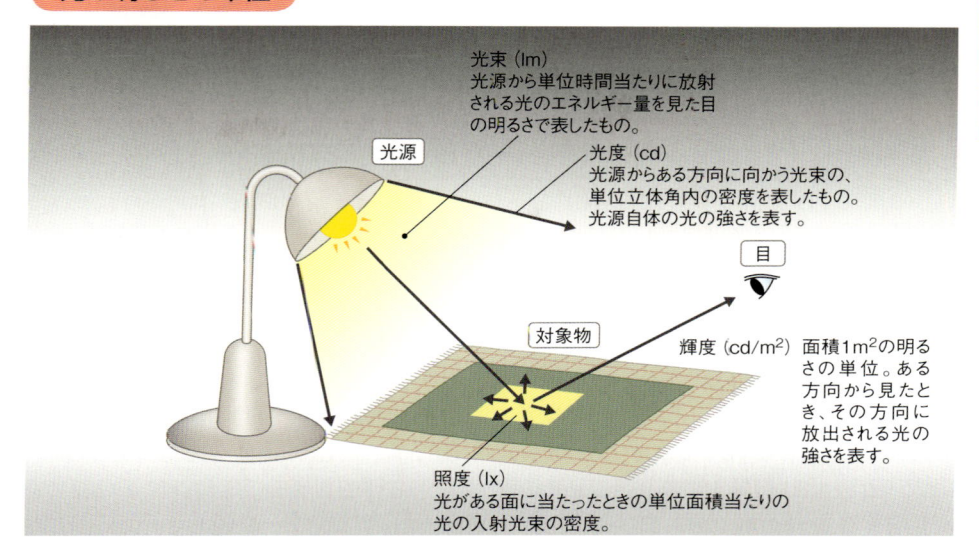

光束 (lm)
光源から単位時間当たりに放射される光のエネルギー量を見た目の明るさで表したもの。

光源

光度 (cd)
光源からある方向に向かう光束の、単位立体角内の密度を表したもの。光源自体の光の強さを表す。

目

対象物

輝度 (cd/m^2) 面積1m^{2}の明るさの単位。ある方向から見たとき、その方向に放出される光の強さを表す。

照度 (lx)
光がある面に当たったときの単位面積当たりの光の入射光束の密度。

生活の場における照度基準 （JISの規格による）

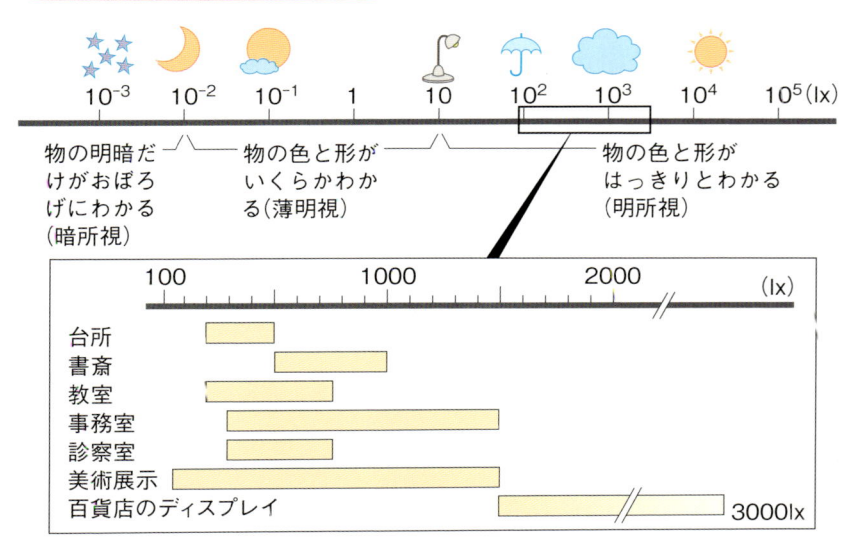

10^{-3} 10^{-2} 10^{-1} 1 10 10^2 10^3 10^4 10^5 (lx)

物の明暗だけがおぼろげにわかる（暗所視）

物の色と形がいくらかわかる（薄明視）

物の色と形がはっきりとわかる（明所視）

100　　　1000　　　2000　　　(lx)

- 台所
- 書斎
- 教室
- 事務室
- 診察室
- 美術展示
- 百貨店のディスプレイ　3000lx

生活の場における照度の基準は、JIS（日本工業規格）によって「照度基準」として示されている。一般事務は約500lx、精密作業は約1000lxとされる。

資料：日本工業標準調査会

豆知識 色温度の低いランプの下では、私たちは低い照度で適正な明るさと感じ、色温度の高い青みの光源では、高い照度で適正と感ずるといわれている。

光の明るさ② 条件等色

> **Key word**
> **条件等色** 分光反射率が異なる2つの色が特定の光源下で同じ色に見えることを条件等色(メタメリズム)と呼ぶ。反対にどのような光源下でも同じ色に見える分光反射率の同じ2つの色の組み合わせを完全等色という。

物理的には違う色が同じに見える条件等色

衣服を購入する際、素材や染料の異なる衣服では、店頭では同じ色に見えた2枚の服が、太陽光や蛍光灯の下では異なって見えることがある。このような場合は、オフィスで着用するのであれば蛍光灯、屋外で着用するのであれば太陽光と、実際に着用する場面の光での色の見え方に留意する必要がある。

また衣料や家電などの製品が、工場内では色見本と同じ色をしていたものの、納入先の店頭では違う色になってしまうことがある。これを完全になくすためには、色見本に使われているのと同じ着色材(顔料・染料)を用い、配合比も同様にする必要がある。ところが、色見本の着色材、および配合比が不明であったり、色見本と製品が異なる素材である場合、完全に等色させることはほぼ不可能である。このように、ある照明下では同じ色に見える色が、異なる照明下では違った色に見える場合、これを**条件等色(メタメリズム)**と呼んでいる。

条件等色の理論

条件等色は、どのような環境下で生まれるのであろうか。太陽の下で同じ色に見えていた2つの物質を、室内の蛍光灯の下で見た場合のしくみを考えてみよう。

右図に見るように、試料Aと試料A'を分光測色計で測定すると、分光反射率がそれぞれ違っており、A'のほうが長波長領域の反射率が大きく、試料Aより赤みを帯びた色である。この2組の試料を**標準イルミナントD_{65}**(P.40)の照明の下で測定した場合、標準イルミナントD_{65}には長波長域の光が少ないため、試料A'の長波長域の反射の影響が出ない。その結果、試料Aと試料A'とは人間の眼には同じ色として知覚される。ところが長波長域の光が多く含まれた**標準イルミナントA**(タングステンランプ)の下で測定すると、試料A'の長波長域が反射されるため、2組を比色すると、試料A'が赤みを帯びて見える。このように、分光反射率が異なる2つの色が特定の光源下で同じ色に見えることを、条件等色というが、これが日常生活で用いられている例として、写真やテレビがある。写真に写った自分の顔とテレビに写った顔とでは、基本的に光の分光反射率が異なっているはずである。だが、私たちは同じ顔色と見る。これは色記憶(P.80)によって、私たちが等色をしているからである。

豆知識 人間の肌はファンデーションの材料である顔料と異なるため、肌と同色のファンデーションを作ることはできても、分光反射率までは一致せず、条件等色となる。

光によっては違う色？

太陽光の下では同じ色に見えたものが、電球の明かりで見ると違う色だったということがある。もともと違う色が特定の条件下で同じ色に見えることを条件等色という。

条件等色のしくみ

違う色である試料Aと試料A´について、別々の光を当てて色の見え方を比べてみる。

資料提供／コニカミノルタセンシング（株）

①分光測色計による測色結果

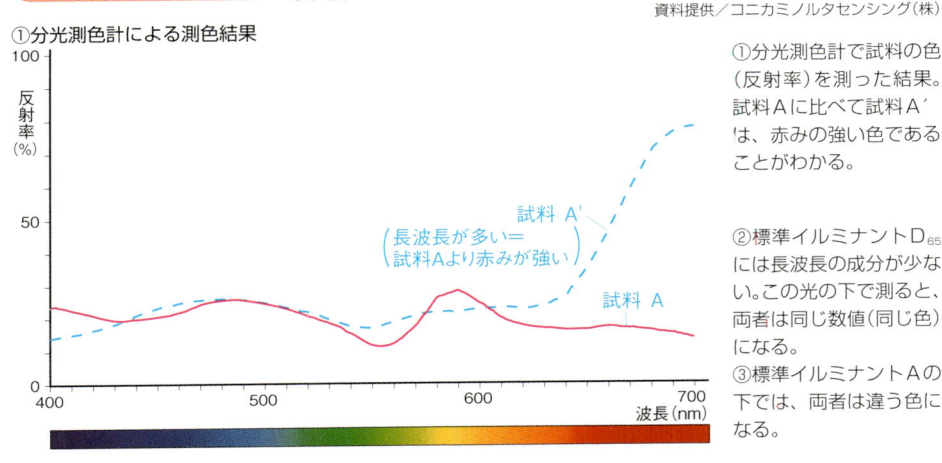

（長波長が多い＝試料Aより赤みが強い）

試料 A'
試料 A

①分光測色計で試料の色（反射率）を測った結果。試料Aに比べて試料A´は、赤みの強い色であることがわかる。

②標準イルミナントD$_{65}$には長波長の成分が少ない。この光の下で測ると、両者は同じ数値（同じ色）になる。

③標準イルミナントAの下では、両者は違う色になる。

②測色用標準イルミナントD$_{65}$の下で測る

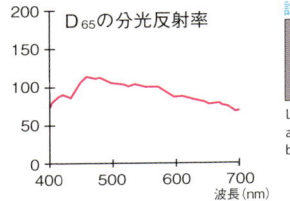

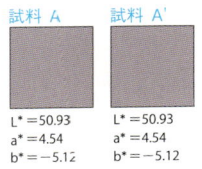

D$_{65}$の分光反射率

試料 A	試料 A'
L* ＝50.93	L* ＝50.93
a* ＝4.54	a* ＝4.54
b* ＝−5.12	b* ＝−5.12

③測色用標準イルミナントAの下で測る

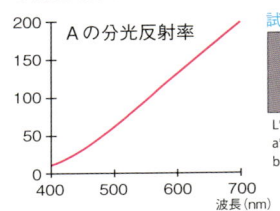

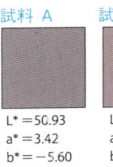

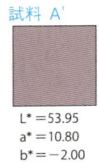

Aの分光反射率

試料 A	試料 A'
L* ＝50.93	L* ＝53.95
a* ＝3.42	a* ＝10.80
b* ＝−5.60	b* ＝−2.00

豆知識 2人の色覚正常者が見たときは同じ色に見えても、高年齢で水晶体が黄変している観察者が加わったときに異なった色に見える。このような条件等色を観察者メタメリズムという。

光の明るさ③ 標準イルミナントと演色性

> **Key word** **標準イルミナント** 標準の光ともいわれ、国際照明委員会（CIE）が定めた測色用の光源のこと。万国共通の基準になる光である。標準イルミナントにはAとD_{65}の2種類がある。

物体の色を測定するための基準となる光

光は物体の色を見る上で欠かせない条件であるが、太陽光、白熱灯、蛍光灯などの光の種類が異なると、当然、色の見えが違ってくる。そこで照明に関わる標準化を図る機関である**国際照明委員会（CIE）**により、測定用の照明光として**標準イルミナント**が制定され、広く用いられている。これは右図のような相対的な分光分布が規定されている光のことであり、2種類の標準イルミナントと1種類の補助イルミナントが定められている。

①**標準イルミナントA**
白熱電球に似た光で、色温度は約2856K。

②**標準イルミナントD_{65}**
紫外線を含む平均的な昼光で、色温度は約6504K。

③**補助イルミナントC**
紫外部を除いた平均的な昼光で、色温度は約6774K。北窓から入る拡散光に近似している。白熱電球と青色フィルターを組み合わせて実現できる。

光源の演色性

自然光のもとで見たときと、室内で見たときに色が違って見えることがある。このように照明された物体の色の見え方のことを**演色**といい、物体の色の見え方に与える光源の特性のことを**演色性**という。この演色性の良し悪しは**演色評価数**で表すことができる。その際、基準となる光源は自然昼光や白熱電球であり、基準となる光源で見たときとの色差（色の見えのずれ）の大きさで評価する。色差が全くないときを100とし、色差が大きくなるほど、数値が低くなる。なおCIEは基準光として、標準イルミナントAおよびD_{65}を定め、これに補助イルミナントCがあるが、色を見る光としては、標準イルミナントD_{65}が基準とされている。JISでもAおよびD_{65}を標準イルミナントとして指定している。

演色評価数を計算するに当たっては、右図の色票の1～8まで8色の色のずれを計算し、その平均値を100から引いた数字を求め、Ra（平均演色評価数）という記号で表す。CIEによればオフィス、百貨店などではRa70～80、店舗、病院、住居ではRa85以上が望ましいとされている。また、特殊演色評価数の場合は9～15までの対象の色を選び、そのずれを計算すればよい。たとえば百貨店の化粧品売り場では、日本人の肌の基準色である15番の色票を用いて計算する。

豆知識 CIE標準イルミナントD_{65}の光はアメリカ、イギリス、カナダの昼光観測により規定されたもので、日本ではおおむね長岡、尼崎、厚木の昼光観測が、3ヶ国の結果と一致している。

標準イルミナント

相対分光放射強度

（グラフ：横軸 波長(nm) 400〜780、縦軸 相対分光放射強度）
- 標準イルミナント A
- 補助イルミナント C
- 標準イルミナント D$_{65}$

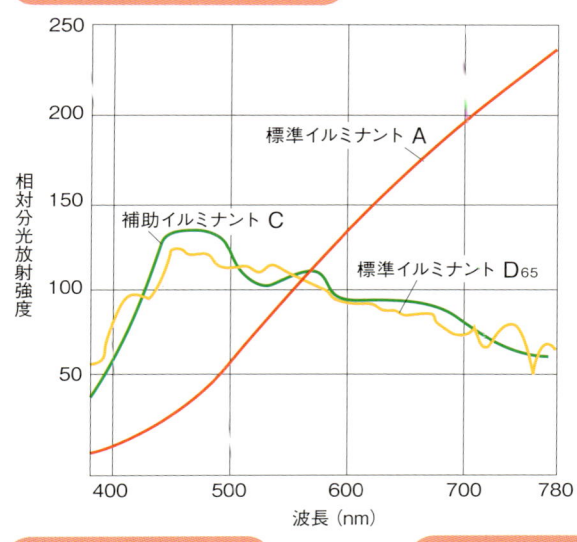

左のグラフは標準イルミナント3種の相対的な分光分布を示す。
- 標準イルミナントA…白熱電球で照らされている物体色の測定用光源。
- 標準イルミナントD$_{65}$…標準的な昼光で照らされている物体色の測定用光源。色を見るための光の基準とされている。
- 補助イルミナントC…平均的な北窓から照らされている物体色の測定用光源。

演色評価の試験色

試験色番号	マンセル記号	色名	備考
1	7.5R6/4	くすんだ黄みの赤	
2	5Y6/4	明るい灰みの黄	
3	5GY6/8	くすんだ黄緑	
4	2.5G6/6	くすんだ緑	
5	10BG6/4	くすんだ青緑	
6	5PB6/8	明るい紫みの青	
7	2.5P6/8	明るい青紫	
8	10P6/8	明るい赤みの紫	
9	4.5R4/13	あざやかな赤	
10	5Y8/10	黄	
11	4.5G5/8	緑	
12	3PB3/11	こい青	
13	5YR8/4	明るい灰みの黄赤	欧米人の肌
14	5GY4/4	暗い灰みの黄緑	葉の色
15	1YR6/4	灰みの黄赤	日本人の肌

上はJISによる試験色。No.1〜No.8は全色相をほぼ均等に含む中彩度・中明度の色。No.9〜No.15は高彩度と、肌の色などの重要色。

撮影現場で使われるカラーチェッカー

写真撮影の現場では、照明の違いによる写真の色ずれを防ぐために、このようなカラーチェッカーが使われている。撮影時と同じ照明の下でこれを撮影し、写った色を見れば、照明下での色のずれ方が直感的にわかり、色補正に役立てられる。

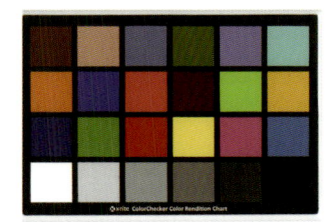

マンセル カラーチェッカー
写真提供／エックスライト㈱

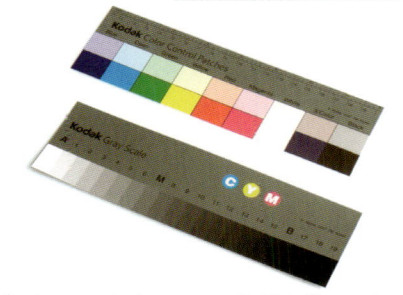

コダック カラーセパレーションガイド&グレースケール
写真提供／銀一㈱

豆知識 平均演色評価数Raは、基準光源を100として、100に近いほど演色性がよいことを示し、一般的に80を超える光源は、演色性がよいといわれる。

動植物の色素

> **Key word** **色素** 特定の波長域を吸収・反射して、色覚を引き起こさせる有機化合物の総称。植物・動物などがもつ生体色素と、動植物・鉱物などで作られる色材（染料・顔料）の2種類がある。

人体の色はメラニンとヘモグロビンによって決まる

　生体色素は人間、動物、植物などがもつ3種類に分類される。人間がもつ色素は、主に**メラニン**と**ヘモグロビン**の2種類である。メラニンは皮膚組織の下層や髪の毛、虹彩などに含まれている。皮膚下のメラニンは紫外線を吸収して皮膚組織を守る役目を果たしている。赤道直下の国々の人たちの肌が黒いのは皮膚にメラニンが多いためであり、北欧人の肌色が白いのはメラニンの量が少ないためである。またメラニンが多ければ黒髪、黒い瞳になり、少なければブロンド、茶や灰、青い瞳になる。ヘモグロビンは血液中の赤血球の中にある蛋白質である。ヘモグロビンは運動、気温、体温、心理状態でたやすく変化するという特徴がある。

動物の色素

　動物の色素では、代表的なものにメラニン、**カロテン**、ヘモグロビン、**プリン**などがある。メラニンは哺乳類の毛や目、鳥の羽根、魚類、両生類、爬虫類の鱗や皮膚の色を形成している。カロテンも黄色、オレンジ、赤などの羽根の色や皮膚の色となる。またプリンは白の色素でモンシロチョウの羽などに含まれている。

　また、カメレオンのように危険に際して体色が変わる隠蔽色や、雄の孔雀の求愛を表す標識色があるが、これも体内の色素の作用によるものである。

植物の色素

　植物の代表的な色素は、**クロロフィル**、**カロテノイド**、**フラボノイド**の3つである。クロロフィルは光合成色素といわれ、葉に含まれている緑色素である。

　紅葉は、気温が下がるとクロロフィルが分解し、代わりに赤い色素のアントシアンが出てきて起こる現象であり、黄葉は、クロロフィルが分解すると、共存していたカロテノイドの一種、キサントフィルという黄色の色素が出現するために起こる。

　カロテノイドはトマト、カボチャ、柿、ニンジンをはじめとして緑黄色野菜に含まれており、黄色、オレンジ、赤色に発色する。フラボノイドには**アントシアン類**と**フラボン類**が含まれる。前者はアジサイの花の色素であり、種類や土壌の質によって、赤から紫色まで多様に発色する。また後者は白に発色する色素で、大根、白菜などの野菜に多く含まれている。

豆知識　植物や藻類の葉緑体にある色素が、太陽光を吸収して光合成を行う。光合成は、太陽光のエネルギーを利用して、水と二酸化炭素から炭水化物を合成するはたらきである。

メラニンとヘモグロビンの作用

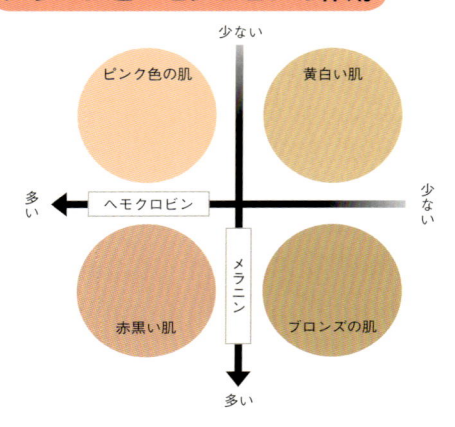

	少ない	
ピンク色の肌		黄白い肌
多い ← ヘモグロビン		→ 少ない
赤黒い肌	メラニン	ブロンズの肌
	↓ 多い	

肌の色は、主にメラニンとヘモグロビンという2つの色素で形成されている。メラニンが多くなると肌が黒くなり、ヘモグロビンが多くなると赤みを帯びた肌色になる。

出典／東京商工会議所編『カラーコーディネーションの実際』第2版(中央経済社)

さまざまな植物の色素

〈クロロフィル〉
クロロフィルは植物の葉緑素である。アントシアンやカロテノイドとともに葉の中にある。

〈紅葉のしくみ〉
気温の低下でクロロフィルが破壊されると、アントシアンの赤色が出現し紅葉する。

〈カロテノイド〉
ニンジン、トマトなど緑黄色野菜の赤や黄赤はカロテノイドによる色である。

〈アントシアン(フラボノイドの一種)〉
アントシアンはアジサイの色素でもある。土壌の質などによって赤から紫まで発色する。

> 豆知識　緑黄色野菜は、サラダ菜、アスパラガス、カボチャ、ニンジンなどのβ－カロテンを豊富に含む野菜の総称。これ以外のタマネギ、大根、白菜などを淡色野菜と呼んでいる。

染料

Key word　染料　固有の色をもつ微粒子状の粉体の色材。水やアルコールによく溶け、繊維や皮革、紙などを染色するのに用いられる。古くから用いられていた天然染料と、近年開発された化学化合物の合成染料の2種類がある。

自然が生んだ天然染料

　生体色素以外に、物体の表面に直接着色したり、接着剤を使って彩色する色媒体がある。これを**色材**といい、染料、顔料の2種類がある。

　古来、人は植物や動物から色素を採取して、染料として利用してきた。この自然から得た水溶性の色材を**天然染料**という。

　赤系の染料には茜、紅花、蘇芳、黄系では刈安、梔子、黄檗、青紫では藍、紫では紫根、黒系では橡などがある。植物の場合は、樹皮や根、葉、花や茎の部分を使ったりする。植物染料では繊維の糸や布に染料を安定的に定着させるために**媒染剤**が必要であるが、藍や梔子など媒染剤を使わないで定着するものもある。

　植物染料以外では次の2つが代表的なものである。そのひとつはカイガラムシから採取された赤色の**コチニール**で、16世紀にメキシコからヨーロッパに輸入され、鮮やかで堅ろうなため、枢機卿や上層階級の人たちの服の色として愛好された。また古代フェニキアで採取されたアクキ貝から抽出された**貝紫**も貴重であった。1gの染料を得るために約2000個の貝が必要なほどの貴重な染料であったから、代々のローマ皇帝の衣服の色となり、畏敬を集めた。

世界初の合成染料はパーキンモーヴ

　1856年、初めての**合成染料**が発見された。イギリスの化学者W.H.パーキンがマラリアの特効薬の**キニーネ**を合成する過程で偶然、赤紫色の色素を発見した。これが世界最初の合成染料（塩基性染料）で**モーヴ**と名づけられた。その後、1869年にカール・グレーベとカール・リーベルマンがアカネ色素のアリザリンの合成に成功、1880年にはドイツの化学者アドルフ・フォン・バイヤーが藍色素のインディゴの合成に成功した。その後、合成染料が工業生産されるにしたがって、天然染料に代わって安価な合成染料が主流となっていった。

　合成染料は繊維の種類によって染まるものと染まらないものとがある。染料の種類には、直接染料、酸性染料、反応性染料、含金染料、建染染料がある。直接染料はすべての天然繊維を染められる。絹や羊毛などの動物繊維を染めるには酸性染料、木綿や麻、レーヨンやキュプラを染めるには反応性染料を用いる。羊毛や絹などには含金染料、麻や木綿には建染染料を使用すると堅ろう度が高い。

豆知識　貝紫は1gの染料をとるのに約2000個の貝が必要だったため、乱獲がたたり、地中海沿岸ではこの貝が減少して、染料をとる技術も途絶えた。したがって「幻の貝紫」ともいわれる。

伝統的な天然染料の例

コチニール以外は、古くからわが国で使用されてきた植物染料。紅花は古代エジプト伝来の植物染料であり、コチニールはメキシコで採取されるカイガラムシの動物染料。

●黄蘗(きはだ)　●紅花

●藍　●紫根(しこん)

●梔子(くちなし)（実）　●茜（根）　●コチニール（カイガラムシ）

合成染料

さまざまな合成染料。左から、グレー、マゼンタ、ブロンズ、オレンジ、イエロー、サフラン、オリーブ。

第1章

豆知識　西洋で貝紫が皇帝の象徴色であったのに対して、東洋の中国では黄色が皇帝の象徴色であり、わが国でも天皇の衣服は黄櫨染(こうろぜん)であった。

顔料

> **Key word** 　**顔料**　不溶性の粉末状の色材。無機顔料と有機顔料の2種類があり、前者には天然顔料と人工顔料がある。用途は、塗料や印刷のインキ、プラスチック、化粧品、合成繊維、天然繊維、製紙、ゴム製品、建材、皮革など多岐にわたっている。

天然顔料

　顔料とは、水、油、アルコールなどに不溶性の有色不透明の粉末で、粉末のままで物を着色する色材の総称である。天然の顔料と人工の顔料に大別される。

　人類は有史以前より、有色の鉱物を砕いて顔料として使用してきた。代表的な天然顔料には、赤の辰砂、鉛丹、緑は孔雀石、緑青、黄色は黄土、石黄、青色は藍銅鉱や、ラピスラズリ（瑠璃）、白は胡粉などがある。特に**ラピスラズリ**は、遠くアフガニスタンから海を渡ってヨーロッパに導入されたため、「ウルトラマリン（海を越えて）」といわれ貴重な色材となった。

人工無機顔料

　古代エジプトではすでに鉛の板を酢につけて鉛白などの人工顔料を作っていた。17世紀になると化学者たちによって数多くの人工無機顔料が発明された。1688年ドイツの錬金術師アンドレア・カシウスによって金、錫、塩素から生成された「**カシウスの紫**」が発見された。また1704年にはベルリンで染色・塗料の技術者のディースバッハと錬金術師のディッペルによって「**プルシアンブルー**」が開発され、安価で堅ろうなため、瞬く間に世界中に広まった。また1797年には、フランスの化学者ヴォクランによってクローム・イエローが発見され、画家たちに理想的な黄色顔料を提供することとなった。さらに1828年、フランスの化学者のギメによって、**人工ウルトラマリン**が開発され、成功を収めた。

　これらの人工顔料は、既存の天然顔料に比べ、耐光性、耐候性、耐久性、耐熱性に優れており、安価であるため、急速に市場を独占することとなった。

染料から作られた有機顔料

　無機顔料が金属・鉱物から作られるのに対して、**有機顔料**はもともと染料を不溶化することから作られた。染料を水酸化アルミニウムや硫酸バリウムなどの白い粉末の上に染め、不溶化したり、染料を化学反応によって金属錯体にしたりなどの方法である。前者からはアリザリンレーキなどが、後者からはカーミンレーキなどが作られる。これらを**レーキ顔料**と呼ぶ。しかし、現在では石油化学合成技術の発展により、有機顔料は合成顔料が主流になっている。

> **豆知識**　プルシアンブルーは、別にベルリンブルーといわれ、安価で堅ろうのため陶磁器の青釉や絵の具として使われた。江戸時代にわが国にも導入され、「ベロ藍」といって北斎などに愛用された。

おもな天然無機顔料

色	鉱物の例
赤	辰砂、鉛丹
緑	孔雀石、緑青
オレンジ	鶏冠石（けいかんせき）
黄	黄土、石黄
青	藍銅鉱
青紫	ラピスラズリ（瑠璃）
茶	バーントシェンナ
白	胡粉（ごふん）、白亜（はくあ）
黒	黒鉛（こくえん）、黒土（こくど）

ラピスラズリ

孔雀石

人工無機顔料

下は17～19世紀に作られたおもな人工無機顔料。

年	色の名称
1688	カシウスの紫
1704	プルシアンブルー
1708	コバルトグリーン
1782	亜鉛華（あえんか）
1802	コバルトブルー
1809	黄鉛（おうえん）
1817	カドミウムイエロー
1828	人工ウルトラマリン
1858	ビリジアン

第1章

有機顔料のできるまで

①有機顔料はさまざまな合成反応で生成される。写真は赤系のアゾ顔料。2種類の原料（水溶性）をタンクのなかで反応させる。

②生成した顔料は水に溶けない。フィルタープレスという機械でろ過後、脱水する。

③ろ過・脱水された直後の顔料の塊をプレスケーキという。このままで出荷される場合と、乾燥・粉砕した粉末状のものとして出荷される場合がある。

色とりどりの粉末状顔料の製品。

写真提供／東洋インキ製造㈱ カラーマネジメントセンター

豆知識 ラスコー洞窟やアルタミラ洞窟の壁面には、雄渾な動物画が描かれている。この最古の絵にはレッド・オーカー、イエロー・オーカー、マンガンの3つの顔料が使われている。

印刷インキ

> **Key word** 　**印刷インキ**　紙、その他の被印刷物の印刷に用いられる色材の総称。着色材である各種の顔料と、顔料を分散し固定するビヒクル（樹脂、溶剤等）、インキの粘りや伸びなどを整える添加剤から構成される。

印刷インキの特性

　印刷インキは、印刷によって紙、プラスチックフィルム、金属板などの表面に、原画の画像や色彩などを再現するための色材である。顔料と**ビヒクル**と、乾燥などを促す添加剤の3つを混合して作られる。顔料には、水や油に不溶性である**人工無機顔料**、**有機顔料**、**カーボン顔料**などが使用される。また、ビヒクル（Vehicle＝運搬車の意味で、樹脂・乾性油・溶剤等からなる）は、インキを粘性のある液状としつつ、顔料を被印刷物の表面に付着・固定する役割を果たす。

　印刷インキには、色再現別（レギュラーインキ、特色インキ、プロセスインキ）、印刷方式別（凸版インキ、オフセットインキ、グラビアインキ、スクリーンインキ）、用途別（新聞インキ、紙器インキ）等いろいろなタイプがある。

　印刷インキには、印刷工程上での良好な「印刷適性」と被印刷面との十分な「印刷効果」の2つの要素が求められる。「印刷適性」については、印刷方式や印刷機に応じて、適切な粘性や流動性、乾燥性、密着性、網点再現性などをもつよう、成分が調整される。また「印刷効果」としては、色再現性、光沢性、耐光性、耐摩擦性、耐薬品性などが求められるが、もっとも重要なのは色再現性である。

印刷インキの種類

①レギュラーインキ

　各インキメーカーが常備、所有している40色～50色程度のインキのこと。通常、メーカーはこの**レギュラーインキ**を混合して1000色程度の色票を所有している。クライアント（デザイナーなど）は、その色票を見て色指示を行うことが多い。

②指定色（特色）インキ

　クライアント（デザイナー、出版社など）が、レギュラーインキやその混合色にはない特別な色を発注する場合に用いられる。

③プロセスインキ

　カラー写真や絵画などを印刷で再現する場合に、その画像を色材の3原色（C、M、Y→P.22）に墨（BLACK＝Kと表す）を加えた4色成分に分けた4枚の網版を作り、それらの網点を重ね刷りする。この際、使用する4色のインキを**プロセスインキ**という。なお、近年の印刷のデジタル化に伴い、プロセスインキの国際的な標準化が必要となり、日本でも国際規格に準拠した「ジャパンカラー」を制定している。

豆知識　歴史上もっとも早く作られたインキは、中国の魏・晋王朝（200年～400年）のころ、松の木を燃やした煤（すす）に動物の骨を煮て作った膠（にかわ）を加えて作った墨といわれている。

印刷インキのできるまで

写真提供／東洋インキ製造㈱ カラーマネジメントセンター

① タンクに顔料とビヒクルであるワニス（樹脂、溶剤等）を入れ、混練する。

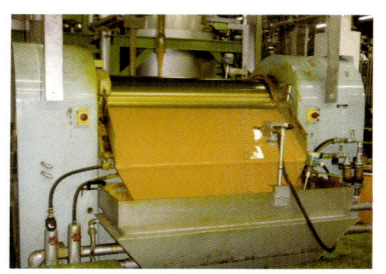

② サンドミル、三本ロールなどの専用の機械で固形成分（顔料）を細かく粉砕し、一様に分散させる。

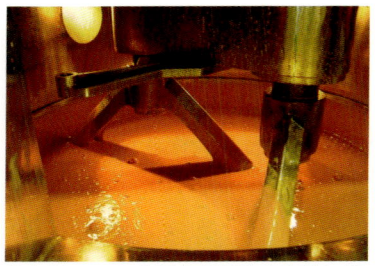

③ さらにワニスや添加剤（分散安定剤など）を加え、混合して印刷インキができあがる。

できあがったインキは缶に真空充填され、製品となる。写真は広演色プロセスインキ「Kaleido」のCMYK4色。
※広演色…色再現の幅が従来のプロセスインキより広いタイプ

印刷の色標準（ジャパンカラー）

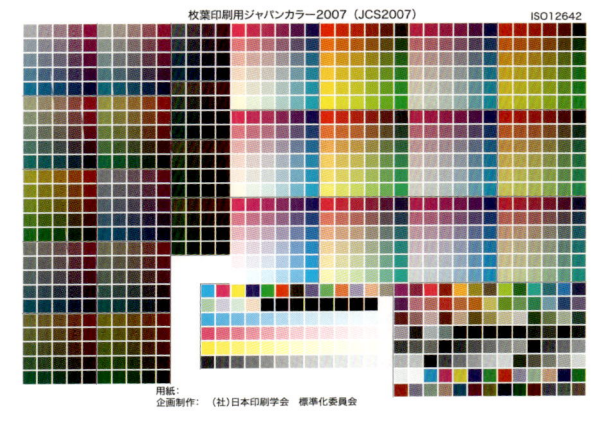

枚葉印刷用ジャパンカラー2007（JCS2007） ISO12642

印刷で表現される色の標準は、ISOの規格のもとに各国に1つ認められている。アメリカではSWOP、日本ではジャパンカラーである。
左はオフセット印刷のための色標準を表したジャパンカラーの見本。ジャパンカラーはISO/TC130国内委員会と日本印刷学会標準化委員会が中心となって基準化、作成された。

用紙：
企画制作：（社）日本印刷学会　標準化委員会

写真提供／㈳日本印刷産業機械工業会

豆知識 印刷インキのうち、もっとも重要なものはビヒクルで、インキの性質の70〜80%を決めるため、配合、温度、安全性、経済性などの面で十分考慮しなければならないといわれている。

塗料

> **Key word　塗装**　材料の表面を塗料の皮膜で覆う表面処理のこと。一般的に物体の装飾や保護、防錆（ぼうせい）を目的として行われる。表面に皮膜となる塗料を常温、大気下で塗布できるため、比較的容易に行える。

塗料の特徴

　塗料とは鉄、アルミニウムをはじめとする各種金属、コンクリート、木材、スレートなどの建築資材、ポリプロピレンなどのプラスチックなどに塗装する色材のこと。印刷インキや絵の具と同様、塗料も乾燥あるいは硬化して塗膜を形成する樹脂や顔料成分と展色材、各種添加物などから構成されている。

　塗料は液状の物質で、対象物の表面に数十〜数百μm（1μm = 1/1000 mm）の薄い膜を形成して付着し、乾燥すると多様な機能をもつ塗膜としての役割を果たす。塗料の機能は以下の3つがあげられる。①物体の表面に、一様に連続した皮膜を作り、錆（さび）、腐食、疲労、分解から物体を保護する。②色、模様、光沢、立体感などのデザイン効果により、物体に付加価値を与える。③快適性、安全性、環境保全、省エネ効果、品質向上などさまざまな効果をもたらす。

塗料の種類と組成

①油性塗料

　油ペイントやエナメルなどの油性ワニス（透明な塗料）を使った塗料。室内の壁面や家具の塗装に用いられる。塗膜に光沢感があるのが特徴。

②セルロース系塗料

　ラッカーが代表的な存在。ナフサ、キシレン、トルエン、アセトンなどの揮発性の高い溶媒に樹脂を溶かして得られる。無色透明、着色の2種類がある。光沢と深みがある。

③合成樹脂系塗料

　ポリエステル系、アクリル系、ウレタン系、ビニール系など、その他多種類の樹脂を展色材として用いたもの。油性塗料より、強靭で耐久性に優れ、自動車、冷蔵庫、家電製品などに用いられている。

④水性塗料

　エマルジョン塗料、コロイダル塗料。水が主で有機溶剤は少量。環境問題に対応する塗料として注目を集めている。

⑤粉体塗料

　合成樹脂、顔料、硬化剤などを混合し、粉砕したもの。無溶剤の公害対策タイプとして用いられている。

⑥光輝塗料

　金属顔料、パール顔料など、光の反射や干渉を利用して、メタリックな光沢感やパール感、玉虫感を出す塗料が注目を集めている。顔料内に挿入されたアルミ粉、マイカ（雲母）、魚鱗箔（ぎょりんぱく）などが、独特の光輝感を出している。

豆知識　漆はウルシノキの外皮からにじみ出てくる乳白色の樹液のことで、これを加工して透明化したものに顔料を練り合わせて彩漆（いろうるし）を作る。日本伝統の天然の塗料である。

塗料と塗料用標準色

塗料とは、各種金属、建築資材、プラスチックなどに塗装する色材のこと。対象物の表面で薄い膜になり、錆や腐食からの保護、デザイン効果などの機能をもつ。

隔年発行されている、塗料用標準色。建築物、構造物、インテリアなどの塗装によく使われる色を選び、塗料・塗装の標準色として作成されたもの。
写真提供／(社)日本塗料工業会

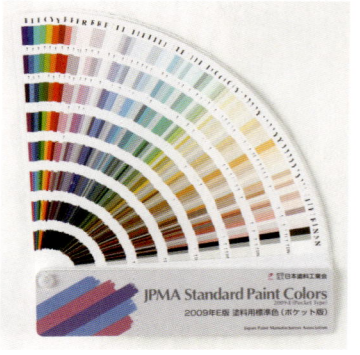

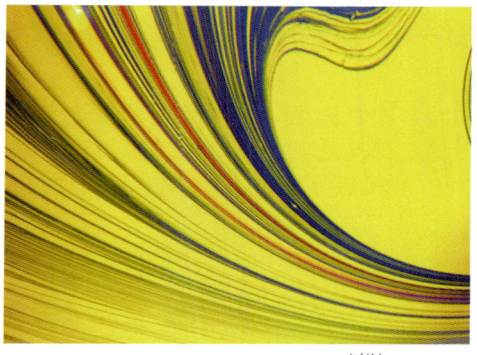

（写真上）撹拌中の塗料。
写真提供／日本ペイント㈱

光輝材の種類

メタリックな光沢感のある光輝塗料は、自動車の塗装などに人気がある。顔料内のアルミ粉、マイカ（雲母）といった光輝材が独特の光の反射や干渉を生んでいる。
資料提供／日本ペイント㈱

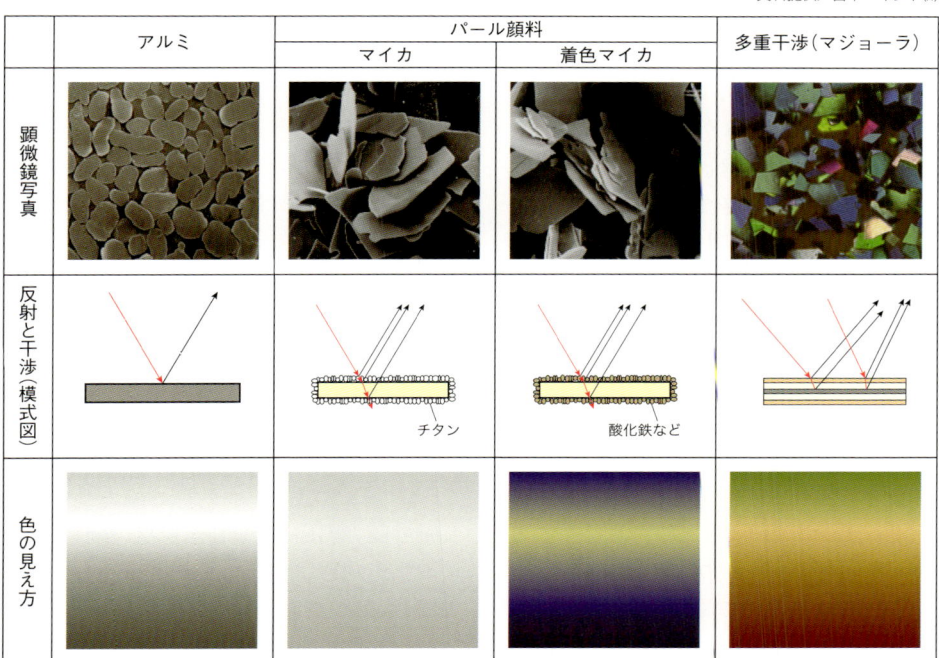

	アルミ	パール顔料		多重干渉（マジョーラ）
		マイカ	着色マイカ	
顕微鏡写真				
反射と干渉（模式図）		チタン	酸化鉄など	
色の見え方				

※多重干渉色材を塗料化した「マジョーラ」は日本ペイント㈱の登録商標

豆知識 着色顔料のみを配合して得られる塗料をソリッドカラーといい、顔料の中に鱗片状の金属粉などの光輝材を配合した塗料をメタリックカラーという。

第1章

絵の具、その他の色材

> **Key word**
> **絵の具、その他の色材**　絵画、ポスター、デザインなどの色材には、油絵の具、岩絵の具、水彩絵の具、テンペラ、ポスターカラー、クレヨン、パステル、色鉛筆など、顔料を原材料とした多様な種類がある。

絵の具の略史

古来、画家たちは天然の鉱物を粉末にした**無機顔料**を用いたが、その数はレッド・オーカー、イエロー・オーカー、ラピスラズリ（天然ウルトラマリン）、アンバーをはじめとして20種に過ぎなかった。中世におけるレーキ顔料（P.46）の発見は画家のパレットの色を増やしたが、1704年にドイツのディースバッハ他によるプルシアンブルーの発見を契機として、その数は飛躍的に多くなった。また1828年、トゥルーズの化学者ギメが美しく堅ろうな人工ウルトラマリンを開発し、一夜にして天然のウルトラマリンにとって代わることとなった。

絵の具の種類

①テンペラ

おもに中世の西洋で使われた色材で、展色材に卵の白味や黄味、カゼイン（天然ミルクの主成分）を使った絵の具。中世以前の画家たちは、おもにテンペラを使用した。ボッティチェルリの『ヴィーナスの誕生』『春』はその代表作である。

②油絵の具

展色材に植物性乾性油（亜麻仁油、支那桐油）などを使った絵の具。油が酸化するにしたがって硬化して定着する。光沢と耐光性に優れているため、ルネサンス以後、絵画色材の主流となった。フランドルのバン・ダイクの『枢機卿ドン・フェルナンド親王』はその代表作である。

③水彩絵の具

ふつう、アラビアゴムを固着材に用いるか、デキストリン、グリセリンなどを混ぜて加熱したものを使用する。軽やかで透明感のある色調が特徴で、19世紀初頭のターナーの水彩画が有名。

④合成樹脂絵の具

20世紀に登場した絵の具で、合成樹脂を展色材に使用したもの。発色性、光沢、速乾性、接着性、耐光性に優れ、西洋画絵の具の主流となった。

⑤岩絵の具

日本画の色材。辰砂、孔雀石などの天然鉱物顔料や人工無機顔料の粉末を水溶液で練り、膠を接着剤に使用して固定させた絵の具。

⑥クレヨン・パステル

クレヨンは顔料を各種の蝋と少量の油脂で練り固め、成型した色材。最近では、エコ志向を反映して天然の蜜蝋を使用したクレヨンも開発されている。パステルは顔料に白色粘土を混ぜ、植物性樹脂で接着させて成型した乾性色材。

豆知識　テンペラ以前ではフレスコ画といって、展色材をいっさい使わずに、顔料を水で溶かし、まだ乾いていないモルタル壁面に直接に塗彩して、壁と一緒に乾かす方法が主流であった。

展色材

展色材とは、顔料を紙などに固定する役割を果たす材料のこと。インキや絵の具は、展色材の中に顔料が分散されている物質である。紙の上にのった絵の具に光が当たると、光の進み具合はおおよそ右のようになる。

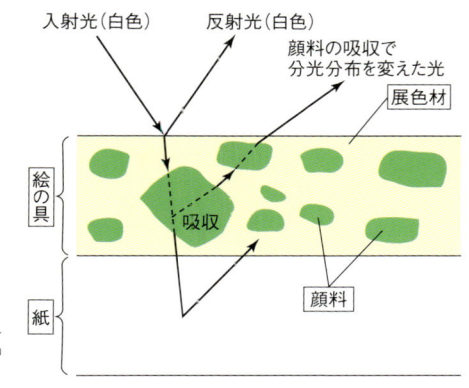

入射光（白色）　反射光（白色）
顔料の吸収で分光分布を変えた光
展色材
絵の具
吸収
顔料
紙

図版資料／東京商工会議所編『カラーコーディネーションの基礎』第3版（中央経済社）をもとに作図

絵の具の種類

- テンペラ
- 水彩絵の具 （透明水彩）
- 油絵の具
- （不透明水彩）
- 合成樹脂の絵の具

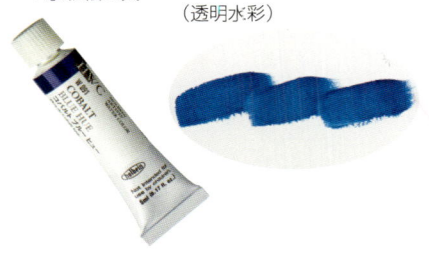

天然の蜜蝋から作られたクレヨン

一般的なクレヨンの多くには、石油由来のパラフィンなどが用いられているが、「みつばちクレヨン」は食品などにも用いられる天然の蜜蝋をはじめ、安全な素材を中心に作られた。子どもにも安心な「人と自然にやさしい」画材だ。

写真提供／山田養蜂場

豆知識 ポスターカラーは、水溶性の展色材に、有機顔料と不透明性の高い無機顔料のチタン白を練り合わせた絵の具。光沢感があるのが特徴。

Column

JIS 慣用色名①

凡例

色	色名（読み方）解説文	JIS マンセル値
		系統色名区分

　慣用色名とは、各国、各地域、各民族によって固有的に使われている色名のことである。民族、人種、宗教、文化、自然現象、動物、植物、飲み物、果物、人物などに由来する色名が多い。日本の JIS Z 8102 の「物体色の色名」では 265 色が選定されている。以下にその代表的な色について、よく知られた慣用色名を紹介しよう。

和色名

色	色名・解説	マンセル値／系統色名
	鴇色（ときいろ）　国際保護鳥である朱鷺の羽根の薄いピンク色に由来する。江戸時代からよく使用されていた伝統色名。	7.0RP 7.5/8.0 明るい紫みの赤
	躑躅色（つつじいろ）　5月に咲くツツジの鮮やかな紫みの赤の色。フランス語のアザレ（Azalee）。絵の具のオペラ色に似ている。	7.0RP 5.0/13.0 あざやかな紫みの赤
	桜色（さくらいろ）　陽光に映える薄い桜の花の色。伝統色名の一斤染の色に似ている。古今集にも見られる古くからの伝統色である。	10.0RP 9.0/2.5 ごくうすい紫みの赤
	薔薇色（ばらいろ）　中国・日本では「ばら」を「長春」と呼んでいた。明治時代に流行した「長春色」は「ばら色」のことである。	1.0R 5.0/13.0 あざやかな赤
	珊瑚色（さんごいろ）　珊瑚のうち、赤珊瑚の骨軸のような明るい赤色のこと。英色名の黄み寄りのコーラル・ピンクより、赤みが強い。	2.5R 7.0/11.0 明るい赤
	紅梅色（こうばいいろ）　早春に咲く梅の花に似たやわらかな赤色のこと。古くから使われていた色名で、薄紅梅という色もある。	2.5R 6.5/7.5 やわらかい赤
	桃色（ももいろ）　別名、桃花色。桃の花のようなやわらかな赤色で、実際の桃の花より濃い色を含む。古くから用いられていた。	2.5R 6.5/8.0 やわらかい赤
	紅色（べにいろ）　別に「くれない」（呉の国からきた藍の意味が転化した）ともいう。紅花からとれる色素で染められた鮮やかな赤。	3.0R 4.0/14.0 あざやかな赤
	臙脂（えんじ）　元来は、臙脂虫などから採取した動物性染料で染めた強い赤を指したが、茜や紅花などの植物性染料を用いる場合もあった。	4.0R 4.0/11.0 つよい赤
	蘇芳（すおう）　マメ科の樹の蘇芳を煎じて作ったくすんだ赤色のこと。奈良時代から用いられている伝統色名である。	4.0R 4.0/7.0 くすんだ赤

第2章
色が見えるしくみ

眼の構造と役割

> **Key word** **結像** 光が角膜、瞳孔、水晶体を通って分光して、網膜に到達して像が結ばれること。水晶体は遠くのものを見るときには、その後部が薄くなり、近くのものを見るときには厚くなって、光を網膜に到達させる。

眼の機能と特徴

眼は、瞳孔から取り込んだ光を**色情報**に変えて、大脳の**視覚野**に送り、色の知覚を促す器官であり、強膜、脈絡膜、網膜で覆われた直径約24mmの白い球体である。通常、私たちが眼と認識しているのは、眼の前方1/6の無色透明な角膜や黒い虹彩（瞳）、そして白い強膜（白眼）の部分である。

眼の機能は大きく3つに分けられる。
①角膜、水晶体で光を屈折する。

光は角膜を通る際、屈折し、再び水晶体で屈折し、分光して、網膜に到達する。
②水晶体を調節し、網膜で焦点を合わせる。

近くのものを見るときには水晶体を厚くし、遠くのものを見るときには、薄くしてピント合わせをする。
③網膜で結像する。

網膜で結像した視覚情報は、電気信号に変えられて大脳に送られる。

色を受容するしくみ

光は無色透明の角膜を通り、屈折しながら円形の瞳孔から入射する。虹彩は、明るいところでは瞳孔を小さくし、暗いところでは大きく開けて、取り込む光の量を調節する。この瞳孔を大きく開けたときと、小さく開けたときを比べると、光の量の比率は16：1である。ただ、実際の光の明暗は無限大であるため、虹彩で調節しきれない分は**視細胞**がはたらいて調節する。

瞳孔から入った光が水晶体で屈折しながら通過し、さらに硝子体を通り、網膜に到達する際、遠くのものを見るときは水晶体は後部を薄くし、近くのものを見るときには、水晶体の後部を厚くして、網膜で像を結ぶように調節している。

網膜の中心には黄斑という楕円形の部分があり、その中心部はへこんでいる。これを中心窩といい、ここには視細胞が集中している。視細胞には、色を認識する**錐体視細胞**、明暗のみを認識する**桿体視細胞**があるが、中心窩に集中しているのは錐体視細胞である。

網膜に到達した光は視細胞で視覚情報に変換され、電気信号化される。神経節細胞では、その電気信号をコード化して、**視神経乳頭**を経て、大脳の視覚野に伝達する。この視神経乳頭の部分には視細胞がなく、ここに光が当たっても色を見ることができない。そのため、この視神経乳頭を発見者の名前にちなんで、**マリオットの盲点**という。

豆知識 盲点は脊椎動物の目に構造上不可欠な、視細胞の存在しない部分であるが、フランスの物理学者エドム・マリオット（1620年頃〜1684年）により発見されたため、マリオットの盲点という。

色が認識されるまで

色は、対象物に当たった光が反射し、眼に入り、電気信号となって大脳に送られたときに初めて認識される。

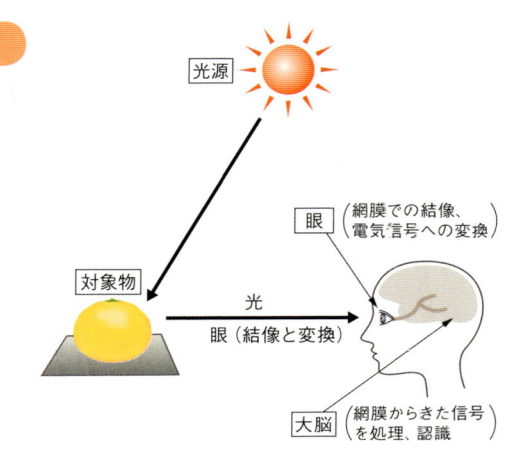

光源

眼（網膜での結像、電気信号への変換）

対象物　　光　　眼（結像と変換）

大脳（網膜からきた信号を処理、認識）

眼の構造

（右眼の水平断面）

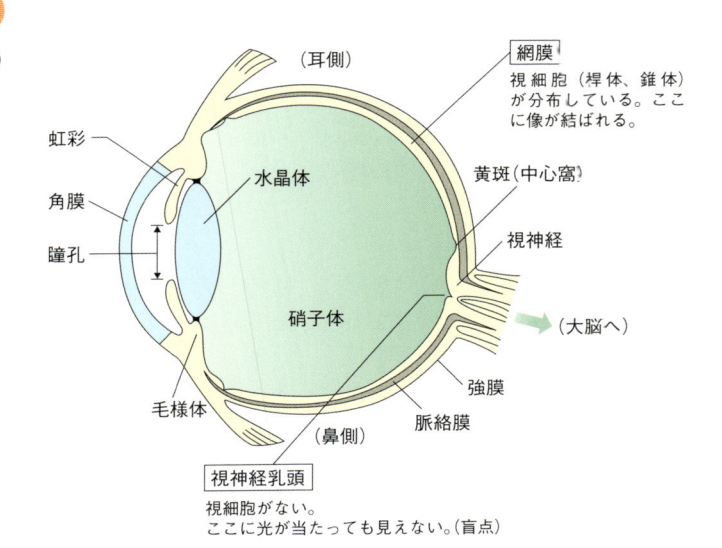

- 網膜：視細胞（桿体、錐体）が分布している。ここに像が結ばれる。
- （耳側）
- 虹彩
- 角膜
- 瞳孔
- 水晶体
- 黄斑（中心窩）
- 視神経
- 硝子体
- （大脳へ）
- 毛様体
- 強膜
- 脈絡膜
- （鼻側）
- 視神経乳頭：視細胞がない。ここに光が当たっても見えない。（盲点）

〈盲点を実感しよう〉

右の図を眼から30cmほど離して左眼を閉じ、右眼で●印を注視してみよう。そのまま顔を図に近づけていくと、ある地点で花印が見えなくなる。これは花印が盲点に達したため。
右眼を閉じて花印を注視し、同様に顔を近づけていっても、やはりある地点で●印が見えなくなる。
盲点は視野中心から耳側に15°のところにある。

豆知識 虹彩は、瞳といわれる部分。風土、人種などによってメラニン色素の量が異なり、黒や青など、さまざまな色になる。瞳孔の大きさを調整し、光の遮蔽幕として機能する。

網膜の役割

> **Key word 網膜** 眼球壁のもっとも内側にある器官。その奥に光を受容する視細胞がある。視細胞には錐体（すいたい）と桿体（かんたい）の2種類があり、それぞれ色や明暗を識別している。

網膜の役割

　網膜は入射した光を結像する部分で、眼球の前方1/6を占める角膜部分を除いた部分の眼底に張りついている。厚さは約0.2〜0.3mmに過ぎないが、ここには視細胞のみならず、神経節細胞などたくさんの細胞が詰まっており、それぞれ重要な役割を果たしている。**視細胞**には、円錐の形をした**錐体**と梶棒（こんぼう）の形をしている**桿体**の2つのタイプがある。昼間に錐体が働いてものを見ている状態を**明所視**といい、暗いところで桿体がはたらいている状態を**暗所視**という。

　錐体は、光に対する感度は高くないが、色をとらえることができる。これに対して桿体は、光の明暗には高い反応を示すが、色には反応しない。

　錐体は中心窩に集中しており、その数は700万個を数え、これに対して桿体は中心窩には存在せず、逆に周辺部に1億3000万個存在しているといわれている。

錐体と視神経細胞の役割

　錐体には光の3原色に対応する3種類が存在する。長波長の赤い光を受容する**赤錐体（L錐体）**、中波長の緑の光を受容する**緑錐体（M錐体）**、短波長の青に興奮する**青錐体（S錐体）**である。たとえば赤と緑が混色した黄色の波長に対しては、L錐体とM錐体の両方が興奮して光を受容する。3種類の錐体の比率はL40対M20対S1であり、青に反応するS錐体の比率が極端に低いことが特徴である。

　一方、桿体は色感覚をともなわず、明暗のみに反応する。短波長の光には強いが、長波長の光には極端に弱い特徴がある。また桿体は視力がとても弱いので、暗闇で小さな文字が見えない。しかし、その一方で桿体は光子数個が見えても反応するほどの高感度性も兼ね備えている。

　光は網膜の視細胞で視覚情報に変えられ、電気信号となって伝達される。網膜の細胞はこのほかに、双極細胞、水平細胞、アマクリン細胞、神経節細胞の4種類から構成されているが、双極細胞は反応を縦方向に伝える機能を果たし、水平細胞、アマクリン細胞は反応を水平方向に流すとともに側抑制作用を生じさせる。これらの信号は、最後に神経節細胞を経て視神経によって大脳に送られていく。また、水平細胞以下では、錐体における3原色過程から、赤と緑、黄と青、明と暗の反対色説過程（P.62）に変換されるといわれている。

> **豆知識** 網膜の中心にある視力や色覚がもっとも鋭敏な部位である黄斑は直径約2mmの斑点で、錐体がもっとも集中したところである。

網膜にある細胞

網膜には錐体と桿体という2種類の視細胞が分布する。光はまず最奥の視細胞に届き、そこから双極細胞、神経節細胞へと伝わる。

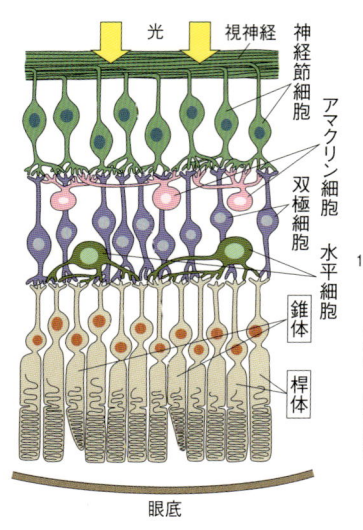

光　視神経　神経節細胞　アマクリン細胞　双極細胞　水平細胞　錐体　桿体　眼底

〈網膜における錐体・桿体の分布〉
（右眼の水平断面）

鼻側　耳側　光軸　視軸

錐体の分布は中心窩に集中している。一方、桿体は中心窩にはほとんど存在せず、網膜全体に多く分布している。

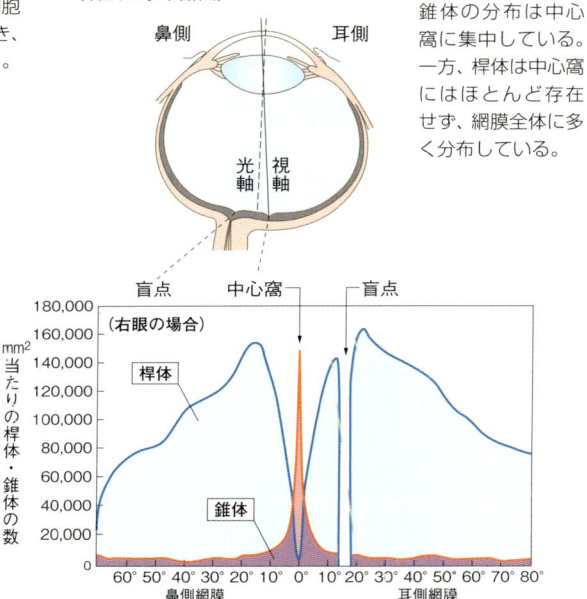

盲点　中心窩　盲点
（右眼の場合）
1mm²当たりの桿体・錐体の数
180,000 / 160,000 / 140,000 / 120,000 / 100,000 / 80,000 / 60,000 / 40,000 / 20,000 / 0

桿体　錐体

60° 50° 40° 30° 20° 10° 0° 10° 20° 30° 40° 50° 60° 70° 80°
鼻側網膜　　　　　　　　　　　　耳側網膜

この分布図では視軸を中心としているので、盲点は耳側に来ている。

錐体と桿体のはたらき

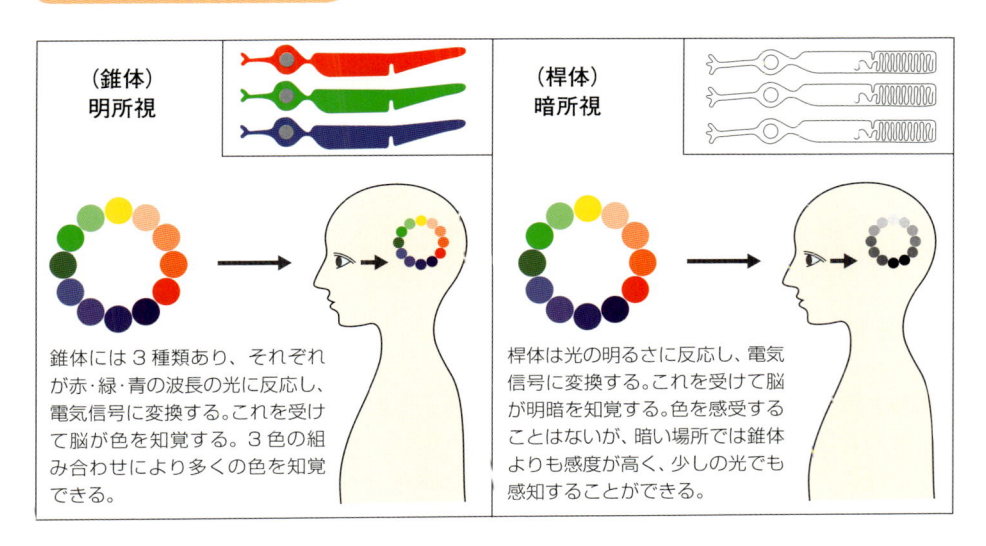

（錐体）明所視

（桿体）暗所視

錐体には3種類あり、それぞれが赤・緑・青の波長の光に反応し、電気信号に変換する。これを受けて脳が色を知覚する。3色の組み合わせにより多くの色を知覚できる。

桿体は光の明るさに反応し、電気信号に変換する。これを受けて脳が明暗を知覚する。色を感受することはないが、暗い場所では錐体よりも感度が高く、少しの光でも感知することができる。

第2章

豆知識 視細胞の桿体の先端の外節にある物質で光に反応する役割を果たしているのがロドプシン。褪色しないときはピンク色に見えるので視紅という。

大脳のはたらき

> **Key word** 　**光の経路**　光を電気信号に変えて大脳の視覚野に伝えるしくみ。網膜の視細胞で電気信号に変えられ、視神経乳頭を通り、視神経線維束、視交叉、外側膝状体（がいそくしつじょうたい）を経て、大脳の視覚野に伝えられる。

人間の左右の視野

　網膜で発信された電気信号は、視神経を通って**視交叉（視神経交叉）**、**外側膝状体**を経て、大脳の視覚野に伝えられる。私たちの眼は、この視神経交叉、外側膝状体によって左右の眼で見た外界の対象物を統合し、大脳によって対象物を正確にとらえている。

　左眼を手で覆って右眼だけで外界を見たとすると、左の視野の大半が見えなくなるばかりではなく、全体の遠近感がわかりにくくなる。眼は左右の両眼で広い視野を獲得しているばかりでなく、遠近感をも獲得していることがわかる。右図のように右眼球は外界の右側の領域と同時に左側の情報を受け入れている。一方、左眼球は外界の左側の領域と同時に右側の情報を取り入れている。つまり、左右の眼で見る双眼領域と片目だけで見る単眼領域があることになる。この際、右側の単眼領域は、右眼の左側で、左側の単眼領域は左眼の右側で受容することになる。双眼領域は単眼領域のおよそ1.5倍の広さであり、両側の視野は80％以上が重なっている。

視交叉、外側膝状体のはたらき

　網膜で電気信号に変えられた情報は、神経節細胞を通って、視交叉で交叉する。ここで右視野の情報は左視覚野に伝達され、左視野の情報は右視覚野に届くように、情報の一部が交叉するしくみになっている。それらの情報は、直接、大脳に行くのではなく、外側膝状体に伝達される。外側膝状体とは変な名前だが、その切り口が膝小僧（ひざこぞう）の断面に似ているからという。この外側膝状体は、大量の視覚情報を神経細胞のネットワークで整理・分類して、視放線を経て、大脳の後頭葉にある一次視覚野の特定部位に、情報を伝達する役目を果たしている。

情報を脳で統合する

　大脳の一次視覚野の周辺には**高次視覚野（視覚連合野）**が存在しており、これまで別々に伝達されてきた色彩、全体の形状、テクスチャー、奥行、運動などの情報が最終的に統合される。さらに、これに記憶の情報が加わることによって高度な認識がなされる。たとえば赤い色、丸い形、果物、美味しいなどの情報が統合されて初めて、赤い美味しそうなリンゴという判断がなされるのである。

> **豆知識**　魚の目は横向きについていて、左右の眼を別々に動かしている。魚類では、視神経交叉は脳の中で行われることが多い。

視覚と大脳

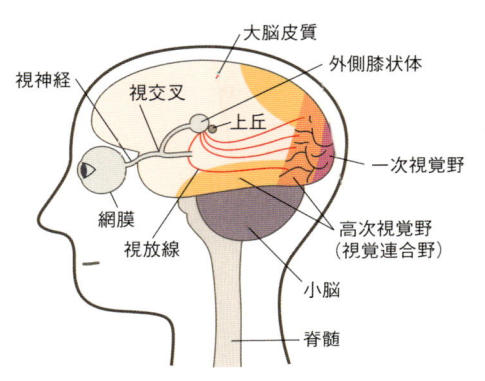

眼に入った光は、網膜で電気信号の情報に変えられ、大脳に到達する。

まず初めに情報が到達するのは、大脳皮質の中の一次視覚野という部分。情報はここで知覚されたのち、高次視覚野（視覚連合野）へ送られ、そこでより高度な知覚や認識が生まれる。

大脳の水平断面（左側が左脳）。
視野には、左右どちらか一方の眼だけで見ている領域と、両方の眼で見ている領域がある。左眼の単眼領域をブルー、右眼の単眼領域をピンクで示した。

眼球では水晶体が凸レンズの役割を果たすので、網膜には外界の情報が倒立して映る。

左眼で受けた情報をブルー、右眼で受けた情報をピンクの線で示した。
視交叉では、双眼領域のうち、左眼で見た右視野の情報（6・7・8）、右眼で見た左視野の情報（3・4・5）が分岐している。結果的に、視野全体のうち、右半分の情報は左脳へ、左半分の情報は右脳へ送られたことがわかる。

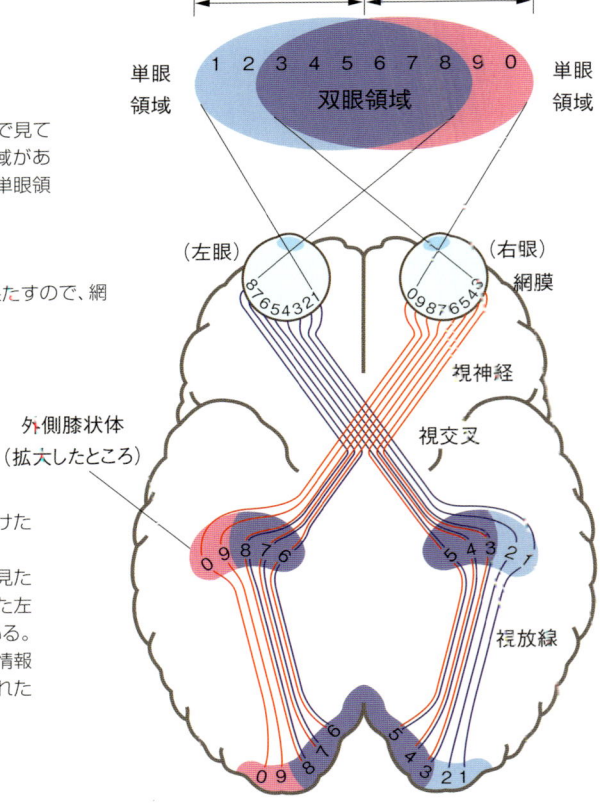

資料／東京商工会議所編『カラーコーディネーション』第2版（中央経済社）ほか

豆知識 兎の眼は360°の視野をもつパノラマ眼である。双眼視野は狭い。一般的に捕食動物の眼は、視野は狭いが視力がよく、被捕食動物は視力はほどほどであるが広い視野をもっている。

色の知覚

> **Key word** 色知覚　人間の眼が色を感じること。どのような経路で色の知覚が行われるのか、現在の色覚モデルでは、ヤング–ヘルムホルツの3色説とヘリングの反対色説を複合させた「段階説」が有力となっている。

ヤング–ヘルムホルツの3色説とヘリングの反対色説

　太陽光をスペクトルに分解したニュートンは、白色光がすべてのスペクトルから成っていることから、人間の眼にもスペクトルを処理する多くの受光器があると考えた。この説に反し、19世紀初頭にイギリスの医者トーマス・ヤング（1773年～1829年）は、人間の眼には光の3原色である赤（R）、緑（G）、青（B）のそれぞれに対して感じる3つの光受容体があり、その感じ方の割合により多様な光を処理しているという考えを示した。

　その後50年を経て、ドイツの生理学者ヘルマン・ヘルムホルツ（1821年～1894年）がこの考え方を発展させ、各スペクトルに対して、3種類の受容器がどのように興奮するか具体的に示した。この説は2人の名前をとって**ヤング–ヘルムホルツ説**と呼ばれ、**3色説**ともいう。

　近年に入り、この3色説を裏づける数々の実験がなされ、立証されることとなった。まずアメリカの生理学者マークらがキンギョの網膜を用いて、3色に対応する3群の錐体があることを証明した。またわが国の冨田恒男がコイの錐体を対象に、赤、緑、青の3色に対応する3群の錐体があることを証明した。

　この3色説に対し、ドイツの生理学者エヴァルト・ヘリング（1834年～1918年）は、色の見え方に重点を置いた色覚モデルを考えた。つまり、3色説においては、黄は赤と緑の反応から生まれるが、黄には赤も緑も感じられないという点をふまえ、純粋な黄の反応が存在するという仮説を立て、網膜の中には赤緑視物質、黄青視物質、明暗視物質という3種類の視物質があると考えた。

　そして赤い光が当たると赤緑視物質が分解して赤の感覚を起こし、その赤の光が消えると抑制されていた緑が現れ、黄色い光が当たると、黄青視物質が分解して、黄色の感覚が生じ、黄が消えると青が現れると提唱した。反対の色が現れることから、これを**反対色説**、または心理4原色説という。

今日における色覚モデルの考え方

　では、どちらが正しいのであろうか。今日では、視細胞レベルでは3種類の錐体でのヤング–ヘルムホルツの3色説が、水平細胞以下において赤–緑、黄–青、明–暗の反対色過程に変換されて、ヘリングの反対色説に一致するという**段階説**が正しいとされている。

> **豆知識**　近年の研究の結果、色覚を担う視物質は動物によりその数や種類が異なることがわかってきた。鳥類や魚類では4色型色覚、一部のサルでは6種類の異なる色覚を有するものもあるという。

ヤング−ヘルムホルツの3原色説

〈ヤングの3色説〉

光 → 眼の受容器：青(B)・緑(G)・赤(R)

ヤングは、眼の中でスペクトルの多くの色を処理するのは赤・緑・青の3種類の受容器だとした。

〈3色説における3受容器の感度〉

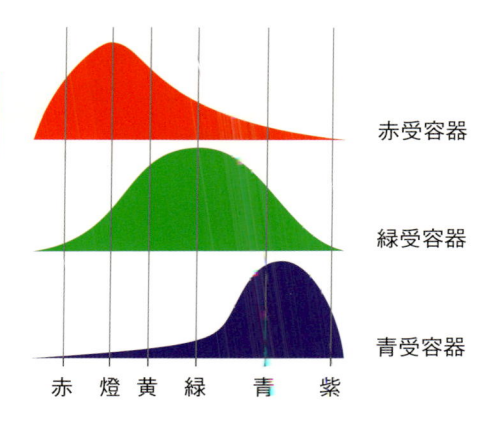

赤受容器／緑受容器／青受容器

赤 燈 黄 緑 青 紫

ヘルムホルツは、スペクトルの各色に対して3つの受容器がどのように興奮するのかを示した。

第2章

ヘリングの反対色説

純粋緑(g)／純粋黄(y)／純粋青(b)／純粋赤(r)
y:g=0.5:0.5　g:b=0.5:0.5
y:r=0.5:0.5　r:b=0.5:0.5

ヘリングは、人間の色覚は赤と緑、黄と青を同時に受容するが、一緒に知覚することはないと説いた。

現代における色覚モデル （段階説）

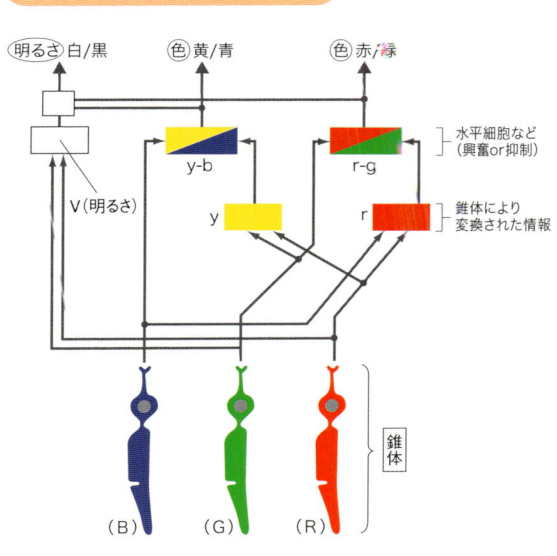

明るさ 白/黒　色 黄/青　色 赤/緑

V(明るさ)　y-b　r-g
y　r

水平細胞など（興奮or抑制）

錐体により変換された情報

(B) (G) (R)　錐体

今日では、図のような「段階説」が正しいとされている。視細胞レベルでは3色説、水平細胞以下においては反対色説に一致する。

豆知識 オレンジは赤と黄とに分解することができる。だがこれ以上、分解することのできない色のことをユニーク色という。ヘリングの赤、緑、黄、青はユニーク色である。

明暗順応と色順応

> **Key word　順応**　環境の変化に対応するために、眼の網膜が幅広い感度で自動調節すること。明るさや暗さに対する反応を明暗順応といい、色に対する感度変化を色順応という。

明暗順応のしくみ

　目に入る光の量を調節する虹彩が収縮、拡大することにより、明るいところ、暗いところでも目が慣れていく。暗い室内から急に明るいところへ出ると、虹彩が収縮して光の入る量を抑え、瞳孔が小さくなる。このように目には明るさに対応する機能がある。逆に、明るいところから暗いところへ移ると、光を多く取り入れるために虹彩が拡大して瞳孔が大きくなる。これも目が暗さに対応しているのである。虹彩の絞りで調節できる範囲は、最小と最大の比で1：16である。ところが光の明暗差は無限大に近いから、瞳孔の開閉だけでは対応できず、視細胞で対応している。この現象は幅広い感度をもつ網膜の自動調節機能による。つまり、強烈な太陽光のもとでは絞りが小さくなるとともに網膜の感度は低くなり、薄暗い光のもとでは絞りは大きく、網膜感度が著しく上昇する。このような眼の明暗に対する順応作用を**明暗順応**という。昼間に暗い映画館に入ると最初はよく見えないが、眼が慣れてくると徐々に見えるようになる。それまではたらいていた錐体に代わって桿体がはたらくことによって起こる現象で、これを**暗順応**という。暗順応では眼が慣れるまでに時間がかかる。一方、暗い映画館から明るい戸外に出ると、一瞬眩しく、周りがよく見えなくなるが、数分ではっきりと見えるようになる。暗いところで桿体がはたらいていた状態から、明るいところに出たために錐体のはたらきに切り変わる現象である。これを**明順応**という。

　錐体と桿体が明暗順応するには時間的な差異がある。暗闇で色を見るとき錐体が暗順応するには5分ほどで安定する。一方、桿体は完全に安定するのに20分ほどかかる。ただし桿体は錐体の100倍ほど光に対する感度が高いとされている。

色順応のしくみ

　茶褐色のサングラスをかけると、はじめは外界がサングラスの色を帯びて茶褐色の視界が見えるが、やがて、サングラスをかけていない、通常と変わらない色に見えてくる。このように、持続して同じ色を見ているとき、明るさへの感度も変わるが、特に色（色相・彩度）に対する感度がもとに戻ることを**色順応**という。これは錐体の感度変化による現象で、光源の分光分布を基準にRGBの各錐体の感度を変化させ、色全体の見え方を一定に保つ機能である。

豆知識　長いトンネルの出入り口付近は中央と比べて照明の数を増やし、明るくなっている。これにより、ドライバーの暗順応、明順応にかかる時間も少なくし、危険な時間を減らすことができる。

暗順応と明順応

＜暗順応＞
昼間に暗い映画館に入ると、周りが見えなくなる。しかし、眼が慣れてくると見えるようになる。

＜明順応＞
暗い映画館から明るい所へ出ると、まぶしくて周りがよく見えない。しかし、眼が慣れるとはっきり見えるようになる。

色順応

昼間の光で見た室内。壁やソファの色に注目。

夕方、暗くなったので電灯をつけたところ。室内の色が違って見える。

しかし、しばらくすると眼が色順応し、昼間と同じ色に見えてくる。

豆知識 自然界の明るさは、暗闇の 0.0003 lx から直射日光下の 10 万 lx に及んでいる。実際は、私たちの目は地表の反射光の何％かを見ているに過ぎないが、その幅広い明暗の領域に順応している。

比視感度とプルキニエ現象

> **Key word** **プルキニエ現象** 眼で感じられる可視光線の波長は、明るいところと暗いところとでは感度が異なるはたらきをする。暗くなると錐体から桿体へのバトンタッチが起こり、短波長領域の色がきれいに見える。

比視感度は波長による見え方の目安

　人間の眼が感じることのできる可視光線の波長は380nm～780nmまでであるが、波長によって感じ方が異なり、明るい場所では555nmの場合に感度が最大になる。つまり、同じ放射エネルギー量（放射量）のそれぞれの波長を人間が見たとき、波長555nmの黄緑色はもっとも感度が高く、明るく感じる。一方、暗いところでは、眼は507nmの緑色で感度が最大になる。長波長側、短波長側ともに波長555nm～507nmから離れるに従って感度が低下し、380nm付近の紫色や780nm付近の赤色は暗く感じる。

　この555nmの明るさの感度の程度を1として、他の波長の明るさ感を比較値で表したものが**比視感度**である。ただし、視感の度合には個人差があるので、多くの人の平均をとった国際照明委員会（CIE）による**標準比視感度**が定められ、その分光分布は標準比視感度図に表される。明るい所での感度を明所視比視感度、暗い所では暗所視比視感度という。

プルキニエ現象とは

　人間の眼の視細胞である桿体・錐体の活動は、明るさによって変わる。ごく暗い光で桿体のみがはたらくような状態を**暗所視**という。光がさすにつれて錐体がはたらき始め、夜明けや日の出前や夕方のような明るさを**薄明視**という。さらに光が強さを増すと、錐体のみがはたらく。この状態を**明所視**という。

　夕方で辺りが暗くなると、明所視から薄明視を経て暗所視へ移行するのにともなって錐体の最高感度域の555nmから桿体の最高感度域の507nmへ、最高感度が移動する。すると明所視では赤色が鮮やかに遠くまで見え、青色は黒ずんで見えていたのが、反対に、暗所視では青色が鮮やかに遠くまで見え、赤色は黒ずんで見えるようになる。

　薄明視では、赤が暗くて、青や緑が明るい。一番、明るいはずの黄色よりも、緑のほうが明るく見える。

　この人間の眼の生理的な現象を、発見した医師ヤン・E・プルキニエ（1787年～1869年）の名をとって**プルキニエ現象**といい、感度が移行することを**プルキニエシフト**という。プルキニエは、次のように言っている。

　「辺りが暗いうちは黒と灰色しかない。明るくなるにしたがって、最初に青が見えるようになる。そして、昼間あれほど鮮やかだった赤がいつまでもくすんでいる」

豆知識 チェコの医師プルキニエは、薄暗い状態で青い絵がきれいに見えることから、プルキニエ現象を発見した。

錐体と桿体の感度

桿体と錐体のそれぞれについて、どれぐらいの光量があれば明るさを感じるかを示したグラフ（上に行くほど光量が少ない）。桿体のほうが、わずかな光でも感受できることがわかる。

図版資料／東京商工会議所編『カラーコーディネーションの基礎』第3版（中央経済社）をもとに作図

プルキニエ現象

錐体は555nm付近の波長（黄緑色の光）でもっとも感度が高くなり、桿体は507nm付近（緑色の光）でもっとも感度が高くなる。暗い場所では、視細胞のはたらきは明所視から暗所視に移る（右グラフ参照）。
感度のピークは短波長（緑・青）のほうに寄るため、青や緑がより鮮やかに見え、赤や黄色はより暗く感じるようになる。これをプルキニエ現象という。

昼間は、赤や黄色が鮮やかに見える。青や緑は暗く見える。

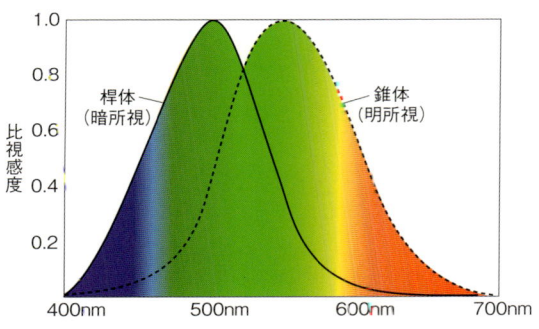

夕方は、青や緑が鮮やかに見える。赤や黄色が暗く見える。

豆知識 私たちの目は暗いところに入ると感度が上がりよく見えるが10分ぐらいで一段落する。ところが10分を過ぎると再び感度が上がり、1時間後には暗闇の中でもよく見えるようになる。

色の恒常性と明るさの恒常性

> **Key word**　**恒常性**　網膜などの感覚器官を刺激する対象の実際の性質と異なる、網膜投影像の見せかけの性質を修正（補正）しようとする生理のこと。恒常性はまた順応性でもある。

色の恒常性

　物体の色に対して、ある程度の知識や記憶があると起こりやすいのが**色の恒常性**という現象である。ある物体を異なる照明で照らすと、その物体は異なる照明下では違った反射・吸収をするため、本来は物体の色が変化して見えるはずである。ところが、人間の眼は、照明が変化しても色が変化したようには知覚せず、自然光の下で見た色と同じように知覚するようにできている。このことを色の恒常性という。

　たとえば、白熱灯の照明の下で白い紙を見た場合、白熱電灯は黄色みがかった色を帯びているため、白い紙は黄色っぽく見えているはずである。ところが私たちはそれを白い紙と認識する。

　私たちの眼は、対象の物体を照らす光の分光分布が変わったとき、一時はその照明光に影響されるように見えながら、すぐにその光の変化に惑わされることなく、物体自身がもつ本来の光の反射率（色）を知覚して、物体の正しい色を認識することができる。この現象を色の恒常性という。

明るさの恒常性

　人間の眼は明るさに関する恒常性ももち合わせている。日向にある石炭と日陰にある雪を比較した場合、どちらが白いかの判断を求められると、ほとんどの人が日陰の雪が白いと答える。白さの定義は、反射率が高くより多くの光が目に入ることによる。日向の石炭と日陰の雪から反射する光の量を比べれば、実際は石炭のほうが反射する光の量は多いことになる。仮に、日向の光量が2倍になれば、反射する光量も2倍になるが、周囲が明るくなるだけで物体そのものから反射する光の量は変わらない。黒い石炭は黒く、白い雪は白いと感じるだけである。

　私たちは、照明光の変化に惑わされずに、常に物体そのものから反射される光を正しく知覚しているのである。視覚のこのような性質を**明るさの恒常性**と呼ぶ。明るさの恒常性とは、照明光の光量が変化して網膜像における**平均輝度**が上昇しても、物体表面の明るさの知覚は変化しない状態をいう。

　この色と明るさの恒常性は、別な視点から見れば、色と明るさの順応性ということである。私たちは、新しい照明環境にすぐ順応するけれど、以前の照明下の色の見え方を記憶しており、色順応や明暗順応をする。

豆知識　紙にあけた穴から色を観察するなど、周囲を見渡すことができない状態で見ると、物体の実際の色の記憶や知識が反映されず、部屋の照明色の影響を受けた知覚になる。

色の恒常性

太陽光の下の赤い携帯は、暗闇の下ではくすんだ色に見えるが、しばらくすると元の赤い色に見えるようになる。

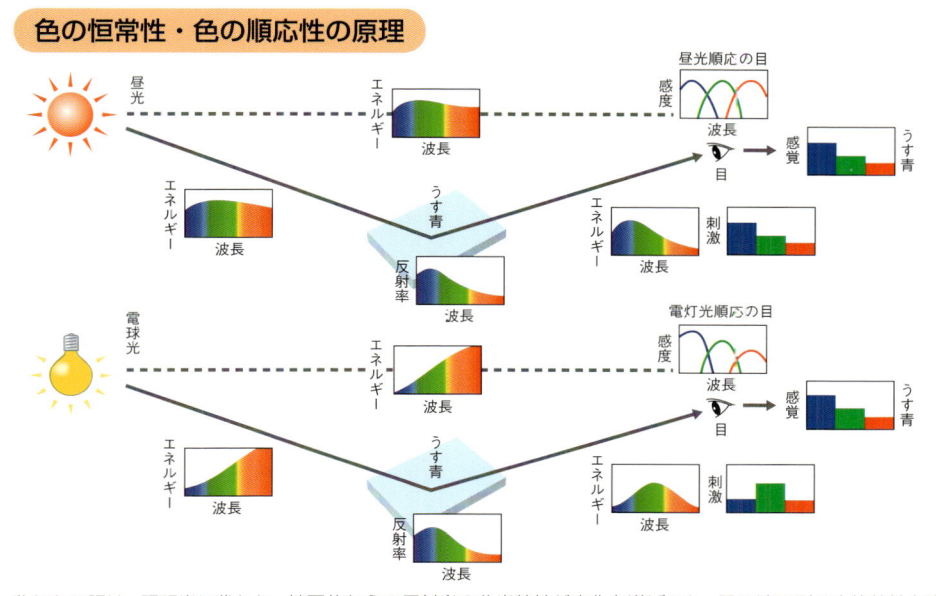

色の恒常性・色の順応性の原理

私たちの眼は、照明光に代わり、被写体からの反射光の分光特性が変化を遂げても、眼の波長別の応答特性を変化させることにより、殆んど同じ色と認識する。これを色の視点でいえば色の恒常性といい、眼の視点でいえば、色順応という。

豆知識 人間の眼の特性を重視して観察した色の見え方が色順応であり、物体色がもっている本来の分光反射率を重視したものが色の恒常性であり、両者は表裏一体の関係にある。

残像

> **Key word**
> **残像** 光や色刺激を受けたあと、その刺激が消えても、網膜の同一部位で、その刺激に対する知覚が残ること。最初の刺激と同様な刺激が残る陽性残像と、反対の刺激が残る陰性残像がある。

残像

　私たちは自覚しなくても、日常生活の中で**残像**をよく体験している。たとえば、フィルムをコマ送りする映画やアニメーションも、その画面の前に見た映像が残像として残っているので、連続動作として見ることができる。また、人間の眼には**視神経乳頭**という視細胞のない盲点があり、私たちの視界には、その盲点によってどこか見えないところがあるはずである。だが視線を動かしたときの残像が残っていて、見えない箇所をカバーするので全視野が見える。残像は、いろいろな形や大きさ、色彩、濃淡などの像の変化として現れる。複雑な形は、単純化された形として現れ、投影面に他の図形があると、残像はそのほうに引き寄せられる。もとの刺激と同質の残像を**陽性残像**といい、異質の残像を**陰性残像**という。

色彩の残像

　夏の夜空を彩る華やかな花火を見て、すぐに目をそらして暗い夜空を見上げると、今見た花火と同様な形と色の花火の残像を見ることがある。このようにもとの刺激と同様な色で見える残像が陽性残像である。この陽性残像は、**正の残像**ともいい、一般的に残像を見る背景が暗いか、色を見ている時間が短いときに起こるといわれている。

　一方、陰性残像は元の刺激と異なり、色相も明るさも反対に見える残像のことをいう。たとえば、赤い紙を見て、次に目を転じて白い壁を見たとしよう。すると白い壁面には緑の斑点が見えるはずである。これを**負の残像**という。

　多くの病院で、医者は青緑色の手術着を着ている。これは長時間、患者の赤い血液を見ていると、白い手術着だとその上に反対色の緑色の斑点を見て、手術の妨げになるからである。青緑色の手術着は、陰性残像を消す役割を果たしているわけである。陰性残像は、陽性残像とは逆に、残像の現れる場所が明るいか、刺激を見ている時間が長いときに場所の明るさに関係なく起こるといわれている。

　残像とは網膜の水平細胞から大脳皮質視覚野の細胞までの過程での**抑制**と**興奮**から起こる現象だという。赤を見ていると赤のL錐体が興奮し、緑のM錐体が抑制される。ところが視線を転じたとき、その投影面が明るいと、L錐体が抑制されて、逆に緑のM錐体が興奮して現れるのである。そして、もとのバランス状態となると残像は消えるのである。

豆知識 動いているものを見て、急に目を他に転ずると、その運動とは逆な方向に動いているように見える。滝を見て、目を転ずると、滝が下から上に動いているように見える。これを運動残像という。

陽性残像

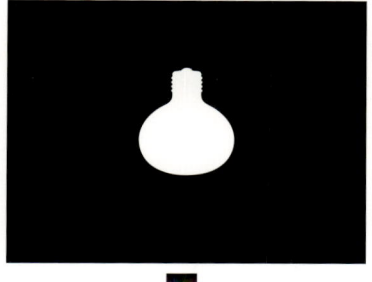

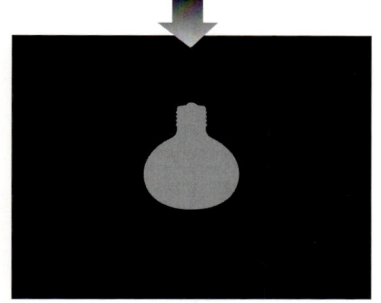

陰性残像

暗闇に浮かぶ白い電灯を見て、目を転ずると、同じ暗闇に灰色の電灯が浮かんでいる。これを陽性残像という。

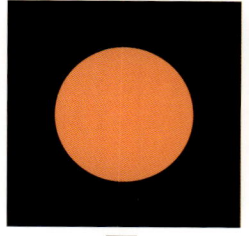

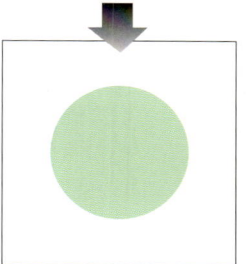

黒い背景に赤い円が描かれていたとする。目を転じて白い紙を見たときに補色の緑色の円が現れる。

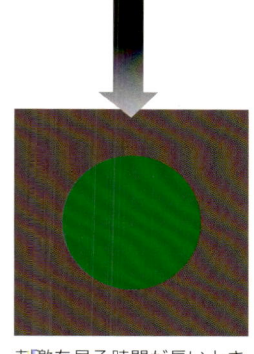

刺激を見る時間が長いとき、背景の明るさに関係なく、緑色の円が現れる。これを陰性残像という。

陰性残像を使って効果的な色に

壁を黄色にした精肉店では、売り物の肉が青みがかって紫色に見え、腐っているようにみえる。背景を緑色にすると、肉がさらに赤みがかって新鮮な肉に見える。残像現象の結果である。

第2章

豆知識　アニメーション映画は1秒間に24コマ、テレビは30コマの連続した静止画である。これは眼の分解能を超えており、残像が重なって連続した動作のように見える。これを時間残像という。

色相対比

> **Key word　対比**　対比には色相対比、明度対比、彩度対比などの種類がある。いずれも背景の色の影響を受けて、図の色が背景の色と反対の色み、明るさ、鮮やかさにかたよって見える現象である。

対比の種類と特徴

　色が周囲の色に影響を受けて、異なった色に見えることを**対比**という。対比の種類には**同時対比**と**継時対比**がある。同時対比とは、対比する2つ以上の色を同時に見たとき、また空間的に近い色の間で起こる現象であり、空間対比ともいう。一方、継時対比はある色を見て、すぐあとに別の色を見ると、直前に見た色の影響を受ける現象をさす。

　ドイツの心理学者アウグスト・キルシュマン（1860年～1932年）は同時対比に対して、「①背景色に対して図色が小さいほど色対比は大きくなる。②背景色と図色の距離が離れていると対比効果は減少する。③背景色が大きいほど対比効果は大きくなる。④背景色と図色の明るさの差が最少のとき、対比は大きくなる。⑤背景色と図色の明るさが一定なら、色が冴えるほど対比は大きい」と述べている。

色相対比

　色相対比とは、背景の色とその上に置かれた色を同時に見比べた際、背景の色相の影響を受け、その上に置かれた色相が違った色に見えることである。背景の地色の**心理補色**が残像として現れるので、心理補色の方向に寄った色に見える。たとえば黄色の地色の上にオレンジの図色がのっている場合と、赤の地色の上にオレンジの図色がのっている場合、同じ色のオレンジであるにもかかわらず、黄色の上のオレンジは少し赤みに寄って見え、赤の上のオレンジは少し黄みに寄って見える。

　また色相差が大きいときは、**補色の対比現象**が起きる。黄の背景の上に紫がのっているときと、緑の背景に紫がのっている場合、背景の色の心理補色の影響を受け、同じ紫でも黄の上の紫はいっそう紫みが強くなり、緑の上の紫は赤みを増して見える。

色陰現象

　有彩色と灰色の対比現象に**色陰現象**がある。鮮やかな有彩色を背景に中央に同じ明度の灰色を置いたとき、それぞれの有彩色の心理補色の影響を受け、中心の図柄に心理補色の色が重なり、灰色が薄く色みを帯びて見える現象を色陰現象という。ヨハネス・イッテン（P.144）はこの色陰現象を同時対比と呼んでいる。

豆知識　ブルーライトの下で白い衣服を着ていたとする。最初は青く見えた衣服も色順応で白く見える。そして明るい戸外に出たとき、衣服は一瞬淡いオレンジ色に見える。これを継時対比という。

色相対比

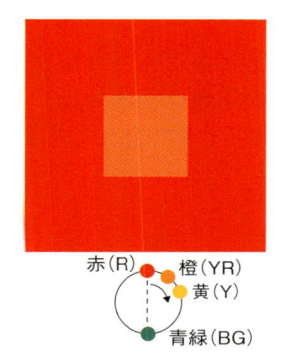

背景色の黄の上のオレンジ（橙）は、背景色の補色の青紫に引っ張られ、赤に寄る。背景色の赤の上のオレンジは、背景色の補色の青緑に引っ張られ、黄みに寄る。マンセル色相環（P.93）を参照。

踊るハート
強い補色対比（対照対比）は、ぎらぎらした光沢感をもつ。暗い場所で図をゆするとハートが踊るように見える。

ウェルトハイマー＝ベヌッシの図形

背景が異なる色の上の灰色は、背景色の補色の色みに寄った色になる。これを色陰現象という。中央の境目に鉛筆を置いて境目を隠すと、いっそう明確になる。

豆知識 背景の色で、いろいろな視覚刺激を起こす色のことを誘導野（誘導色）といい、影響を受ける図色のことを検査野（被誘導色）という。

第2章

明度対比、彩度対比

> **Key word**
> **明度対比・彩度対比** 明度差がある色どうしを配色したとき、背景色と図色に起こる明るさの対比現象を明度対比、また彩度差のある色どうしを組み合わせたときに起こる色の見え方の変化を彩度対比という。

明度対比

背景色が低明度の色の場合、その上の図色は、より明るく見え、背景色が高明度の場合、図色はより暗く見える現象を**明度対比**という。たとえば、白い紙と黒い紙の上に、同じ中明度の灰色を置いたとき、白の上に置いた中明度の灰色は、本来の灰色より暗く見え、黒の紙の上にのせた中明度の灰色は本来の色よりも明るい灰色に見える。言い換えれば、背景色の影響を受け、図色は常に背景とは反対の明度、すなわち背景色の明度が高いとき図色は暗く見え、明度の低い色のとき図色は明るく見える対比である。

なお、明度対比は無彩色どうしの明度差だけではなく、有彩色どうしでも明度差があれば効果が現れる。ただし、ドイツの心理学者アウグスト・キルシュマン（P.72）は背景色と図色の明るさ対比が最小のとき色対比が最大になると述べたが、現在では否定的な実験結果が多く、一般的に図色よりも背景色が明るいときに最大になりやすいといわれている。

彩度対比

彩度対比は、背景色に低彩度の色を配し、図の色を中彩度の色にしたときと、また背景色に高彩度の色を配し、図色に同じ中彩度の色を用いたときとでは、図色の中彩度の色が異なって見える現象である。図の色が同じであっても、背景の地の色の彩度が低い場合、図の色は実際の色より鮮やかに、逆に背景の地色が鮮やかな色の場合、図の色は実際の鮮やかさよりもくすみ、無彩色に近づいて見える。つまり、背景色と反対の彩度にひっぱられるのが彩度対比である。また、これに類似した光のまぶしさの対比に**輝度対比**がある。

縁辺対比

無彩色を黒から低明度の灰色、中明度の灰色、高明度の灰色、白とグラデーション状に並べていくと、それぞれの境目のところで強調され、暗い灰色に接した部分は明るく見え、明るい灰色に接した部分は暗く見える。そのため、色と色との境界線が明瞭になる。この効果を**縁辺対比**、または**辺縁対比**という。網膜の水平細胞以下で起こる**側抑制**（視細胞の活動が相互に抑制的に影響を与え合う作用で、特に明暗の境をいっそう明確にする）により起こる現象である。

> **豆知識** 同じ白い紙に、明るい灰色が5つ並び、もうひとつは暗い灰色が5つ並んでいたとする。この場合、明るい灰色はさらに明るく見え、暗い灰色は、さらに暗く見える。これをエンドエフェクトという。

明度対比

明るい灰色の上の灰色は、さらに暗く見え、黒の上の灰色は明るく見える。
白地の上の灰色はもっとも暗く見える。

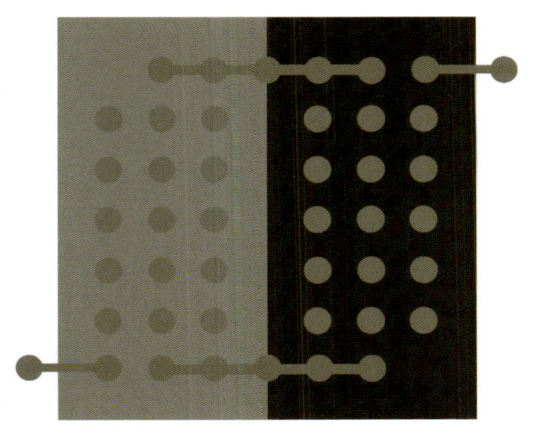

©川添泰宏

彩度対比

内側にあるうすいオレンジ色は、左右とも同じ色である。しかし、灰色の上にあるほうが鮮やかに見え、濃いオレンジ色の上にあるほうは、くすんで見える。

縁辺対比

明度差のある灰色を順序よく接して並べると、それぞれの灰色の境界面は、明るい灰色と接する側は暗く、暗い灰色と接する側は明るく見える。

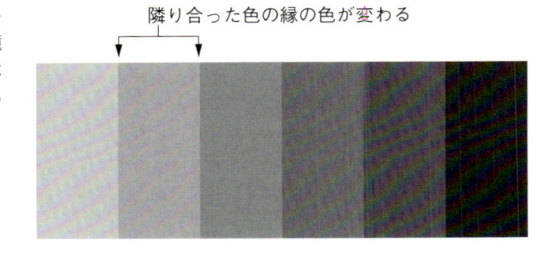

隣り合った色の縁の色が変わる

豆知識 明るい色の縁が暗く見え、暗い縁が明るく見える縁辺対比は一種の錯視である。別名シュブルール錯視といわれている。

同化

Key word　同化　異なる２色の色が、互いに近づいて、色の差が減る方向にはたらく現象。背景色によって、図色がその補色（反対色）の方向に影響を受け、離れた方向に見える対比の逆の現象といえる。

同化の特徴

同化現象は、背景の柄色と図の柄色が小さくて接近していたり、複雑に入り込んでいたり、両方の色が似ている場合に表れやすく、両方の色が本来の色みを残しながら、近づいて見える現象である。同化に近い現象に**中間混色**がある。しかし、同化は色が近づいても両方の色が知覚されるのに対して、中間混色は、両方の色が混色し、その中間の色に見える点が異なっている。同化の有名な事例として、イギリスの画家ウィリアム・ホガース（1697年～1764年）の版画の例がある。その版画は、それぞれ黒、白の細い枠で囲んだもので、枠が黒いほうは版画全体が黒く見え、白枠のほうは版画全体が何となく白っぽく見える。これを版画部分が細い黒と白に同化しているというのである。この枠が太くなると黒い枠の場合には版画は白く、白い枠では反対に黒く見える。つまり**対比現象**になる。同化にも、色相の同化、明度の同化、彩度の同化がある。

①色相の同化

色相に関する同化である。色相が近寄っていく例で、黄緑の背景色の上に青色の細い線を引いたとき、背景色は青みに寄り、青色の線は黄みに寄ることが起きる。一方で、この黄緑の背景色の上に、黄色の線を引いてみると、同じ黄緑の背景色は黄みに寄り、黄色の線は緑みに寄る。

②明度の同化

相互の明るさが近寄っていく例である。中明度の赤色を背景色として、その上に、白と黒の線を引いた場合、白の線の付近の背景色は明るい赤色となり、白の線は暗くなって高明度の灰色に見える。一方、黒の線の付近の背景色は、暗くなって低明度の赤色に見え、あわせて黒の線は暗くなって、より黒く見える。

③彩度の同化

２つの色の彩度が近寄っていく例である。中明度・低彩度の紫色の背景色の上に、高彩度の紫色の線を引いた場合、背景色は鮮やかに見え、線の紫はくすんで見える。一方、この紫色の背景色の上に、高明度の灰色の線を引くと、背景色はくすんで見える。

豆知識　同化現象について、ドイツの化学者ベゾルトは微細な図色に対して網膜上で、眼球の運動が起こり、その図色を混同することに原因があると説いた。これを「ベゾルトの混色効果」という。

色相・明度・彩度の同化

<色相の同化>

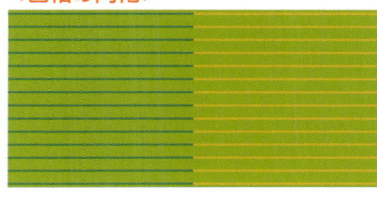

左右の正方形は同じ黄緑色の背景だが、左は青みがかり、右は黄みがかって見える。

<明度の同化>

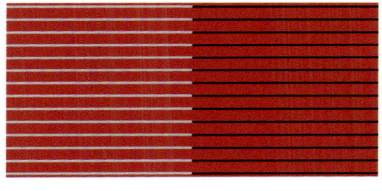

左右の正方形はどちらも同じ赤の背景だが、左は明るく、右は暗く見える。

<彩度の同化>

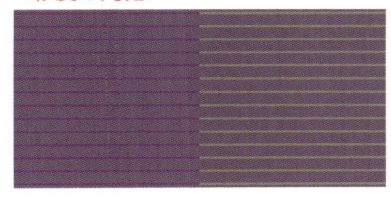

同じ紫色の背景だが、左は鮮やかに、右はくすんで見える。

色相の同化、色相の対比

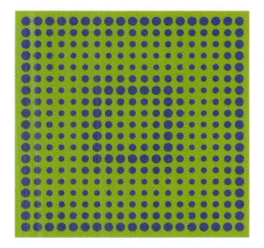

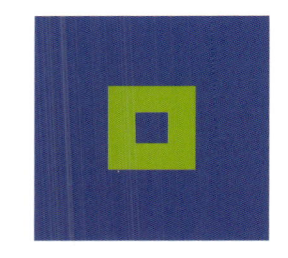

上は同化、下は対比の例。

明度の同化、明度の対比

ホガースの銅版画に見る同化現象。細い枠の色に同化して、左は黒っぽく、右は白っぽく見える。

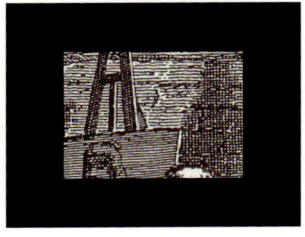

上と同じ銅版画の部分拡大。枠を太くすると、今度は対比効果により、左は白っぽく、右は黒っぽく見える。

豆知識 同化のひとつに窓枠効果がある。1枚の絵や写真に黒い格子枠と白い格子枠をかけて眺めると、前者では絵が暗く見え、後者では明るく見える。

視認性、誘目性、識別性

Key word　色の見え　色の見えには生理的、心理的側面が深くかかわっている。色の見えには視認性、誘目性、識別性があるが、いずれも色の明度差、色相差によって、色の見えは明確になる。

色の視認性

ふつう、色は複数の色の環境の中で見られるから、その中での色の見えやすさが重要なファクターとなってくる。この見やすさを決める要因として、視認性と誘目性、識別性がある。

色の**視認性**は、色の見つけやすさのことをいい、背景の中で対象の色がどの程度まで離れても見えるかを示している。通常、視認距離で表される。医学博士の大島正光の報告（1953年）によると、黒を背景にしたとき、60lxの照明下では純色の黄（14m）、黄橙（13m）がもっとも遠くから見え、紫（3m）は一番視認性が低い。一方、白を背景色とした場合、逆に紫（8.5m）がもっとも視認性が高く、黄色（4.5m）で視認性が最低になる。つまり視認性は、背景色との明度差に大きく左右される。

有彩色どうしでは、純色の紫を背景に、純色の黄（12.7m）でもっとも視認性が高く、ついで黄の背景で紫（12.5m）、黄橙が背景で紫（12.0m）と続いている。逆に視認性の低い組み合わせでは、背景色が青で青紫（0.2m）、青紫が背景で青（0.2m）がもっとも低く、ついで背景色が青で青緑（0.5m）が低い。対照色相で明度差があれば、視認性が高くなり、類似色相で明度差がないと視認性が低くなる。

色の誘目性

たくさんの色がある中で、心理的に目立ったり、注意をうながす度合いを数値化したものが**誘目性**である。一般的に無彩色よりも有彩色のほうが、寒色より暖色系のほうが、明度や彩度は高いほうが誘目性も高い。神作博（1969）の報告によれば背景色が黒のとき、図の色は黄色、黄赤、赤、黄緑の順で誘目性が高い。しかし、灰色の背景色の場合は黄色、赤、黄赤、黄緑の順、白の背景色になると、赤、黄色、黄赤、青の順で、青紫はいずれの場合でも誘目性が低い。

色の識別性

識別性とは生活環境の中で多数の色を分類・整理したり、他のものと区別する上での色の効果をさす。有効に利用するには、色相の差を広くとり、一つ一つの色を識別しやすくするのがポイントである。JISの安全色彩、企業のCIカラーなどは、上記の視認性、誘目性に加えて、識別性にも配慮して作られている。

豆知識　色の見えは照度と深く関係している。1000lxの照明下で目立つのは赤系、目立たないのが青系の色。0.01lxの暗い照明下では、青系が目立つのに対して、目立たないのが、赤である。

背景によって変わる視認性

黒を背景にしたときの視認性。60lxの照明下では純色の黄と黄橙がもっとも遠くから見える(視認性が高い)。紫はもっとも視認性が低い。
(白を背景にすると逆に紫が見えやすく、黄色が見えにくくなる)

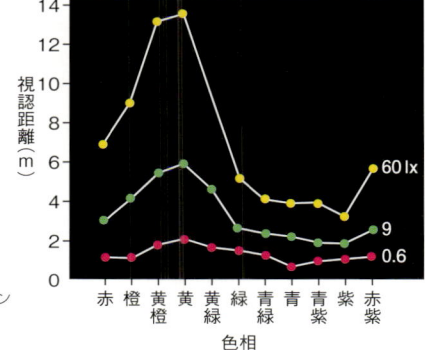

図版／大島(1953)、東京商工会議所編『カラーコーディネーションの基礎』第3版(中央経済社)をもとに作図

有彩色を背景にしたときの視認性。対照色相で明度差があれば、視認性が高くなり、類似色相で明度差がないと視認性が低くなる。紫背景で黄、黄背景で紫にするともっとも見えやすく、青背景に青紫、青紫背景で青の場合は見えにくい。

図柄の純色＼背景の純色	赤	橙	黄橙	黄	黄緑	緑	青緑	青	青紫	紫	赤紫
赤		2.9	8.0	8.7	3.8	1.2	2.3	2.9	3.0	3.8	1.2
橙	3.0		5.0	5.8	0.9	4.2	5.4	6.0	5.7	6.8	4.2
黄橙	8.2	5.0		0.6	4.4	9.4	10.5	11.4	11.4	12.0	9.5
黄	8.8	5.0	0.7		5.0	9.9	11.1	11.5	11.5	12.5	9.0
黄緑	3.8	0.8	3.8	5.0		5.0	6.3	6.6	6.5	7.6	5.2
緑	1.2	4.2	9.3	10.0	5.0		1.3	2.0	2.0	2.5	2.2
青緑	2.4	5.4	10.6	11.1	6.2	1.2		0.5	0.6	1.5	1.0
青	3.0	6.0	11.2	11.8	6.8	2.0	0.5		0.2	0.8	1.8
青紫	3.0	6.0	11.2	11.9	6.8	1.8	1.3	0.2		0.8	1.9
紫	3.6	6.6	11.8	12.7	7.4	2.8	1.2	0.6	0.7		2.4
赤紫	1.4	4.2	9.4	10.0	5.2	2.7	0.5	1.8	1.8	2.5	

図版／大島(1953)、東京商工会議所編『カラーコーディネーションの基礎』第3版(中央経済社)をもとに作図

誘目性

図は、その色が心理的に目立ったり、注意を促す度合い(誘目性)を表したもの。背景によらず、黄色や赤は誘目性が高く、青紫は誘目性が低いことがわかる。

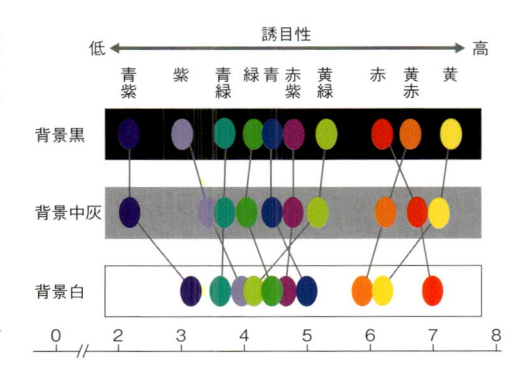

図版／神作(1969)、東京商工会議所編『カラーコーディネーションの基礎』第3版(中央経済社)ほかをもとに作図

豆知識　地方自治体では小学1年生に黄色いランドセルカバーや黄色い帽子、黄色い傘などを配ったりするところが多いという。だが黄色と青のツートンカラーにすることも考えられている。

色記憶と記憶色

Key word 色記憶と記憶色　色記憶とは色という抽象概念をどれだけ記憶しているかを問う概念であり、記憶色とは物体色に対する記憶を問う概念である。

色記憶

私たちは身の回りのある色を見て記憶したり、その記憶した色を次の機会には再生しようと試みている。このことを**色の記憶（Color Memory）**という。だが人の記憶は不確かで曖昧であり、記憶の中の色と実際の色とは色相、明度、彩度でかなりのずれを生じることがある。また同一視野で同時に色弁別したときと、時間を経て、継時的に弁別したときとでは、当然、時間を経て色再現するほうが色のずれが顕著である。色記憶には以下のような特徴がある。

色記憶はその色らしさがより強調された方向にずれる。ふつう、色再現をした場合、白周辺の高明度・低彩度色を除き、再現色は実際の色よりも、明度・彩度とも純度が高い方向に偏っている。特に記憶内では彩度が高まり、鮮やかな方向にシフトしている。

色相については、11個の基本色（白、黒、赤、緑、黄、青、茶、オレンジ、紫、ピンク、灰）のカテゴリー領域に止まり、他の色相にシフトする傾向はほとんど見られない。また、同じ色相の中でも、もっとも純度の高い**フォーカル色（Focal color）**の方向にシフトしていく。このことを**色記憶のカテゴリー性**という。

色記憶は、その人にとって好ましいと思う色の方向に変化する傾向もある。例えば日本人の肌の色は記憶色になると実際よりも明度が高くなり、彩度は少し低下し、実際よりも色白に記憶される。

記憶色

色記憶と言葉は似ているが、異なる概念として**記憶色（Memory color）**がある。記憶色とは物体に結びついて記憶されたり、想起されたりする色である。たとえばリンゴの赤とかバナナの黄、空の青などとして記憶された色のことをいう。記憶色は、一般的に対象色が強調して記憶され、いずれの場合も彩度が高彩度に強調される傾向があり、実際のものより明度はやや下がるか、あまり変化しない。また色相もより純度の高いフォーカル色にシフトしている。

このように私たちの色に対する記憶は曖昧であり、不確かであるが、印刷や写真、テレビ、ビデオなどで色再現をするときなどは、実際の対象色よりも、好ましい色として知覚されている記憶色をイメージして、色再現が行われている。特に肌の色、草色、青空などにその傾向が顕著である。

豆知識　フォーカル色とは色のカテゴリーを代表する色である。たとえば色みの異なる青の中で、もっとも青らしい純色の青をフォーカルブルーという。

実際の色と記憶色の比較

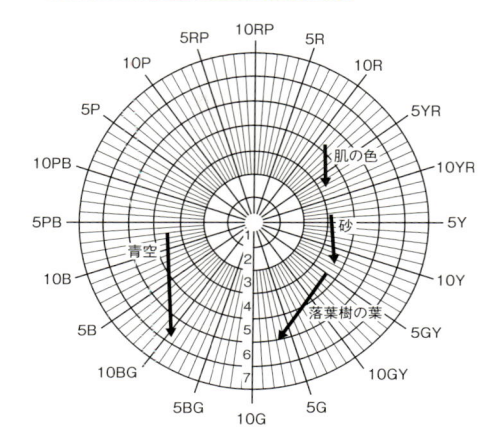

矢印の起点が実際の色、終点が記憶色。円グラフの外側ほど彩度が高いことを示す。
青空や砂、葉の色の記憶色は実際より彩度が高くなり、わたしたちに彩度の高い色を好む傾向があることがわかる。しかし、肌の色の記憶色は実際よりも彩度が低くなる。

図版／Bertleson（1961）、東京商工会議所編『カラーコーディネーションの実際』第2版（中央経済社）をもとに作図

● 実際の肌の色
（20代の平均肌色）
5.5YR6.5/3.7

● 肌の色の記憶色
4.0YR7.1/3.4

● 若い女性の化粧肌の記憶
1.8YR7.3/3.6

● きれいだと思う肌
1.5YR7.4/3.4

若い日本人女性の肌の色について、記憶色と実際の色を比べた調査。
記憶色は、実際より赤みを帯びた明るく澄んだ色になる。また、「若い女性の化粧肌」の記憶色は、さらに明るく赤みを帯びる。「きれいだと思う肌の色」を色票から選んでもらった結果も同じ傾向にある。

（色はイメージ）

図版／東京商工会議所編『カラーコーディネーションの実際』第2版（中央経済社）をもとに作図

記憶による明度・彩度・色相の変移

記憶色では一般に、明度も彩度も高くなる傾向がある。しかし明度・彩度が低下する例も少しはある。

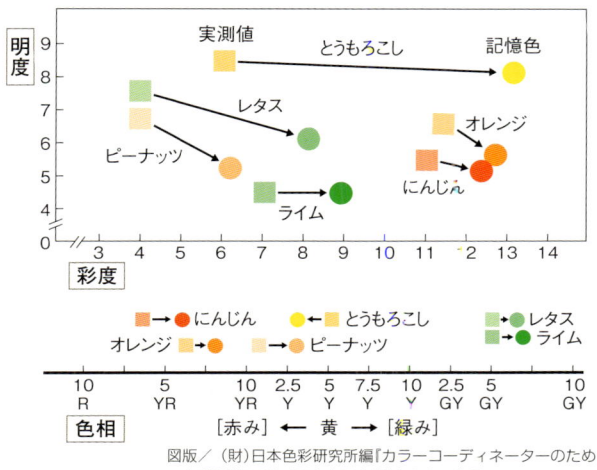

図版／（財）日本色彩研究所編『カラーコーディネーターのための色彩科学入門』（日本色研事業）をもとに作図

豆知識 青空や樹々の緑、砂などは実際の色よりは記憶色のほうが、色相ではよりそれらしく、明度は高くなっている。青空は緑みに、樹々の葉はより緑みに、明度は高く記憶している。

色の見え方

> **Key word** 色の見え方　色の見え方は、いつも一定ではなく、照明光の強弱や光色、また入射の角度、対象物の表面の質感やその背景などのさまざまな条件で変わってくる。

光の変化で色相が変わって見える

　波長が一定の単色光が常に同じ色相に見えるかというと、必ずしも同じ色に見えるわけではない。波長を一定にしておいても、照明光の条件を変えると、色相が移行することがある。一般に照明光の輝度が高く（明るく）なると、赤、黄赤は黄みが強くなり、青と青緑は青みが強くなる。一方、輝度が低く（暗く）なると、黄緑と青緑は緑みが強くなり、青紫と黄赤は赤みが強くなる。つまり、輝度が高くなると黄と青に見える領域が広がり、低くなると赤と緑に見える領域が広がることになる。これがベゾルト＝ブリュッケ現象（右図参照）といわれるものである。ただ、この中で黄（572nm）、緑（503nm）、青（478nm）は、光の輝度に関係なく、不変であり、この３色を**不変色相**といっている。

白色光を加えると色相も変化する

　物体色ではなく、ある色光に白色光を加えていくと、やはり色相移行が起き、色みが変わったように感じられることがある。光の色の純度が増すと、短波長の方向に移行し、光の色の純度が下がる（白さが増す）と、長波長側にシフトする。この現象を**アブニーシフト**というが、ここでも黄色（577nm）は不変色相である。

観察する対象色の明るさで違って見える

　今度は**ヘルソン＝ジャッド効果**と呼ばれる知覚現象を紹介しよう。有彩色（黄色）の照明下で、十分な色順応を行い、背景色と図色に２種類の明度の灰色を置いて観察すると、背景色（明度５）の明度より明るい灰色の図色は、照明光と同じ黄色に見える。一方、背景色（明度５）より、図色の灰色が暗い場合は、その図色は黄の照明光の補色の青色に見える。また図色の灰色が背景色と同じ、明度５だと、照明光の影響を受けず、黄にも青にも見えず、無彩色に見えるという。

強い光があたるとカラフルに見える

　強い照明光があたると、その物体の有彩色は明るく輝いて見える。晴天の日に風景が明るく見えるのに対して、曇天の日にはくすんで見えるような現象である。これを**ハント効果**という。また、色は、面積が大きくなると彩度が高く見える。

豆知識　「これはとてもカラフルだ」などという言葉は日常よく使う言葉である。色がたくさんあるときにも言うが、色彩学では高輝度になるにしたがって色みが鮮やかになることをいう。

ベゾルト＝ブリュッケ現象

同じ波長の光でも、明るさ（輝度）が変わると色相がちがって見える現象。
右のグラフは、輝度ごとに同じ色相に見える波長を結んだもの。例えば同じ625nmの光でも、輝度が上がれば黄赤に、輝度が下がれば赤に見える。

図版／東京商工会議所編『カラーコーディネーション』第2版(中央経済社)ほかをもとに作図

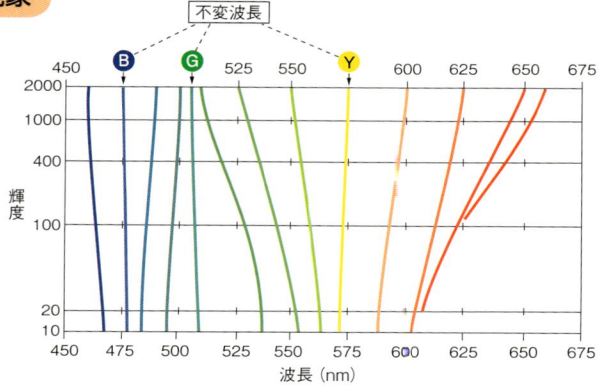

不変波長

B　G　525　550　Y　600　625　650　675

輝度 / 波長 (nm)

ヘルソン＝ジャッド効果

無彩色の組み合わせを、有彩色の照明のもとで見る。背景の方が暗い場合（左）は照明光と同じ色相に見え、背景が明るい場合（右）は照明光の補色色相に見える。

ハント効果

有彩色に強い光が当たると、カラフルネスが高まる（色が強く見える）。

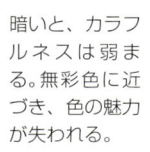

暗いと、カラフルネスは弱まる。無彩色に近づき、色の魅力が失われる。

面積効果

＜小面積＞
直径5mmの円を約8m離れて見ると、黄は白に、青は黒に見える。より小さいと灰色に見える。

＜広面積＞
視覚20°あたりで見たとき、有彩色は面積が大きいと鮮やかに見える。

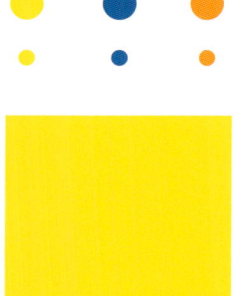

豆知識 カーテンなどを購入するとき、小さなサンプルで決め、実際に商品が届けられたとき色が鮮やか過ぎて困るときがある。すくなくとも15cm² 以上の布地で見るようにしよう。

主観色とネオンカラー効果

Key word **主観色** 光によって引きおこされる知覚のひとつで、光がないのに色が見える現象である。ドイツの物理学者のフェヒナーが発見したためにフェヒナーの色という。

主観色

　右図のように色みのない、白と黒で描かれた模様の円盤を回したときに感じる色を**主観色**という。1838年、ドイツの物理学者グスタフ・フェヒナー（1801年〜1887年）によって報告された。この現象は**ベンハムのこま**と呼ばれる円を回したとき、顕著に現れる。白黒の模様の入ったもので製作者の名前に因んで、ベンハムトップと呼ばれ、右図以外にも模様の種類がいくつかある。

　図のような白と黒の模様が描かれた円をこまのように回転させると、回転の速度や方向により、弧の部分に、実際には存在しないさまざまな色が淡く見えてくる。時計回りにしたとき中心から同心円状に赤・黄・緑・青の色が見え、反時計回りにしたときは、色の順序が逆になる。高速で回転させると、白と黒が融合して単に灰色の色みしか見えない。速度が遅いほうが色が鮮やかで、こまの回転が終わりに近づき、ほとんど倒れそうになったとき、もっとも鮮やかな赤が現れるという報告もされている。

　なぜ色みのない無彩色の模様に色みを感じるのだろうか。白い反射光の中にはさまざまな色刺激が含まれていて、それがこまを回すという刺激によって個別に現れてくるという説があるが、その正確な理由は解明されていない。また、主観色という表現が示すとおり見え方には個人差があり、その見える色も同じではない。この色を、発見者の名をとってフェヒナーの色という。

　ベンハム以外の白黒パターンでも同様の現象が報告されており、アメリカの心理学者バラス・スキナーの蜂の巣模様やイギリス人画家のブリジット・ライリーのオプアートにも、主観色が見られる。

エーレンシュタイン効果とネオンカラー効果

　細い黒線の格子を作り、交叉する十字形のところを抜いておくと、その抜けたところに円形の輪郭を見ることができる。これを**主観的輪郭**という。その十字の抜けた部分が、まるで光が滲んだように見える。これを**エーレンシュタイン効果**という。同様に、赤や緑、青で描かれた図形の延長線を黒線で描くと色の線がまるで光が滲み出ているように見え、ネオン管が光っているように感じることから**ネオンカラー効果**という。前述のエーレンシュタイン効果、ネオンカラー効果とも**錯視**（P.86）現象のひとつである。

豆知識　オプアートとは、1960年代に登場したオプティカル・アートの略。「光学的」絵画ともいわれ、人間の錯覚を利用した錯視の芸術である。ヴァザルリ、アルバースなどが著名である。

ベンハムのこま

図のような白黒の図形パターンを中心にしたコマを矢印の方向に回転させると、A、B、C、Dの4本の円弧それぞれにAは赤、Bは黄、Cは緑、Dは青の色が浮かんでくる。

カニッツァの三角形

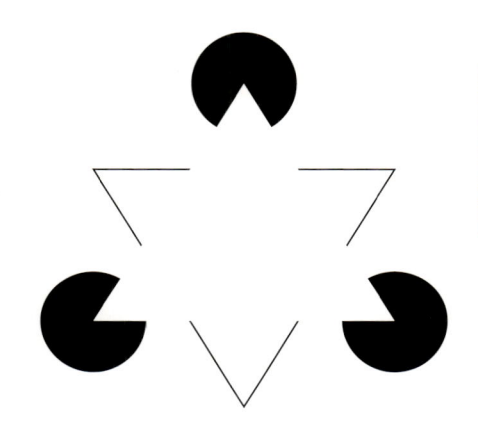

正三角形の各辺の傍に円形を配置することにより、見えない三角形が浮かび上がっている錯覚。主観的輪郭ともいう。

エーレンシュタイン効果

図のように黒い線を直角に交叉させ、その交差したところをあけておくと、そこに明るい丸い輪郭の円が見える。これも主観的輪郭の例。

ネオンカラー効果

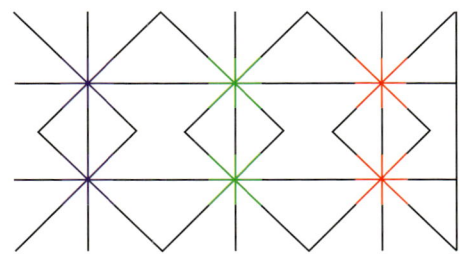

図のように赤、緑、青の直線を交叉させ、それぞれ黒線で延長すると、色の交差した周辺が明るく輝いて、光が滲み出ているようにみえる。

豆知識 2つ以上の形の明暗が強調されるとき、明暗の境界部分に、本来存在しない輪郭や形態が形成される。これは眼自体が生み出す形である。マッハが発見したのでマッハバンドという。

錯視

Key word　錯視　視覚におこる錯覚のこと。眼で認識したものが、ある条件下において、実際の物体とは異なった状態で認識されることをさす。知覚自体は正しく行われており、正常な知覚のひとつである。

錯視の性質と特徴

錯覚の多くは**錯視**であるが、錯視は何か特殊で異常な現象ではなく、誰でも体験する正常な知覚のひとつである。錯覚には形や色彩における長短、大小、長さ、方向、遠近、奥行き、運動、明暗、対比、同化、また、色相や明暗などが違って見えたりする現象がある。

錯視がなぜ起こるのか、諸説がある。そのひとつは網膜から大脳に至る水平細胞以下における知覚の興奮と抑制によって引きおこされるという説である。また大脳の視床下部や、大脳の二次視覚野で起こるとも考えられており、その謎はまだ解き明かされていない。

色に関した錯視の代表的なものとして、次のようなものがある。

色の錯視

色の錯視では、前述したベンハムのこま、ネオンカラー効果、エーレンシュタイン効果以外にも次のようなものがある。

①色の対比の錯視

色相対比・明度対比・彩度対比などによる錯視である。隣接する、または背景色の影響を受け、図の色が背景色の反対の方向に偏って見えたり、異なる色に見えたり、明るく見えたり、暗く見えたり、鮮やかに見えたり、くすんで見えたりする現象のこと。代表的なものにムンカー錯視、バザルリ錯視がある。右ページの北岡作品参照。

②色の同化の錯視

対比と異なり、背景色と図色が近似に見える錯視である。背景色と図色の面積比が近く、また小さいときに起こる。

③色の恒常性の錯視

図形に別の照明光を当てても、もとの色に正しく見える錯視である。

④色の残像の錯視

色の残像効果を利用した錯視。ある図形を一定時間見て、視線をずらすと、別の空間に補色の図形が出現したかに見える錯視である。

⑤色の運動・振動の錯視

反対色どうしや、彩度の高い色を並列したり、細かな図形を併置したりすると、色が振動して見えたり、一定方向に動いているように見える錯視のこと。代表的なものに「踊るハート」（P.73）がある。

⑥色の湾曲の錯視

同様に、図形が湾曲して見える錯視。

⑦色の消滅の錯視

同様に、ある色が消えてしまう錯視である。（右ページ川添作品を参照）

豆知識　赤と黒、緑と黒の縞模様を組み合わせた格子柄を見た後、同様な縞模様の白黒格子を見ると、その残像色がついたように見える。これをマッカロウの色効果という。

色彩の明滅「緑の森2」

中央の点を集中して見ていると、周囲のピンク色が見えなくなる錯視。

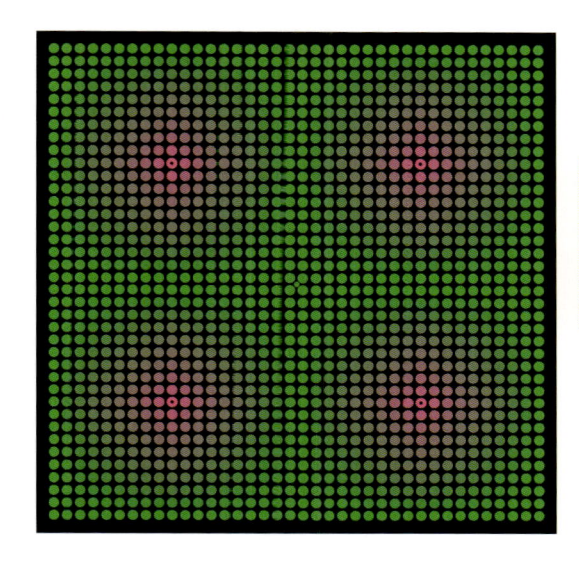

©川添泰宏

緑の渦巻き

黄緑の螺旋と青緑の螺旋があるように見えるが、どちらも同じ緑である。

©北岡明佳

第2章

豆知識 抽象画家のバザルリ作品に見る錯視では、色の進出・後退、膨張・収縮効果により、平面的な幾何模様が立方体に見えたり、凹凸があるように見える。

Column

JIS 慣用色名②

凡例

色	色名（読み方）解説文	JIS マンセル値
		系統色名区分

和色名

色	色名・解説	JIS マンセル値／系統色名
	茜色(あかねいろ)　アカネ科の蔓性多年草の茜の根から採取される濃い赤のこと。「茜色の空」などと表現される。伝統色名。	4.0R 3.5/11.0 こい赤
	朱色(しゅいろ)　天然では辰砂から採取される鮮やかな黄みを帯びた赤。現在では硫化水銀を主成分とする赤色の顔料である。	6.0R 5.5/14.0 あざやかな黄みの赤
	鳶色(とびいろ)　鳶の羽根の色のような暗い黄みの赤のこと。江戸時代、粋な色のひとつとして流行した伝統色である。	7.5R 3.5/5.0 暗い黄みの赤
	小豆色(あずきいろ)　穀物の小豆の表面色に似た、くすんだ黄みの赤色である。江戸時代から地味色の茶色の一種として流行した。	8.0R 4.5/4.5 くすんだ黄みの赤
	弁柄色(べんがらいろ)　インドのベンガル地方に由来する。酸化第二鉄を主成分とする暗い黄みの赤色顔料。京都の町屋の弁柄格子で有名。	8.0R 3.5/7.0 暗い黄みの赤
	海老茶(えびちゃ)　海老の殻に似た暗い黄みの赤色をさす。明治時代に華族女学校を始め多くの女学校で袴の色として採用した。	8.0R 3.0/4.5 暗い黄みの赤
	黄丹(おうに)　伝統色名のひとつ。紅花と梔子とで染めた強い黄赤のこと。古来、皇太子の袍の色として用いられ禁色であった。	10.0R 6.0/12.0 つよい黄赤
	柿色(かきいろ)　照柿色ともいう。果物の柿の表皮の色に似た強い黄赤の色である。暗い柿渋色を含み、定式幕はこれに当たる。	10.0R 5.5/12.0 つよい黄赤
	煉瓦色(れんがいろ)　レンガの表面色に似た暗い黄赤の色。レンガの焼成の仕方により、赤みから黄みまで幅が広い。	10.0R 4.0/7.0 暗い黄赤
	代赭(たいしゃ)　酸化第二鉄を含んだ赤土を焼いて得られた赤色顔料のこと。中国の山西省代州から産出されたくすんだ黄赤に由来する。	2.5YR 5.0/8.5 くすんだ黄赤
	駱駝色(らくだいろ)　英色名のキャメルに相当する。動物のラクダの体毛のようなくすんだ黄赤色のこと。より黄み寄りの色も含む。	4.0YR 5.5/6.0 くすんだ黄赤
	肌色(はだいろ)　日本人の平均的な肌の色に由来する、薄い黄赤の色。実際の肌の色より、薄い色をしている。	5.0YR 8.0/5.0 うすい黄赤

第3章

色を表すしくみ

色の3属性

Key word 　**色相・明度・彩度**　色には、色相、明度、彩度という3つの属性がある。色相とは赤みなどの色みのことであり、明度は明るさ、暗さの度合いであり、彩度は鮮やかさ、鈍さの度合いのことである。

色の3属性

①色相（Hue）

　数多くの色を整理・分類しようとするとき、その色の「色み」に従って、整理・分類する。色みとは、ふつう、赤み、黄み、緑み、青み、紫みなどのことであり、色彩学では、この色みのことを「色相」という。だが赤の色相でも青みの赤もあれば、純色の赤、黄みの赤など、色みに応じて無数にある。色みの似たもの、異なるものをいかに整理し、分類するかによって、さまざまな分類法がある。

②明度（Value）

　どのような色にも明るい色もあり、暗い色がある。明るい赤、中くらいの明るさの赤、暗い赤などである。その中でもっとも明るい色が白であり、もっとも暗い色が黒である。この白から、灰、黒にいたる明るさだけの色を**無彩色**といい、これに対して色みのある色を**有彩色**という。そして無彩色の明るさ、暗さの度合いは、すべての有彩色の明度に対応している。

③彩度（Chroma）

　どのような有彩色にも、鮮やかさ、鈍さの度合いがある。鮮やかな赤、中くらいの鮮やかさの赤、鈍い赤という具合である。まったく鮮やかさのない色から、もっとも鮮やかな色まで、その度合いも無限にあり、分類方法も多様である。なお、まったく鮮やかさのない色を無彩色といい、無彩色は明度だけの色である。

④色の3次元性

　以上のように色は色相、明度、彩度の3次元性をもち、3方性の見え方をする。したがって、2次元の平面で表すことはできず、色の全体像を把握するためには、色相、明度、彩度を軸にした3次元の色立体で表現することが古くから試みられてきた。その形には円錐、二重円錐形、円筒、球体など、いろいろな種類がある。

顕色系と混色系

　上記の色相、明度、彩度をどのように整理・分類するかということは、色の差をどのように設定するかで決まる。その分類法は2種に大別されるが、ひとつは、色を見たままに知覚的等歩度で整理・分類して、色票でそれを表現する体系であり、これを**顕色系**の体系とか**カラーオーダーシステム**という。もうひとつはコマを回転させ、その色の混色率で色を分類したり、RGBの測色値を基本にして作り上げた**混色系**の体系である。

豆知識　カラーオーダーシステムの代表的なものとして、マンセル表色系、オストワルト表色系、PCCS、NCSなどがある。いずれも色票をともなうのが特徴である。別に顕色系体系ともいう。

色の3属性

色相（色み）、明度（明るさ）、彩度（鮮やかさ）を色の3属性という。
この図では、同じ色相（赤）で塗られた円が2つある。色相は同じでも、上の方が下の赤色よりも明度・彩度が高い。

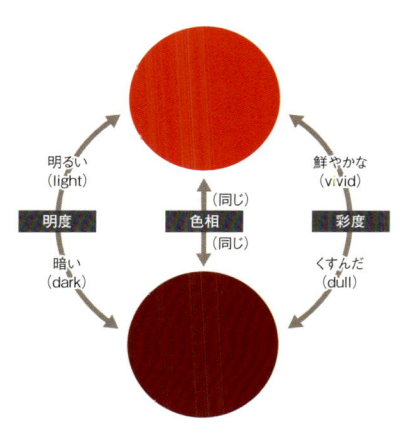

明るい (light)
鮮やかな (vivid)
明度 （同じ）
色相 （同じ）
彩度
暗い (dark)
くすんだ (dull)

資料提供：コニカミノルタセンシング（株）

明度と彩度による等色相面

明度は、完全な白を10とし、完全な黒を0として分割したもの。
彩度は、無彩色（黒、白、グレー）を0とし、色みの鮮やかさに従って数値が高くなる。
下図では、赤（5R等色相面→p.93）を例にとり、明度・彩度の関係を示した。

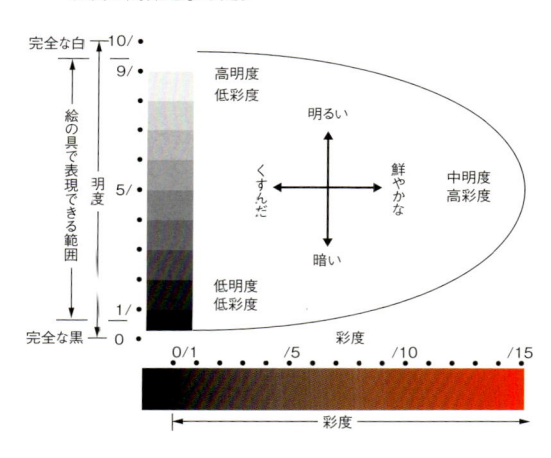

完全な白 10/
9/
絵の具で表現できる範囲
明度 5/
1/
完全な黒 0

高明度低彩度
明るい
くすんだ　鮮やかな　中明度高彩度
暗い
低明度低彩度

彩度 0/1　/5　/10　/15

第3章

さまざまな表色系

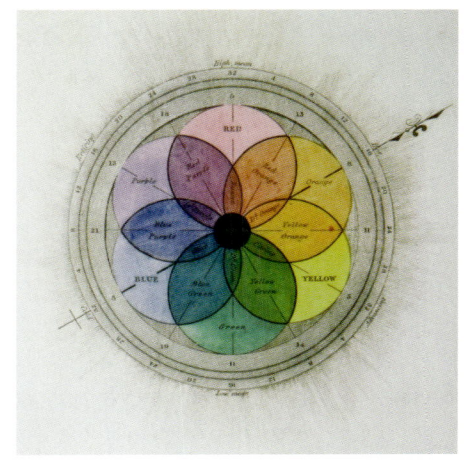

ジョージ・フィールドの色相環（1841年）

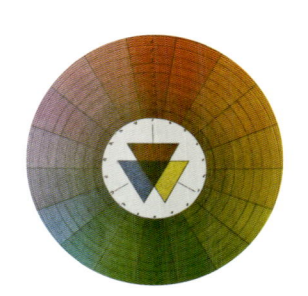

モーゼス・ハリスの色相環（1766年）

オットー・ルンゲの色立体（1810年）

豆知識 混色系体系としてはオストワルト表色系、XYZ表色系、L*a*b*表色系などがある。オストワルトは、混色比率で等色相面を作っているから、顕色系でもあり、混色系でもある。

マンセル表色系

> **Key word**
> **マンセル表色系** アメリカの画家マンセルが1905年に色を系統的に整理・分類するために考案した体系。1943年にアメリカ光学会（OSA）が修正したものが修正マンセル表色系である。色票で表現できる顕色系体系の一つである。

色の体系化―マンセル表色系

アメリカの画家アルバート・H・マンセル（1858年～1918年）は色相（Hue）、明度（Value）、彩度（Chroma）の3つの属性を基準にした表色体系を作り上げた。この**マンセル表色系**は3つの座標軸をもっており、表色系は立体を形成する。

①マンセル色相（Hue：H）

色相は色みのことであり、R（赤）、Y（黄）、G（緑）、B（青）、P（紫）の5つを基本色相とし、それぞれの中間色相である黄赤（YR）、黄緑（GY）、青緑（BG）、青紫（PB）、赤紫（RP）を加えた10色相とした。また細かく色の位置を表示するために、それぞれに0から10の値をアルファベットの前につけて10分割し、各色相の中心位置を5とした。さらにマンセルは、色の循環性を重視して、10基本色をR、YR、Y、GY、G、BG、B、PB、P、RPと並べ、またRに戻る色相環を作り上げた。

また、マンセル表色系の色相環で真向かいの位置にある色は、2色を混色すると無彩色になるという補色の関係になっている。

②マンセル明度（Value：V）

表面色の明るさを示すもので、もっとも明るい白（完全反射）を10、もっとも暗い黒（完全吸収）を0として、その間を知覚的に等間隔になるように10分割し、さらに10分割してこれも100分割している。白の範囲はおおむね10～8.75、灰色の範囲は8.75～2.25、黒の範囲が2.25～0である。白から黒までの配列は色みが感じられないので無彩色、色相をもつ色は有彩色と呼んで区別している。

③マンセル彩度（Chroma：C）

彩度は色の鮮やかさの度合いを示すもので、色のない無彩色を0として色の鮮やかさの度合いにより数字を大きくしていく。ただしマンセル表色系の場合、彩度は色相と明度によって最大値が異なる。マンセル表色系に準拠したJIS色票でもっとも高い彩度は14（5R4/14）だが、5BGでは10までしかない。

④マンセルの色立体

マンセル表色系は、色の3属性を基準にして、3次元で構成されているため、その全体像は、色立体で表される。縦軸に黒から白に至る無彩色を配し、それを中心軸にして10色相を等間隔に配置し、その色相の延長上に彩度を配した。他の色立体と比較すると、色相ごとに明度の位置、彩度の距離が異なるため、いびつな形をしているのが特徴である。

> **豆知識** マンセル表色系は、教育、環境調査、インテリア、工業、食品、景観条例、薬学、安全色彩など、幅広い分野に用いられており、国際的に容認された、主要なカラー・システムである。

マンセル表色系の色相環

マンセル表色系では、R、YR、Y、GY、G、BG、B、PB、P、RPの10色相を基本としている。各色相の中央値を5とし、向かい合う色どうしは補色の関係にあり、2色を混色すると無彩色になる。

●●●●●が5基本色。各色相は10に分割される(1R〜10Rなど)。

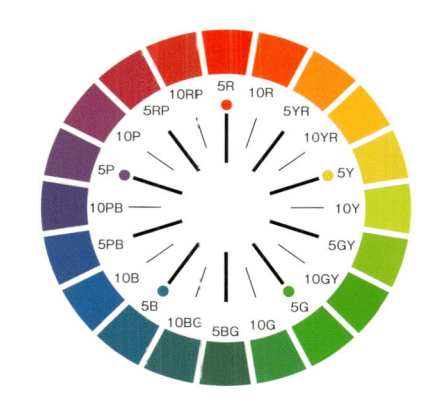

マンセル等色相面 （5R等色相面）

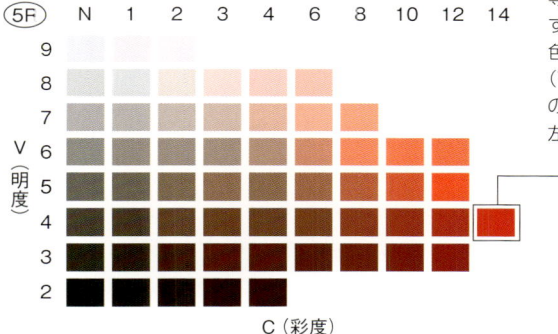

等色相面とは、色立体を縦に垂直な平面で切断すると現れる面のことをいい、この面上にある色はすべて色相が同じになる。縦軸は明度（Value）、横軸は彩度（Chroma）となり、彩度の一番高い色を、その色相の純色という。
左は5Rの等色相面。

5R 4/14

マンセルの色立体

マンセルの色立体では、円周が色相、垂直軸が明度、中央から同心円上が彩度となる。色相ごとに最高彩度やその明度の位置が異なるため、いびつな形をしている。

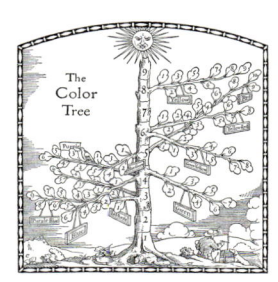

放射状に延びる枝を各色相とみなし、木の幹を明度軸とし、太陽の当たる木の上部は高明度、根は低明度、枝の先端の新芽は高彩度、枝の根元は低彩度とし、自然界に生える木にたとえた「マンセルのカラーツリー」。

(『GRAMMAR OF COLOR』1921より)

豆知識 マンセル表色系は、測色管理用の色体系としてJIS（日本工業規格）に採用されており、JIS標準色票は、この修正マンセル表色系を採用したものである。

PCCS（日本色研配色体系）

Key word　**PCCS**　（財）日本色彩研究所が1964年に日本色研配色体系Practical Color Co-ordinate System（略称PCCS）の名で発表したカラーシステム。色彩調和を主目的とし、色相とトーンで色を表す。

日本独自の色の体系、PCCS

PCCSも、マンセル表色系に準拠して、色の3属性（色相、明度、彩度）を基準に体系を構成している。PCCSの特徴は、明度・彩度の概念を統一して**トーン**を導入し、色相・トーンという2次元の色体系に整理したことである。

①PCCS色相（Hue）

人間の色覚の基礎をなすと考えられる主要色相を赤・黄・緑・青とし、その心理補色（P.62）をそれぞれの対向位置に配置し、さらに中間の色相を補完した24色の色相環で表す。色相記号は色相名の英文の頭文字を取り、色みの形容詞を小文字で前につけ、赤の色相から順番に1：pR、2：R、3：yR … 22：P、23：rP、24：RPと表す。

②PCCS明度（Lightness）

PCCS明度は白と黒の間を知覚的等歩度で17分割している。明度記号はマンセル明度に合わせ、白は9.5、黒は1.5とし、その間を0.5ずつの17段階としている。

③PCCS彩度（Saturation）

PCCS彩度は心理的にもっとも鮮やかな純色との比較判断にもとづいた無彩色までの間を等間隔になるように分割したもので、各色相の純色を10sと定義し、色票で再現できるもっとも鮮やかな色を9sとし、9段階に分割している。

④PCCSトーン

トーンとは明度と彩度を複合させたPCCSに特徴的な概念であり、色の調子を表現するのに適している。色相ごとに12種のトーンに分けられる。トーンの分類は各色相とも共通で用いられるので、色相とトーンの2系列で色を表示することができ、色のイメージを把握するのに非常に便利である。

⑤PCCSの色立体

PCCSも色相、明度、彩度の3次元の色空間で構成されている。マンセル色立体と同様に明度軸を中心として、色相、彩度で色立体が作られている。ただPCCS彩度は9sで統一されているため、上から見ると正円になる。明度差による偏りがあるが、横から見てもゆがんだ円として表されている。

色相、明度、彩度の3属性で色を表す場合、例えば右図のように、20：V-7.5-5Sと示す。無彩色は、明度を示す数字にnを付記してn-4.5と表す。このほか、PCCSでは色相とトーンで色を表すのが一般的であり、例えば色相番号20（紫）で、ブライトトーンの場合、b20と略記号で表す。無彩色の場合、白はW、黒はBk、その他は明度を示す数字にGyをつけてGy-6.5と示す。

豆知識　PCCSは、日本の教育用のカラーオーダーシステムとして普及しており、配色カードも入手でき、汎用性が高い。

PCCS の色相環

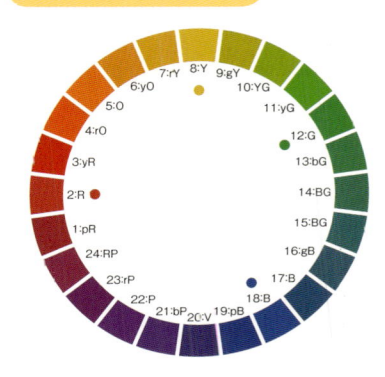

PCCS 等色相面

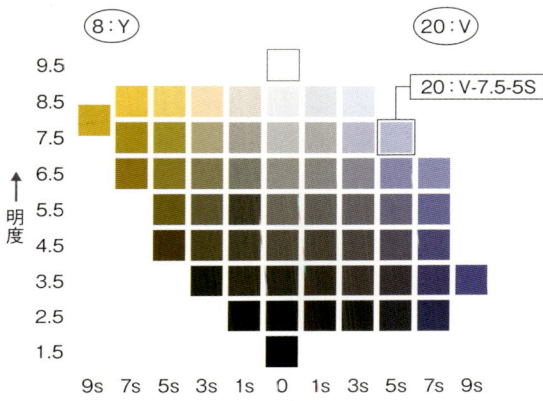

縦軸に明度（Lightness）、横軸に彩度（Saturation）をとる。最高彩度の明度が色相によって異なり、8:Y（Yellow）の最高彩度の明度が一番高く、20:V（Violet）の最高彩度の明度はもっとも低くなっている。明度9.5が白、明度1.5が黒。色票で再現できるもっとも鮮やかな色を9sとしている。

心理4原色と呼ばれる赤、黄、緑、青を基準とし、この4色相の心理補色色相を対向位置に示している。各色相の間隔が知覚的等歩度に移行するように4色相を補完、さらにその中間色相を内挿して24色相としている。
●●●●が心理4原色。

PCCS トーン

明度と彩度を複合した「トーン」はPCCSに特徴的な概念。色の明暗、強弱、濃淡、浅深の調子を示したもので、色相ごとに12のトーンに分けられる。
色相が異なってもトーンのイメージは共通している点と、色相とトーンの2次元で色をとらえることができる点から、配色調和を考えるのに便利である。

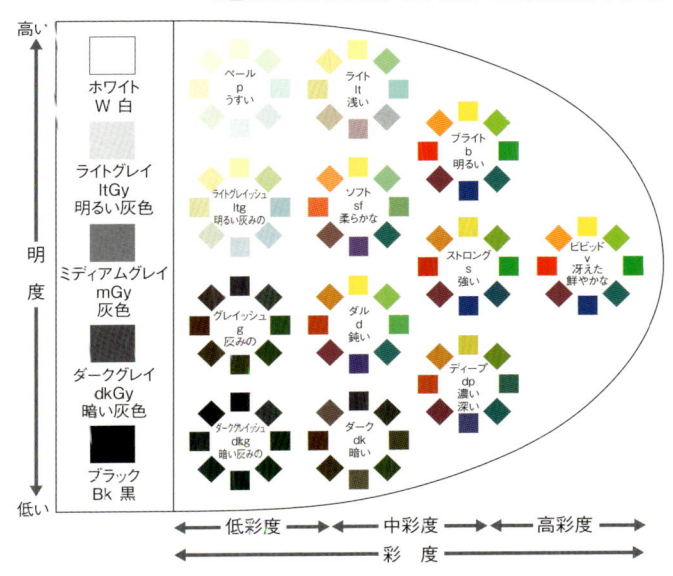

豆知識　PCCSは「色のピアノ」にたとえられるように、体系的に配色を発想できるシステムを目指し、美術・デザインの色彩計画での活用面に力点を置いて作られた色彩体系である。

NCS (Natural Color System)

> **Key word**
> ナチュラルカラーシステム（Natural Color System） ドイツの生理学者ヘリングの赤－緑、黄－青の反対色説を基盤にして作った表色系。自然の色を観察して、見たままに表現しようとした体系である。

NCSの特徴

NCS（Natural Color System）は、スウェーデン規格協会（SIS）が定めた表色系。ドイツの生理学者エヴァルト・ヘリング（1834年～1918年）が、1905年に発表した「色の自然な体系」や「反対色説」を元に、心理的な尺度による知覚量を記述した表色系である。

NCSの構成

色相は、ヘリングが主張した主要6原色である白（W）、黒（S）、赤（R）、黄（Y）、緑（G）、青（B）で構成されている。色相環の特徴は赤－緑、黄－青の心理4原色（反対色）を相対に配置し、黄－赤－青－緑の順序で構成されている。各色相の間は10分割され、全部で40色相である。また各色は色みの比率で表現されている。

たとえば日本の伝統色名の「もえぎ色」を例にとる。この色は緑みと黄みの中間の色で、緑みが50％で黄みが50％の色である。この場合、G50Yと表記する。数字は後の色相の比率を表している。ただし、基本色のY, R, B, Gの純色は、そのまま略号で表記する。

NCSにおける色の表現は**黒み（S）**と**色み（C＝クロマチックネス）**と**白み（W）**を足して100として構成している。したがって色立体を垂直に切断したときに現れる、等しい色みをもった等色相面は、白み、黒み、色みの各点を頂点とした正三角形で表現されている。

各色は、黒み(S)、色み(C)の比率のみで表記する。たとえば「もえぎ色」は黒みが20％、色みが60％である。100％＝20％＋60％＋（20％）で残る白みは20％ということがわかるが、白の比率は表記しない。したがって表記は2060である。この色みの表記と色相を合わせて、「もえぎ色」は2060-G50Yと表記する。またN6.0の灰色は黒み（60）、色み（00）で6000-Nという表記にする。

このようにNCSはヘリングの**心理的尺度**に基づいて人間の知覚量を見たままに表記することが特徴である。測色などの物理的手法を介さず、色彩を純粋に心理的現象ととらえた点で、唯一、非ニュートン系、ゲーテ系の表色系である。

1979年に刊行された色票集（カラーアトラス）には1412色が収録されており、ヨーロッパの産業界、デザイン界、色彩心理の各方面から注目を集めている。

豆知識 ヘリング（Ewald Hering）は両眼視や眼球運動の研究を行った生理学者だが、呼吸運動の自己反射（ヘリング‐ブロイエル反射）を発見したことでも知られている。

NCS 表色系の色相環

色相はφ(フィー)といい、ヘリングの心理4原色のY-R-B-Gを基点にして、その色相間を10分割して、40色相環を形成する。Y10Rは、Yが90％でRが10％の意味。

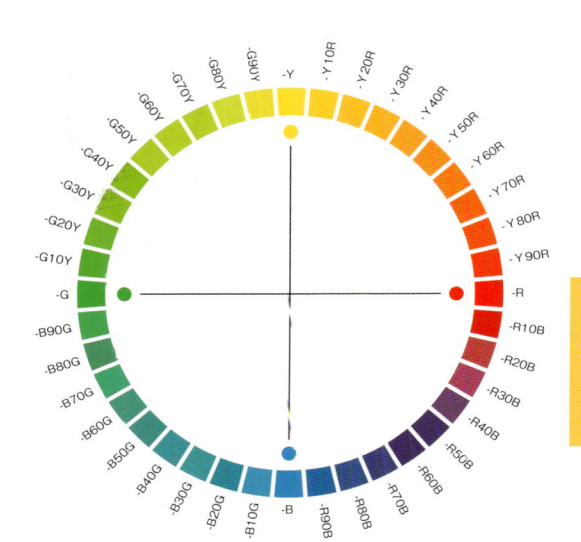

NCS 等色相面

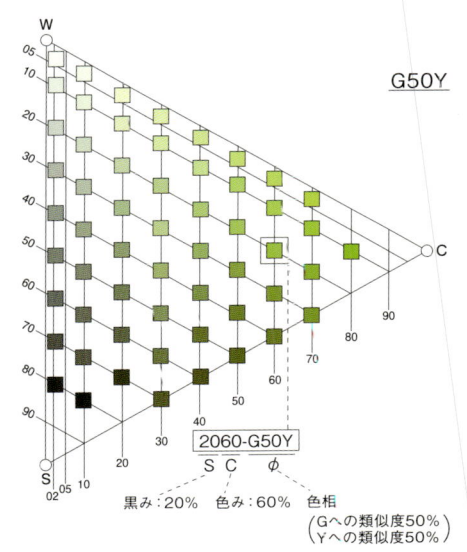

G50Y

2060-G50Y

黒み：20％　色み：60％　色相
　　　　　　　　　　　　(Gへの類似度50％)
　　　　　　　　　　　　(Yへの類似度50％)

NCS等色相面では、黒み(S)、色み(C)、色相(φ)を連記して色を表示する。

グレースケール

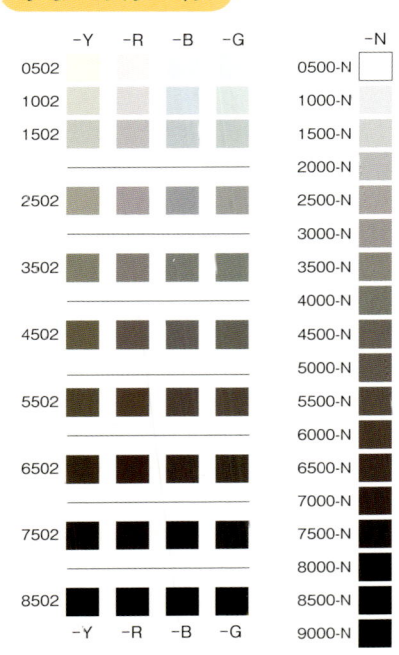

NCSのグレースケールは、無彩色に近いオフニュートラルを含んでいる。たとえば2502-Rと示す。N1.0の灰色の場合は1000-Nと後にNをつける。

豆知識　JISの「色に関する用語」では、クロマチックネス(Chromaticness)は日本語の「色み」に当たり、ある面の知覚色について、有彩色の強弱の度合を表す視感覚の属性と定義されている。

XYZ表色系、L*a*b*表色系

> **Key word** 　**混色系表色体系**　顕色系では光源色や半透明色を測色できないため、光の原刺激値を測色して数値を定めた混色系の体系。代表的なものにRGB表色系、XYZ表色系、L*a*b*表色系などがある。

RGB表色系とXYZ表色体系

　前述した顕色系の体系は、物体色を計測することができるが、光源色や発光色、また半透明色などを測色することはできない。そこで国際照明委員会（CIE）は、全ての色は色光の3原色の混色でできていることに着目し、このRGBの混合比を計測することにより、色の位置を正確に把握することを目的として**RGB表色系**を制定した。この体系は、色光の3原色の分光反射率と、人間の目の特性に対応する分光感度（等色関数）を考慮して、3原色の混色の比率を仮想の数字で表現する体系であった。CIEは最初、RGBの原色を頂点とする三角形内で、その混合比を表すように設定したが、全ての光をこの中に収めることができず、最終的に直角二等辺三角形内に収めた馬蹄形の**xy色度図**で表現される**XYZ表色系**を作った。なぜ、三角形にしたかというと、高さが1の場合、三角内の1点から各辺までの垂線x, y, zの間には$x + y + z = 1$という公式が成り立ち、3色の混合比が計算できるからである。

　この色度図では、x軸は赤の混合率、y軸は緑の混合率、zは$1 - (x + y)$で青の混合率を表わし、この色度図内に全ての色が位置付けられると定めた。さらにCIEは最終的に仮想の数字のXYZを定め、Xは赤の成分、Yは緑（ただしYは明るさを含む）、Zは青の成分として表わすこととした。このXYZのことを**3刺激値**という。

L*a*b*（エルスター・エースター・ビースター）表色系

　右ページのxy色度図を見ると、緑色の領域は間隔が広すぎ、青みの紫の領域では圧縮されすぎていて等間隔でないことが分かる。そこでCIEは1976年に、2色の色差が座標上の幾何学的距離に等しくなるような均等色空間である**L*a*b*表色系**を制定した。このL*a*b*表色系では、明度を正球の縦軸に設定し、L*が0を黒、L*が100を白とし、位置が分かるようにした。また色相は、同心円の四方に赤、黄、緑、青を設定し、＋a*の方向は赤、－a*が緑、＋b*は黄、－b*を青とし、その位置で色相の色度を設定した。彩度は、外縁は鮮やか、中心に近くなるに従ってくすむように表すことにした。このL*a*b*では、数字が多くなれば明度が高く、鮮やかになる。このL*a*b*は現在あらゆる分野で使われているポピュラーな体系となっている。

> **豆知識**　国際照明委員会（略称CIE Commission Internationale de l'Eclairage）は、1913年に設立された照明、光、色彩関係の国際標準化団体。日本も参加している。

x y 色度図

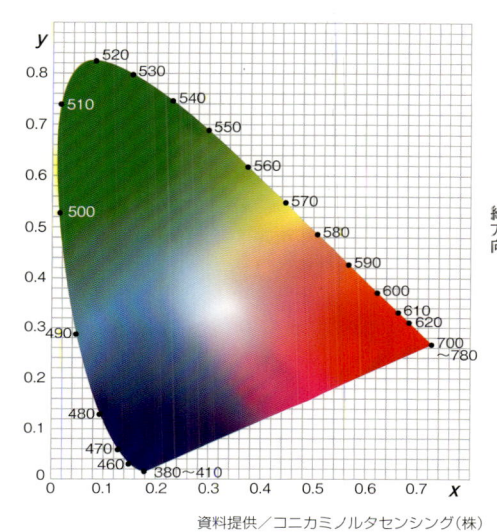

L*a*b 表色系の色空間

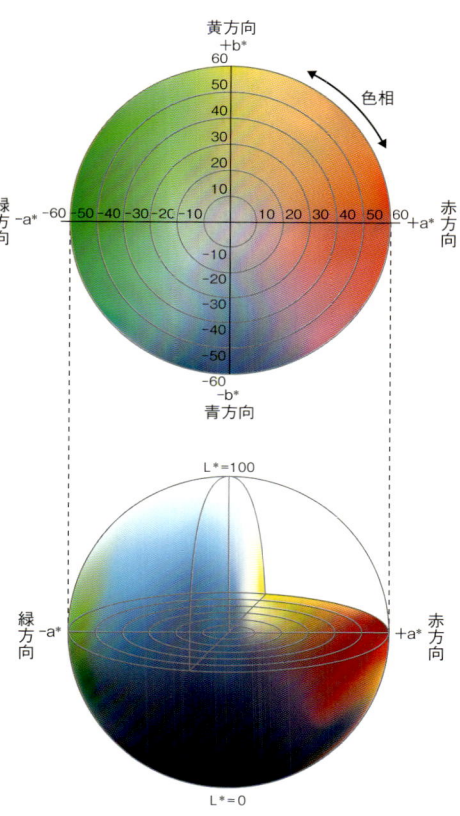

資料提供／コニカミノルタセンシング(株)

資料提供：コニカミノルタセンシング(株)

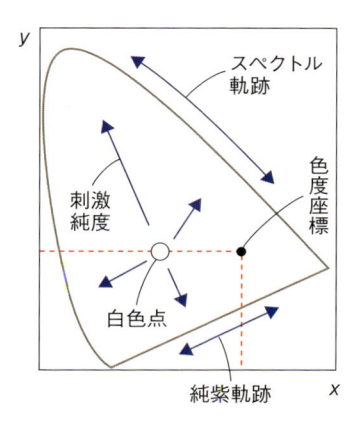

この色度図では以下のことがいえる。
① 全ての色が色度図内に分布する。
② 色の位置は色度座標で表される。
③ 白色点から外周に向かうに従って彩度が高くなる。これを刺激純度という。
④ 白色点を通過する直線の両端のスペクトル軌跡の色は補色である。

L*a*b* 表色系では次のことがいえる。
① この体系は色相と明度、彩度の3次元を表わす球形である。
② 彩度は同心円上で表わし、数字が大きくなるに従って鮮やかになり、中心に向かうに従って、くすんだ色になる。
③ 明度は底辺を0、頂点を100とした中心軸とし、その位置によって明るさが分かるようになっている。

豆知識 　XYZの色度図で、馬蹄形の中央の $x = 0.3101$、$y = 0.3163$ の白色点のところは標準イルミナントC（青空を含む昼光に相当する）の位置である。

色の伝達方法

> **Key word** 色の伝達方法　色を正しく伝達する方法には、次の3つがあげられる。①実物、色見本を見せる方法。②色名で伝達する方法。③色を数値や記号で伝達する方法。

色名で伝達する方法はおもに2種類

色は無限に近く存在するが、その中で「明るい赤」、「暗い赤」、「強い赤」などを「赤」という1つの範疇色として知覚することを**カテゴリカル色知覚**という。色を言語で伝達する場合は、全てこのカテゴリカル色知覚が基本となっている。ただ、言語伝達の場合、曖昧であり、正しく伝達されない場合が多いので、そこで用いられる方法としては、**カテゴリカルカラーネーミング法**とJIS Z8102:2001「**物体色の色名**」がある。

① カテゴリカルカラーネーミング

カテゴリカルカラーとは、アメリカの人類学者バーリンとケイが98の言語を調査した結果、そこで共通して使用される11種の基本色彩語（Basic color Term）のことである。その基本色彩語とは、白、黒、赤、緑、黄、青、茶、橙、紫、ピンク、灰色である。この11種類の色彩語は、世界共通であり、色の伝達には便利である。ただし色の範囲はあまりにも広く、この11種類だけでは、正しく伝達できないため、いろいろな色名伝達法が用いられている。わが国ではJISのZ8102「物体色の色名」（系統色名、慣用色名がある）がひとつの基準となっている。

② －1　JISの系統色名

物体色を色相、明度、彩度の修飾語によって分類して表現した色名である。有彩色と無彩色に分かれるが、有彩色は明度・彩度の修飾語＋色相の修飾語＋有彩色の基本色名で表現する。明るい＋黄みの＋赤などの場合である。また無彩色は、「色みを帯びた無彩色」と「無彩色」の2種がある。色みを帯びた無彩色は、色相の修飾語＋明度の修飾語＋無彩色の基本色名で表現する。すなわち、青みの＋明るい＋灰色になる。また無彩色は明度の修飾語＋無彩色の基本色名で表現し、明るい＋灰色となる。JISの系統色名では350色が制定されている。

② －2　JISの慣用色名

慣用色名とは、各国、各民族、また歴史の中で慣用的に使われてきた固有色名のこと。天然現象、植物、動物、食べ物、飲み物、宗教、宝石、鉱物、人物などに由来する色名である。JISの慣用色名には、紺青、抹茶色、小豆色、新橋色などの和色名、ローズピンク、イエローオーカー、レモンイエロー、ジョンブリアンなどの洋色名など269色が選定されているが、これでも数があまりにも少なすぎて対応できない。実際には数多くの慣用色名が使われている。

豆知識　『メルツ＆ポール色名事典』（1950年版）によれば人名に関した慣用色名として、ナポレオン（ブルー）、マリー・アントワネット（ピンク）、ポンパドール（ピンク）などがある。

バーリンとケイによる「基本色彩語」

下図はバーリンとケイが1969年に発表した、基本色彩語の進化段階。図の下はそれぞれの色彩語をもつ言語の例、（ ）内は該当する言語の数。

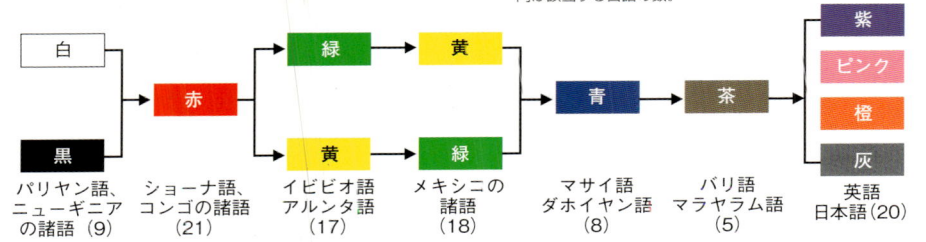

白	→	赤	→	緑	→	黄	→	青	→	茶	→	紫
黒				黄		緑						ピンク
												橙
												灰

パリヤン語、ニューギニアの諸語（9） ショーナ語、コンゴの諸語（21） イビビオ語アルンタ語（17） メキシニの諸語（18） マサイ語ダホイヤン語（8） バリ語マラヤラム語（5） 英語日本語（20）

もっとも多くの言語において共通するのは、白（white）と黒（black）を表す色名であり、さらに赤（red）・黄（yellow）・緑（green）・青（blue）という概念も多くの言語に共通する。さらに、これらの中間的な色である灰色（gray）・茶色（brown）・ピンク（pink）・橙（orange）・紫（purple）を加えた全11個の基本色彩語が存在する。

JIS 物体色の基本色名

有彩色の基本色名は10、無彩色の基本色名は3つである。

基本色名	読み方	対応英語	色相名の略号
赤	あか	red	R
黄赤	きあか	yellow red, orange	YR, O
黄	き	yellow	Y
黄緑	きみどり	yellow green	YG
緑	みどり	green	G
青緑	あおみどり	blue green	BG
青	あお	blue	B
青紫	あおむらさき	purple blue, violet	PB, V
紫	むらさき	purple	P
赤紫	あかむらさき	red purple	RP
白	しろ	white	W
灰色	はいいろ	gray	Gy
黒	くろ	black	Bk

JIS の系統色名のしくみ

● 有彩色の系統色名の表記

明度・彩度に関する修飾語 ＋ 色相に関する修飾語 ＋ 有彩色の基本色名

例： 明るい ＋ 黄みの ＋ 赤 ＝「明るい黄みの赤」

● 色みを帯びた無彩色の系統色名の表記

色相に関する修飾語 ＋ 明度に関する修飾語 ＋ 無彩色の基本色名

例： 赤みの ＋ 明るい ＋ 灰色 ＝「赤みの明るい灰色」

● 無彩色の系統色名の表記

明度に関する修飾語 ＋ 無彩色の基本色名

例： 明るい ＋ 灰色 ＝「明るい灰色」

豆知識 慣用色名は特定の物体や対象の表面に見られる固有色名を指しているが、地域、民族、時代を通じて、これが慣用的に用いられる色名の場合は慣用色名という。

色の記号で伝達する

> **Key word**
> **HVCとCMYK**　色を伝達する際にもっとも汎用的に使われている記号はHVCとCMYKである。HVCは色の3属性に則った記号であり、CMYKはプロセスインキの網点配合比である。相互に互換性がある点が特徴。

HVCで伝達する

物体色の場合、**マンセル値**で色の伝達、記録、管理を行う場合が多い。前述したようにマンセル表色系は色相、明度、彩度の3属性からできている。**色相（Hue）**はR、YR、Y、GY、G、BG、B、PB、P、RPの10色相に分割され、この10色相はさらに1〜10に分割されて、その数字を色相番号につけて1Rとか5Rと伝達する。**明度（Value）**は、黒から白までを10段階に分類し、無彩色の頭文字を取ってN1〜N9などと表記する。また**彩度（Chroma）**は彩度0を基点として、鮮やかな方向に1〜14などその鮮やかさに準じた番号となる。つまりマンセル値において、有彩色の表記は、色相番号・明度番号／彩度番号という表記となる。これを英文表記の頭文字をとって、**HVC**という。

たとえばアパレルが、布地を染工場に発注するとき、布製の色票や実物サンプルとともにマンセル値、たとえば5R 4／10などと数値を明記して伝達する。

ただマンセル値は3次元空間であるために不便なことも多く、これにPCCSのトーンを導入して、色相＆トーンの2次元空間に変換して、色の管理・伝達をすることが多くなっている。代表的なものに日本色研事業の調査用カラーコード（24色相・24トーン 269色）や日本ファッション協会のJBCCカラーコード（12色相・12トーン＋10色 120区分）、JCC40（10色相・5色調 40色）などがある。

CMYKで伝達する

一般に印刷関係では、プロセスインキの混合比の**CMYK値**で伝達する場合が多い。グラフィックデザイナーが、ポスターの色指定を印刷所に行う場合は、マンセル値ではなく、以下のようなCMYKの**網点比率**で伝達することが普通である。たとえば、マンセル値の5R 5／16の赤は、CMYKではC14.5 M93.3 Y73.3 K2.4であるが、あまり細かくしても再現に限度があるので、ふつうは小数点以下をカットし、さらに5刻みにしてC15 M95 Y75 K5などと伝達する。またN1.0は、K100よりも、C100 M100 Y100 K100にして4色刷りの黒を指定することが多いという。

特にＤＩＣ（ディーアイシー）が発売しているDICカラーガイドは色数も多く、色票にCMYK値がわかるようになっているから、デザイナー、印刷関係者などでの色作業の伝達によく利用されている。

豆知識　マンセル表記で、なぜ明度／彩度になっているかというと、明度÷彩度で飽和度が等しいということを表わしている。5R 8/4と、5R 4/2は飽和度が等しい。

HVC で伝達する （マンセル値）

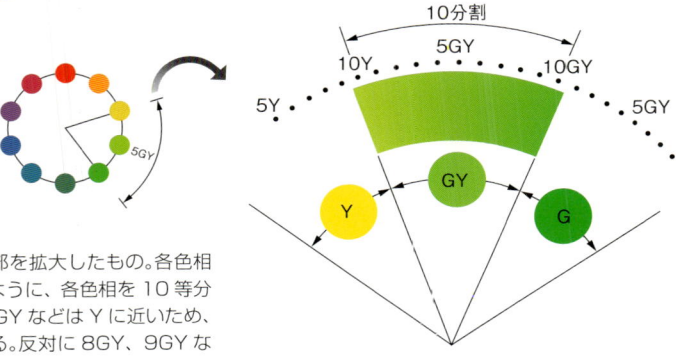

右図はマンセル色相環の一部を拡大したもの。各色相の中央値を 5 と定め、図のように、各色相を 10 等分している。たとえば 1GY、2GY などは Y に近いため、より黄みを帯びた色相になる。反対に 8GY、9GY などは G に近いため、緑みを帯びた色相となる。この色相(Hue)と、明度(Value)・彩度(Chroma)(p.91)を伝える表記方法が HVC である。

CMYK で伝達する

印刷・書籍編集などの現場では、CMYK による伝達が一般的。右は画像処理ソフト Adobe Photoshop の画面。CMYK の数値を入力すると、その色が表示される。

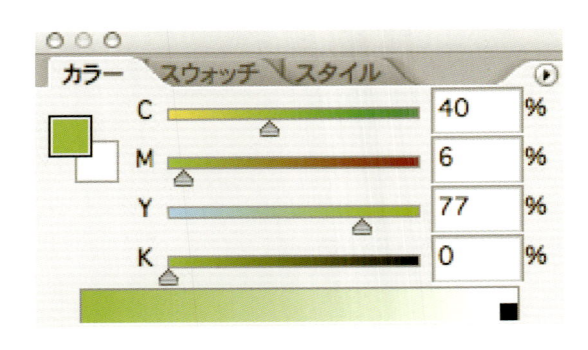

カラーチャートで伝達する

印刷の現場で使用されるカラーチャート「DIC カラーガイド」。任意の色のチップを切り取り、原稿に添えて印刷所に渡すことで色を指定する。

写真提供／DIC ㈱

(財)日本ファッション協会が発行している簡易なカラーチャート「JCC40」(JAFCA COLOR CODE 40)。横の列に色相、縦の列に色調をとり、ファッションで多用される 40 色だけを表した色見本。

豆知識 印刷における網点面積は原稿の濃度に関係がある。濃度 0〜0.6 までの明るい色を網点面積 0〜80％が、原稿濃度 0.6〜1.2 までの暗い部分を網点面積 80％〜100％が受けもっている。

測色値で伝える

> **Key word**
> **XYZとL*a*b*値** 光を数値で表す方式。すべての色は光の反射、透過、吸収によって表現される。光源色、物体色（表面色、透過色）は、試料の分光反射率を測色器で計測し、三刺激値のXYZ値やL*a*b*値で伝達する。

XYZで伝達する

3刺激値XYZを用いて色を伝えるには、色を測定機器で測る必要がある。測定方法はJIS（日本工業規格）Z8722「色の測定方法－反射及び透過物体色」で規定されている。この測定方法には**分光測色方法**と**刺激値直読方法**の2つがある。

分光測色方法では分光測光器を使用する。測光器には第一種分光測光器と第二種分光測光器の2種類があり、第一種測光器のほうが波長の測定間隔が狭いので、より高精度に色を測定できる。これに対し、刺激値直読方法は、光電色彩計を用いる測色法で比較的簡便なので、産業界でよく用いられている。

いずれにせよ、XYZ表色系では、色度図を使って色をYxyの値で表す。Yが反射率で明度に対応し、xは赤の色度座標、yは緑の色度座標を表している。これを3刺激値（XYZ）に換算して、それぞれの刺激値を表示する。

たとえば図のように、マンセル値（HVC）2.5R 4.2/11.5のリンゴがあったとする。これをYxyで表すと、反射率を表すY=13.37, x=0.4832, y=0.3045と表され、これをXYZに換算すると、X=21.21, Y=13.37, Z=9.32となる。これらのXYZ値は、当然マンセル値に変換できる。なお複数の色の色差を測る場合には、XYZよりL*a*b*の値で色差を求めることが多い。

L*a*b*値で伝達する

L*a*b*表色系（P.98）では明度をL*、色相と彩度を表す色度をa* b*で表示している。＋a*は赤方向、－a*は緑方向、＋b*は黄色方向、－b*は青方向を示している。上記のリンゴをL*a*b*で表記すると、L*43.31 ＋a* 47.63 ＋b*14.12という記号となる。

モニタ上の数値で伝達する

最近ではモニタ上で色の指示をすることが多くなっている。機種によって多少の違いがあるが、上記のCMYK値、L*a*b*値ばかりでなく、関連機器の差を越えて色再現の統一を目指す**sRGB値**（P.184）、アドビシステムズ社の提唱する**Adobe RGB値**、マンセル表記（HVC）に近い**HSB（HSV）**などによる色伝達の方法がある。

> **豆知識** xy色度図は明度ごとに作られている。明度9、明度5、明度3、明度1になるに従って小さくなる。明度0は「真っ黒」になる。

試料の分光分布状態を XYZ の 3 刺激値で表す

〈刺激値直読方法〉

資料提供／コニカミノルタセンシング（株）

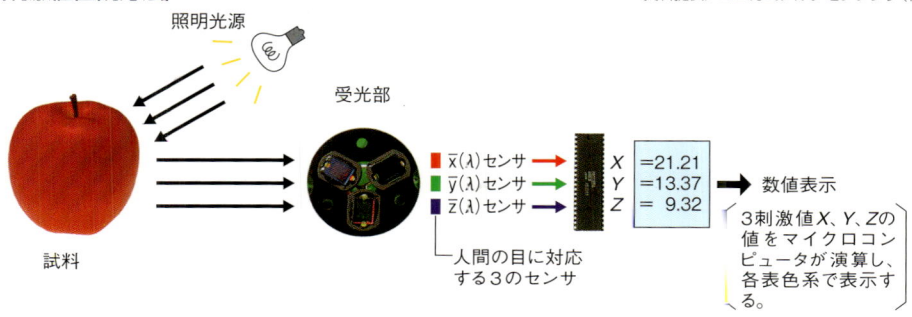

照明光源

受光部

$\bar{x}(\lambda)$センサ
$\bar{y}(\lambda)$センサ
$\bar{z}(\lambda)$センサ

X =21.21
Y =13.37
Z = 9.32

数値表示

3刺激値X、Y、Zの値をマイクロコンピュータが演算し、各種表色系で表示する。

試料

人間の目に対応する3のセンサ

〈分光測色方法〉

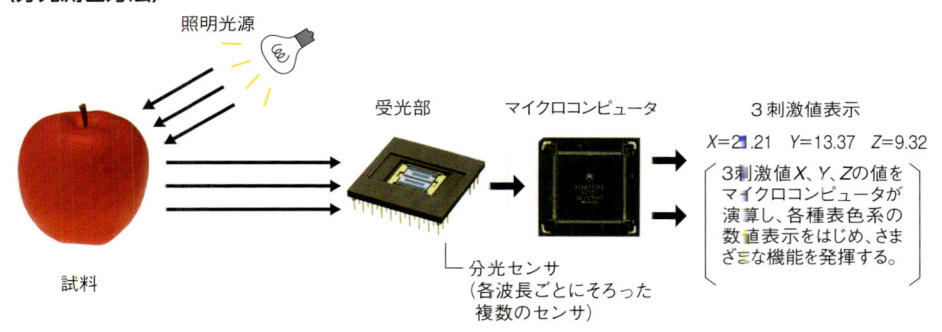

照明光源

受光部　マイクロコンピュータ　3刺激値表示

$X=21.21$　$Y=13.37$　$Z=9.32$

3刺激値X、Y、Zの値をマイクロコンピュータが演算し、各種表色系の数値表示をはじめ、さまざまな機能を発揮する。

試料

分光センサ
（各波長ごとにそろった複数のセンサ）

測色とは試料が反射する光の分光分布を、測色器を用いて計測することである。試料に影響を与える光源の分光分布を考慮し、その影響を受けた試料の分光分布を計測し、合わせて光に対する人間の目に対応する分光感度（等色関数）を掛け合わせて、試料の分光分布状態を XYZ の3刺激値に換算する。

RGB 値、L*a*b* 値で表す

画像処理ソフトAdobe Photoshopのカラーピッカー。画像の中のある部分を選択すると、その部分のRGB値、CMYK値、HSB値、L*a*b*値等が表示される。
右はリンゴの赤い部分を選択したときの数値。

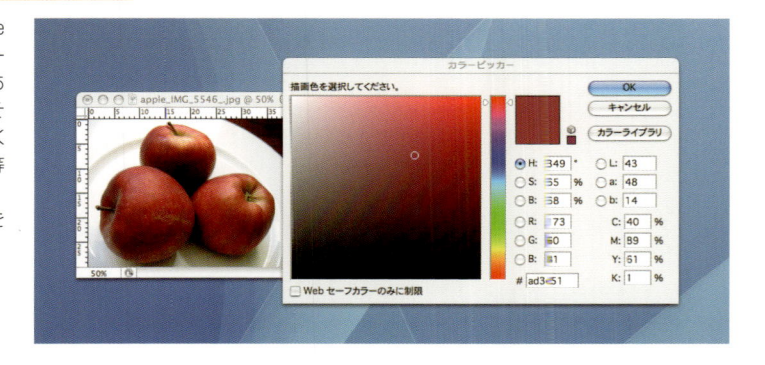

豆知識 L*a*b*表色系を基本にした体系にL*C*h表色系がある。L*は明るさ、C*は彩度、h*は色相角度を表す。R.Sハンターが提唱したハンター L*a*b*もあり、計算式が多少異なっている。

Column

JIS 慣用色名 ③

凡例

| 色 | 色名（読み方） 解説文 | JIS マンセル値 系統色名区分 |

★ JIS 以外の一般色名

和色名

色	色名・解説	マンセル値／系統色名
	焦茶(こげちゃ)　ものが焦げたあとのくすんだ茶色のような色のこと。黒っぽい色から黄みの色まで幅広い範囲に渡っている。	5.0YR 3.0/2.0 / 暗い灰みの黄赤
	琥珀色(こはくいろ)　古代の樹脂が地中に埋没して化石化した琥珀のようなくすんだ赤みの黄色をいう。ウイスキー色にたとえられる。	8.0YR 5.5/6.5 / くすんだ赤みの黄
	黄土色(おうどいろ)　英色名で、絵の具のイエロー・オーカー(Yellow Ocher)のこと。くすんだ赤みの黄色である。	10.0YR 6.0/7.5 / くすんだ赤みの黄
	芥子色(からしいろ)　芥子はカラシナの種子から採取された香辛料。黄色から黄褐色まで幅広い領域にわたる色をしている。	3.0Y 7.0/6.0 / やわらかい黄
	刈安色(かりやすいろ)　古代からの伝統色名のひとつ。イネ科の多年草で、黄色の染料として用いられた。濃い黄色から薄い色に渡っている。	7.0Y 8.5/7.0 / うすい緑みの黄
	海松色(みるいろ)　伝統色名のひとつ。海松とは緑藻類ミル科の海藻のこと。その海藻の色に似た暗い黄緑色のことをいう。	9.5Y 4.5/2.5 / 暗い灰みの黄緑
★	**亜麻色**(あまいろ)　麻の一種、亜麻の色に似た明るい灰みの赤みを帯びた黄色のこと。英色名のフラックス(Flax)に相当する。	10.0YR 8.0/2.0 / 明るい灰みの赤みを帯びた黄
	鶯色(うぐいすいろ)　鶯の羽根のようなくすんだ黄緑色のこと。鶯の背の色に近い色名として鶯茶がある。	1.0GY 4.5/3.5 / くすんだ黄緑
	抹茶色(まっちゃいろ)　抹茶のようなやわらかな黄緑色。お茶に関連した色名のひとつで、他に利休色や利休茶、利休鼠などがある。	2.0GY 7.5/4.0 / やわらかい黄緑
	萌黄(もえぎ)　伝統色名のひとつ。草や木の葉の萌え出る色に似た強い黄緑色。別に濃い緑色のことを萌葱色という。	4.0GY 6.5/9.0 / つよい黄緑
	緑青色(ろくしょういろ)　銅や銅合金が酸化して表面に生じる緑色の錆のくすんだ緑色のこと。孔雀石から採取される緑色顔料。	4.0G 5.0/4.0 / くすんだ緑
	青磁色(せいじいろ)　中国原産の青磁という磁器の色に由来する。やわらかな青みの緑を中心に、濃淡、青み、緑みと色域が広い。	7.5G 6.5/4.0 / やわらかい青みの緑

第 **4** 章

混色と色再現

加法混色① 同時加法混色

> **Key word**
> **加法混色** 色光の混色。加法とは、混色したときに明るさが加わる(もとの色より明るくなる)という意味である。加法混色には、同時加法混色、継時加法混色、中間混色(回転混色、併置混色)がある。

色光の混色と色材の混色

　原色を2色以上混ぜ合わせて別の色を作り出すことを**混色**という。すべての色は3原色の混色によって作られる。混色には、光の混色と絵の具などの色材の混色があり、たとえ同じ色を混色しても、できる色は異なる。色光は、混色すると、重なった部分で別な色が生じ、しかも光量が増加してもとの色よりも明るくなるので、**加法混色**といわれる。一方、色材の色は、混色すると重なった部分でスペクトル(単色光が波長の順に並んだもの)を吸収し、別の色が生じるとともに、もとの色より明るさが減じ、暗くなるので**減法混色**という。

加法混色の種類

　加法混色には、大きく分けて次の3つがある。
①**同時加法混色**
　複数の光を同時に投射してできる混色。
②**継時加法混色**
　同時ではなく、ごく短時間ずつ、交互に色光が混色するもの。
③**中間混色**
　色光自体が混ざるのではなく、視覚の中で複数の光が混色して見えるもの(P.110)。「回転混色」と「併置混色」がある。

同時加法混色

　同時加法混色とは、プロジェクターやスポットライトのように、**色光の3原色**(R,G,B)を組み合わせて、1か所に同時に投射して混色させる方法である。それぞれの色光の強さを変化させることで、さまざまな色を作り出すことができる。光の混色では赤と緑を混色するとイエロー(Yellow)、緑と青を混色するとシアン(Cyan)、青と赤を混色するとマゼンタ(Magenta)の色になる。これが色材の3原色であり、プロセス印刷のインキの原色である。また赤、緑、青の3色を混色すると白色光W(White)になる。

　このように加法混色は、光の発光強度を調節することによりさまざまな色を作り出すことができる。このRGB3色で作り出される色の範囲をRGBの**色再現域**というが、カラーテレビ、パソコンの液晶画面、プロジェクターのライト、舞台などの照明光なども、このRGBの同時加法混色によって作り出される色再現域内の色である。

豆知識 野球場のナイターのカクテル光線にはいろいろな種類があるが、青みの水銀ランプと黄みの高圧ランプを加法混色して、目に優しい白色光を作っている。

加法混色の原理

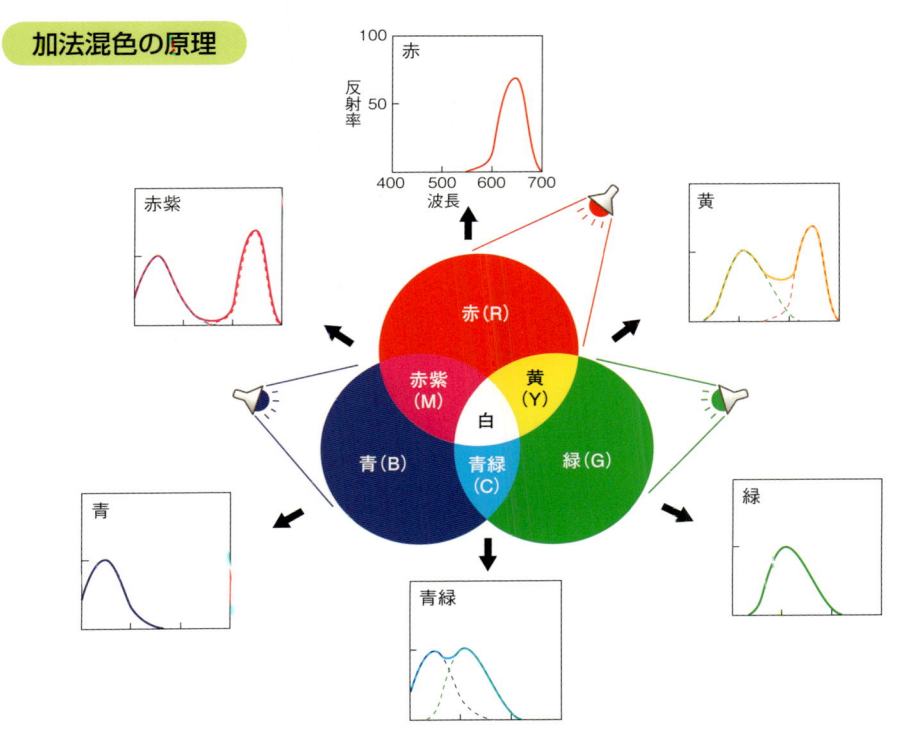

加法混色では、光の3原色のそれぞれの波長の足し算になる。たとえば赤(R)と緑(G)を混ぜ合わせるとイエロー(Y)になるが、イエローの分光分布図は赤と緑の波長を足したフタコブラクダのような形になり、明るさも増す。

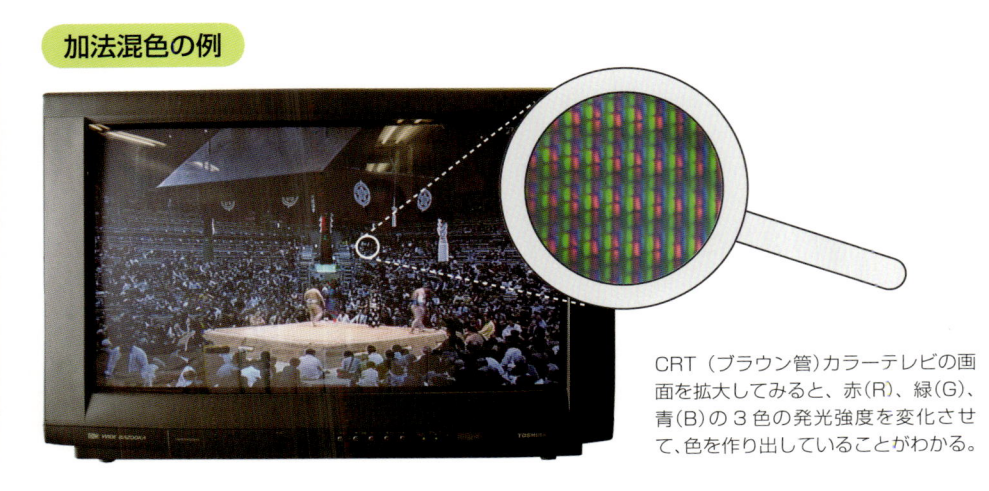

加法混色の例

CRT（ブラウン管）カラーテレビの画面を拡大してみると、赤(R)、緑(G)、青(B)の3色の発光強度を変化させて、色を作り出していることがわかる。

豆知識 A色とB色を加法混色した色は、xy色度図においては、座標上のA色とB色の2つの点を結んだ直線上に位置する。

加法混色②中間混色

Key word　中間混色　隣接して配置された2色以上の色が、回転したり小さい点になって並んでいるとき、色が混ざったように見える現象。混色に用いた各色の中間の明るさになる。加法混色のひとつ。

中間混色の種類

中間混色は、色と色を直接に混色して作るのではなく、混色する色どうしの見分けがつかず、人間の視覚の中で起こる混色である。これにも次の2種類がある。

①回転混色　コマの上につけられた色は混色されているのではなく独立した色として存在しているが、コマを高速で回すと混色して見える。

②併置（並置）混色　とても小さな色の点が並んでいるような場合、少し離れた場所から見ると、それぞれの色を見分けることができず、混色したように見える。

この2つの混色の「色の見え方」は、面積比が関係し、もとの色の面積比に応じて、もとの各色の明るさの平均になることから、**中間混色**と呼ばれている。

回転混色（継時中間混色）

右図のようにコマを2色以上に塗りわけ、回転させると、各々の色を見分けることができなくなり、1色の色に混色されて見える。この現象はコマを回転させるという時間的継続のために起こり、塗り分けられたもとの各色の平均的な明るさの色として見える中間混色であることから、**継時中間混色**ともいう。

併置混色（並置中間混色）

遠くからだと1色に見えていたものが、近くに寄って見ると実は1色でなかったということは日常でも体験することだろう。異なる色をある距離から見たときに、それぞれの色が見分けられずに混色した別の色に見えることを併置（並置）混色という。網膜上で認識不可能なほどごく小さな色の点や、細かく並んだ色が混色して見える現象である。この場合、回転混色と同じようにもとの各色の平均的な明るさとして見える。

このような人間の視覚の特性を利用して、19世紀の新印象派の画家であるスーラやシニャックは、小さな色の点で描く**点描**という技法で絵を描いた。絵の具を直接混色すると色が暗くなるのでそれを防ぐため、絵の具を混ぜずに直接筆でキャンバスに点を描くことで、戸外の明るさを表現した。また織物は経糸と緯糸によって構成されているので、異なる色で織ると中間の明度になる。ほかにもモザイク壁画や、テレビ（P.118）や印刷で併置混色原理が利用されている。いずれにせよ人間の視覚内で起こる混色である。

豆知識　あらゆる色はRGBの3色を混色することで作られるが、それぞれの波長は各々のメッセージを伝えている訳だから、この混色を判断するのは眼の性質の方である。これを眼の3色性という。

回転させると混色して見える ― 回転混色

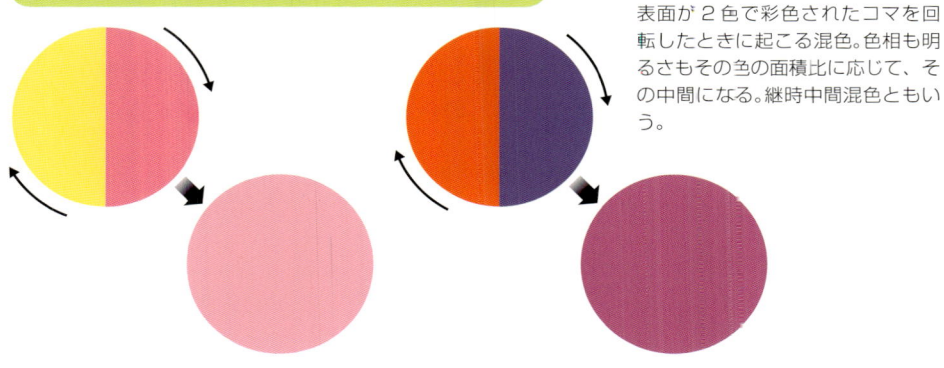

表面が2色で彩色されたコマを回転したときに起こる混色。色相も明るさもその色の面積比に応じて、その中間になる。継時中間混色ともいう。

細かく並んだ色が混ざって見える ― 併置（並置）混色

色の異なる経糸と緯糸を組み合わせて作られる織物では、それぞれの色の糸は混色していないが、ある距離から見ると、混ざり合った1色のように見える。

（イメージ）

色彩や光学の理論を研究して考え出された技法・点描法によって描かれたスーラの作品。絵の具自体は混ざり合っていないのに、隣り合う小さな点が混色して見え、さまざまな色と面を表現している。

「グランド・ジャッド島の日曜日の午後」ジョルジュ・スーラ

第4章

豆知識 点描法は、19世紀後半、フランスで起こった新印象主義の技法のひとつ。絵の具を混色しないで併置して、視覚内で混色をさせようとする試み。スーラ、シニャックが代表的な画家である。

減法混色

Key word **減法混色** 一部の光を吸収させることによって別の色を作り出す混色を減法混色という。混色したもとの色よりも明るさが減少することからこう呼ばれる。

減法混色の原理

減法混色とは、色材（顔料、染料、絵具、インキ、スライド）などの混色のときにおきる現象である。**色材の3原色**のシアン（C）、マゼンタ（M）、イエロー（Y）を混色することで、さまざまな色を作り出す混色法である。

可視光のスペクトルの波長域は大きく長波長、中波長、短波長の3つに分けられ、長波長では赤、中波長は緑、短波長は青が原色である。色材の3原色のイエローはスペクトルの長波長と中波長の領域が反射され、短波長領域の青が吸収されて見える色である。同様にシアンは長波長の赤が、マゼンタは中波長領域の緑が吸収された色である。

つまり、減法混色はある色からある部分の光を取り除くことでできる混色である。実際に原色の絵の具を混ぜてみよう。マゼンタ（M）とイエロー（Y）を混色すると、マゼンタで緑、イエローで青が吸収されるから、残った赤（R）の色に見える。同様にイエロー（Y）とシアン（C）を混色すると、イエローで青、シアンで赤が吸収されるから、残った緑（G）になり、シアン（C）とマゼンタ（M）を混色すると、シアンで赤、マゼンタで緑が吸収されるので残った青（B）となる。そして色材の3原色のイエロー（−青）、シアン（−赤）、マゼンタ（−緑）の3色を混色すると3原色すべてが吸収されて黒（K）になる（右下図）。この現象は次のような数式で表すことができる。

- $M(-G) + Y(-B) = R$
- $Y(-B) + C(-R) = G$
- $C(-R) + M(-G) = B$
- $Y(-B) + C(-R) + M(-G) = K$

以上のように**加法混色**（P.108）と減法混色は相互関係にあり、加法混色によって減法混色の3原色が生まれ、また減法混色によって加法混色の原色が生まれてくる。

減法混色は、私たちの身近でしばしば見かける。たとえば染料、インキ、絵の具などの色材を用いる染色や印刷では、さまざまな色が減法混色で作り出される。また色ガラスや色フィルターは、光の中のある波長が吸収されることにより、減法混色で残った色が発色する。カラーコピーやカラーフィルム、カラー印刷（P.114）などにも減法混色の原理が使われている。色光の3原色は、波長エネルギーを足し算して作り出す混色であるが、これに対して色材の3原色は、逆にエネルギーを吸収しあって作り出す混色である。

豆知識 写実的に見た通りに描くことを目的とした場合、見た通りに絵の具を混色すると、減法混色して暗くなる。だから写実的絵画は暗くなりやすい。

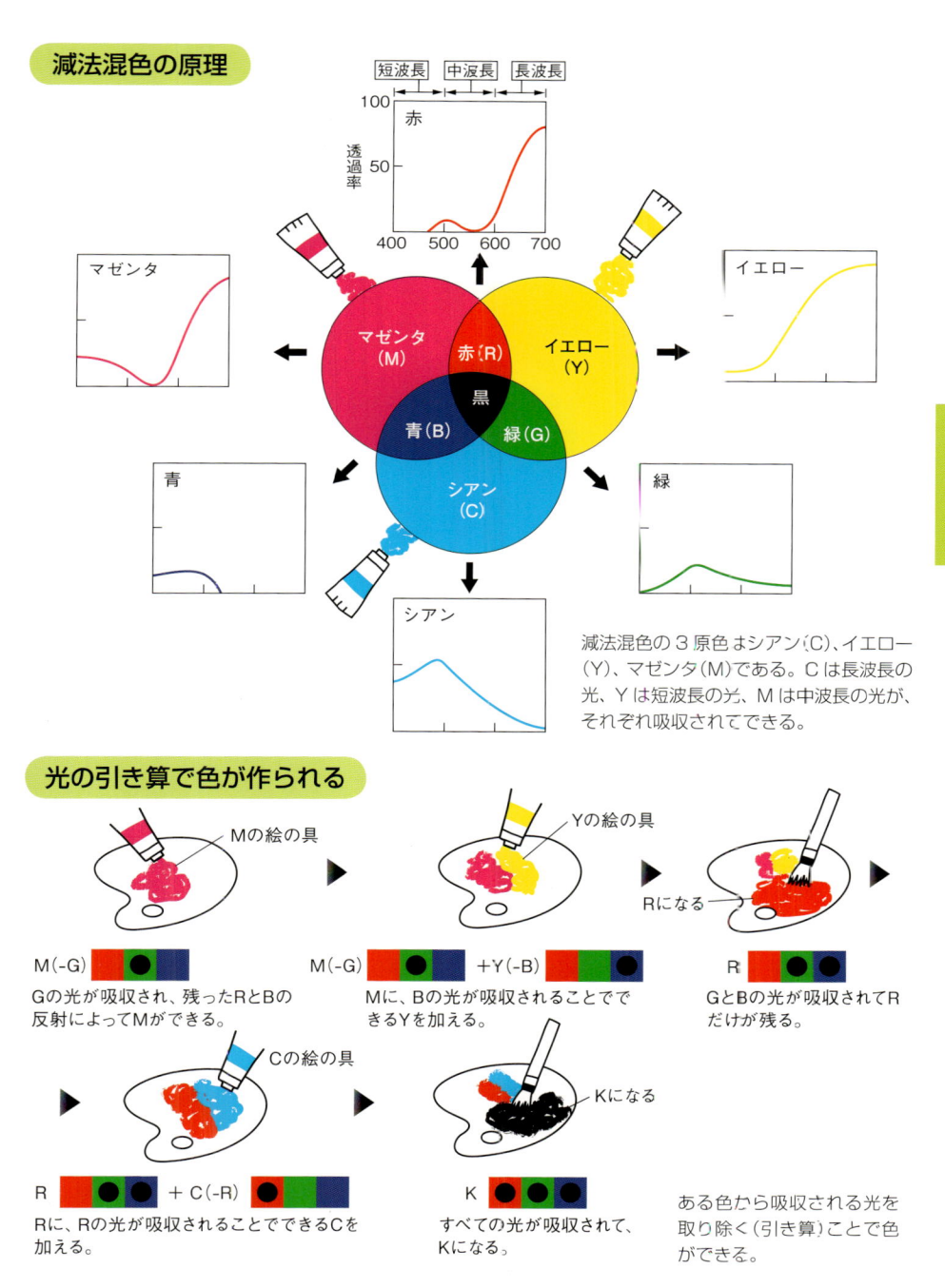

減法混色の原理

減法混色の3原色はシアン(C)、イエロー(Y)、マゼンタ(M)である。Cは長波長の光、Yは短波長の光、Mは中波長の光が、それぞれ吸収されてできる。

光の引き算で色が作られる

Mの絵の具
M(−G)
Gの光が吸収され、残ったRとBの反射によってMができる。

Yの絵の具
M(−G) +Y(−B)
Mに、Bの光が吸収されることでできるYを加える。

Rになる
R
GとBの光が吸収されてRだけが残る。

Cの絵の具
R + C(−R)
Rに、Rの光が吸収されることでできるCを加える。

Kになる
K
すべての光が吸収されて、Kになる。

ある色から吸収される光を取り除く（引き算）ことで色ができる。

豆知識 減法混色というとわかりにくいが、英語ではSubtractive Color Mixtureといい、「除去する」混色という意味でわかりやすい。因みに加法混色はAdditive Color Mixtureである。

印刷の色再現

> **Key word** **印刷** 文書、写真、絵画などの形や色を大量に複製する技術。ふつう、カラー原稿の色分解、網分解などの工程を経て、紙やその他の材料に転写する。

プロセス印刷の特徴

通常、印刷では紙の上にのせる版にインキの大きさである網点と呼ばれる小さな色の点を付着させ、網点の大きさと配列によりさまざまな色を色再現する方法を用いている。特にカラー印刷ではCMYKの4色のインキだけで印刷する**プロセス印刷**と、金、銀、蛍光色や、発注者からの特注による色を用いる**特色印刷**がある。プロセス印刷の場合、シアン(C)、マゼンタ(M)、イエロー(Y)、ブラック(K)の網点を重ね合わせて減法混色により印刷するが、このCMYKそれぞれの色を1次色といい、YとMの混色でできる赤(R)、YとCでできる緑(G)、MとCが重なった青(B)を2次色という。さらに、CMYを全部重ねた色は3次色といい、おおむね黒になるが、このプロセスインキの3色の掛け合わせだけでは真黒は表現できないので、ブラック(K)インキを使用して、4版で表現する。

このようにインキとインキが重なる部分は減法混色で表現するが、重ならない部分では、下地の白(普通、紙の白)の上に網点の小さな点が隣り合った状態なので、中間混色の併置混色となる。結局、通常のプロセス印刷では、シアン、マゼンタ、イエロー、赤、緑、青、黒、白(紙の色)の混色で構成されている。

また最近では、従来のCMYKの4色にRGBを加えた7色印刷やCMYKにオレンジ(O)、グリーン(G)を加えた6色印刷も普及しだした。従来のプロセス印刷より、特にオレンジ、グリーン周辺での色再現領域が広がるとともに、鮮やかな発色による高い精度の画像等の表現が可能になったといわれている。

CTPによる印刷

近年、略してCTPといって印刷データをコンピュータから刷版(アルミ版など)に直接出力したものを印刷する方式が普及している。これは①Computer to plateで、コンピュータで編集された原稿をフィルム処理工程を経ずに直接に刷版に送り、製版を行う方式である。これも4色の分版と網点による色再現を行う。ほかに2種類のCTPがあり、②Computer to pressは印刷機の版胴内に解析装置を内蔵しており、これにデジタル画像をレーザービームで送って印刷機上で製版する方法である。③Computer to paperは印刷機の感光体ドラムにデジタル画像を送り、4色の液体トナーインキで紙面に転写する印刷形式である。

> **豆知識** 印刷技術が始まったのは、西洋ではない。中国の隋・唐(6世紀~10世紀)時代に最初の木版印刷が行われ、わが国でも770年、「百万塔陀羅尼」の100万部の印刷が完成する。

4色インキによるプロセス印刷

C（シアン）版 ＋ M（マゼンタ）版 ＝

Y（イエロー）版　　K（スミ＝ブラック）版

通常のカラー印刷では、シアン（C）、マゼンタ（M）、イエロー（Y）、ブラック（K）の4色のインキを使って色を再現する。これをプロセス印刷という。

6色印刷の例（ヘキサクローム印刷）

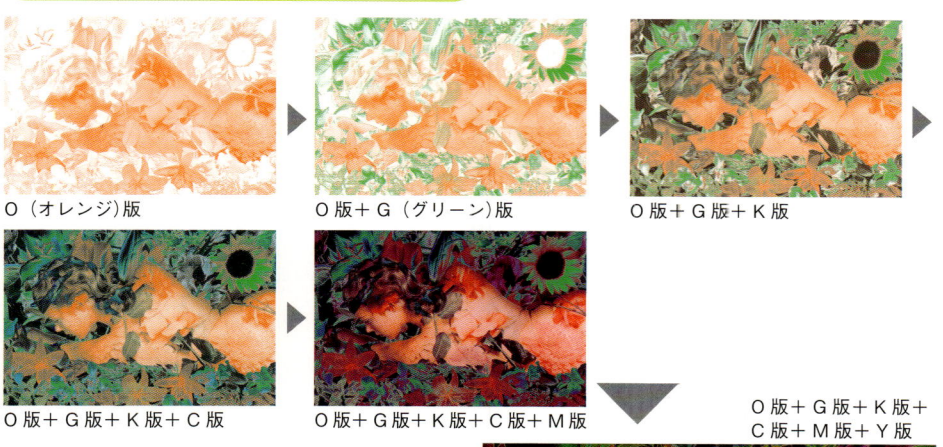

O（オレンジ）版　→　O版＋G（グリーン）版　→　O版＋G版＋K版　→

O版＋G版＋K版＋C版　　O版＋G版＋K版＋C版＋M版　→

O版＋G版＋K版＋C版＋M版＋Y版

C、M、Y、Kの4色に、O（オレンジ）とG（グリーン）の2色を加えた、ヘキサクローム（6色）印刷。
※図版は4色分解で表現したイメージであり、実際の6色印刷とは色再現の状態が異なる。

写真／ヴィンセント・ホアン
資料提供／パントン・ヘキサクローム・コンソーシアム、研文社

第4章

豆知識　網点面積率（＝％）では、面積率が50％までは網点の方が地の白より小さく、50％を起えると、網点の方が大きくなる。網点100％は、色ベタである。

115

写真の色再現

Key word **写真** レンズを通してフィルム上に結像した被写体の像を、光化学反応により、半永久的に定着させる技術、また再生された画像のことである。

カラー写真の原理

　カメラに入ってきた光は、フィルム上の感光乳剤の化学構造を変えることによって発色する。カラー写真の原理は、被写体の色を、3色分解して写した後、フィルム上で定着させ、その後フィルムを現像することによって、もとの色に再現するものである。その方法には加法混色と減法混色法の2種類があるが、今日では減法混色が中心になっている。

　また、使用するフィルムには**ネガフィルム**と**リバーサル（ポジ）フィルム**があり、ネガフィルムでは、次のような手順になる。

①レンズを通して入射した光の像をフィルム上で結像する。

②フィルム上には感色性の異なる**感光乳剤**が多層式に重ねて塗布されているため、RGB光を受容して、3色分解を行い、被写体の補色の像を透明なフィルム上に付着させる。つまり、**B感光層**には補色のイエロー（Y）、**G感光層**には補色のM（マゼンタ）、**R感光層**には同様にC（シアン）の着色像を発色させる。

③光がネガフィルムを通って、プリント紙の感光層に当たると反応する。

　写真を焼きつける紙にも、同じような3層の感光乳剤層があり、ネガフィルムの画像を焼きつけることによって、補色が発色するために、撮影したときの被写体に近い色が再現される。一方、リバーサルフィルムでは、ネガカラーのような過程を経ず、その前に反転現象という一連の処理を行うため、フィルムの現像をしたときに被写体の色が再現される。

デジタルカメラとの相違

　デジタルカメラもフィルムカメラと同様に、被写体からの光を記録する。違いは光を記録する方法で、デジタルカメラでは、フィルムではなく、フォトダイオード（半導体素子で、光を電荷に変換する役割をする）とCCD（Charge Coupled Device）とを組み合わせたCCDセンサーを用いる点である。このCCDセンサーでは受容した光をデジタルデータに変換して、転送路を通して、DRAMに画像メモリーとして記録する。これをCPU（コンピュータの中心的な電気回路のこと）で色調補正などの画像補正を行った後、メモリーカードに記録をする手順を踏む。このCCDセンサーの数によって解像度が決まり、解像度が高いほど、高品質の画像が得られるしくみである。今では1600万画素などのカメラもある。

豆知識 1861年、イギリスの物理学者マクスウェル（電磁波の発見者）が3色分解ネガをつくり、これを合成したのが最初のカラー写真といわれている。

ネガフィルムによるカラー写真のしくみ

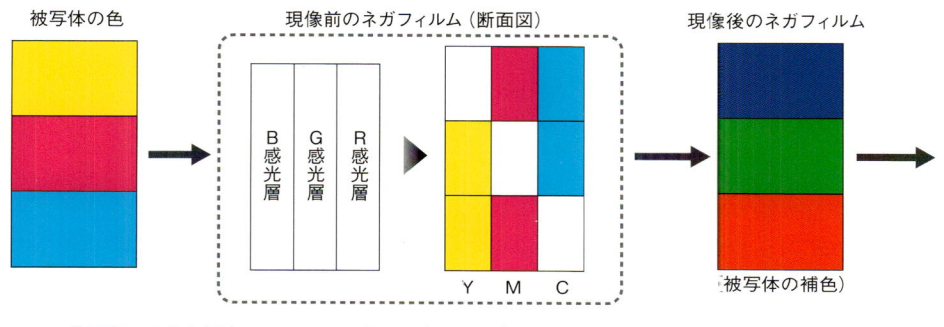

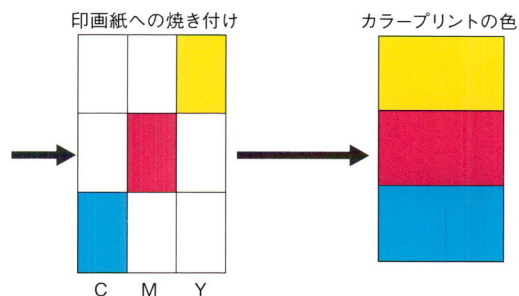

被写体の色　　現像前のネガフィルム（断面図）　　現像後のネガフィルム

B感光層　G感光層　R感光層

Y　M　C

（被写体の補色）

印画紙への焼き付け　　カラープリントの色

C　M　Y

フィルム上にある青（B）、緑（G）、赤（R）の感光乳剤層によって、まず被写体の補色を透明のフィルムに付着させる。さらに画像を焼きつける印画紙にも同様の感光乳剤層があるため、ネガフィルムの補色が発色し、被写体に近い色の再現が可能となる。

第4章

デジタルカメラによる色の再現

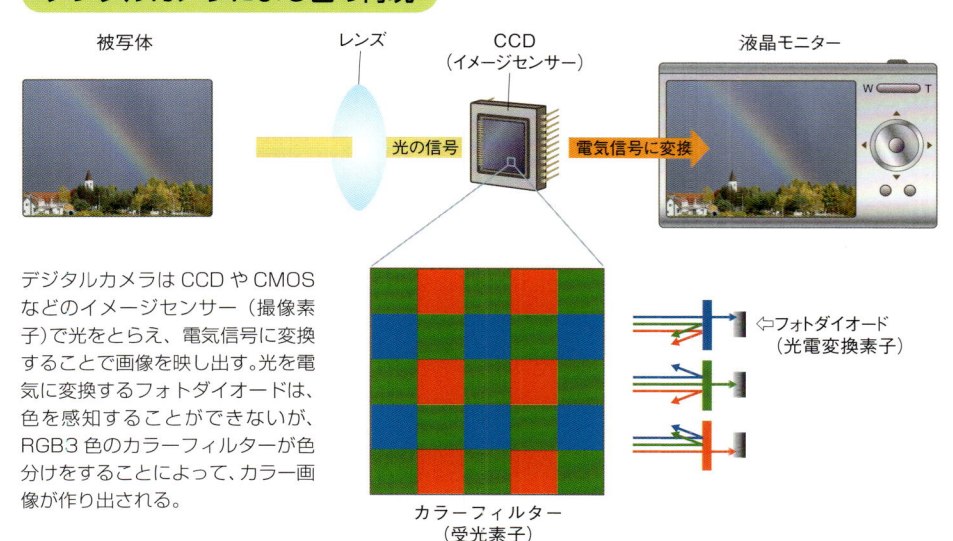

被写体　　レンズ　　CCD（イメージセンサー）　　液晶モニター

光の信号　　電気信号に変換

デジタルカメラは CCD や CMOS などのイメージセンサー（撮像素子）で光をとらえ、電気信号に変換することで画像を映し出す。光を電気に変換するフォトダイオードは、色を感知することができないが、RGB3色のカラーフィルターが色分けをすることによって、カラー画像が作り出される。

カラーフィルター（受光素子）

⇐フォトダイオード（光電変換素子）

豆知識　嘉永元年（1848年）、わが国では、初めて写真技術が導入され人気を集めた。特にカラー写真は、着色師が色付けをした「手彩色写真」が主で、中心地に因んで「横浜写真」といわれ流行した。

テレビの色再現

> **Key word** **カラーテレビ** 蛍光体を利用したCRTと液晶を利用したLCD、プラズマディスプレイを利用したPDPがある。いずれも、赤(R)、緑(G)、青(B)の3原色の発光強度の変化で、色を再現している。

CRT（Cathode Ray Tube）

CRTとはブラウン管のことで、電気信号を光に変換して、人間の目に見える像を作る装置である。

ブラウン管の奥にあるRGBに対応した3本の電子銃からビームを発射し、シャドーマスクと呼ばれる金属板の細かい穴を通して、赤（R）、緑（G）、青（B）の3色に発光させる。それが加法混色（併置混色）によって、画像として見える。

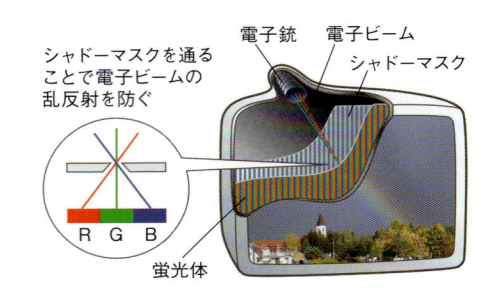

LCD（Liquid Crystal Display）

LCDとは液晶ディスプレイのことで、液晶パネルを利用した表示装置である。液晶自体は発光せず、白色光のバックライトにカラーフィルターを用いて液晶パネルと組み合わせることで、カラー表示をうながすしくみになっている。フィルターは画素に対応させて赤（R）、緑（G）、青（B）の光を透過させる着色層を配置したもので、各画素を通過した光をRGBに着色する。さらに、それぞれの画素の電圧を制御することで、任意に発色、非発色を選択できる。

PDP（Plasma Display Panel）

液晶テレビを「光のシャッター」と呼ぶなら、PDPは赤、緑、青の「極小の蛍光灯」が並んだガラス板にたとえられる。電極を表面に形成したガラス板と、赤、緑、青の蛍光体層を細い溝に塗ったガラス板と向き合わせ、その間に希ガス（放電した状態をプラズマという）を封入して、必要な箇所の電極間に電圧をかけることによって紫外線を発生させ、蛍光体を発光させて、RGBの併置混色により、色彩画面を作り出している。自発光でバックライトが不要なため、きれいな画像を得られるという。

現在、次世代テレビといわれる有機ELテレビの開発が進んでいるが、これも個々に識別できない小さな光の点による中間混色の原理を利用している。

豆知識 有機ELテレビは、＋と－の電極に挟んだ有機化合物に電流を流して励起させ、もとの状態に戻るときに光エネルギーに変換し、自ら発光する。現在のものよりさらなる薄型化が可能。

液晶テレビの原理と構造　（イメージ図）

資料提供／（株）日立製作所、ソニー（株）ほか

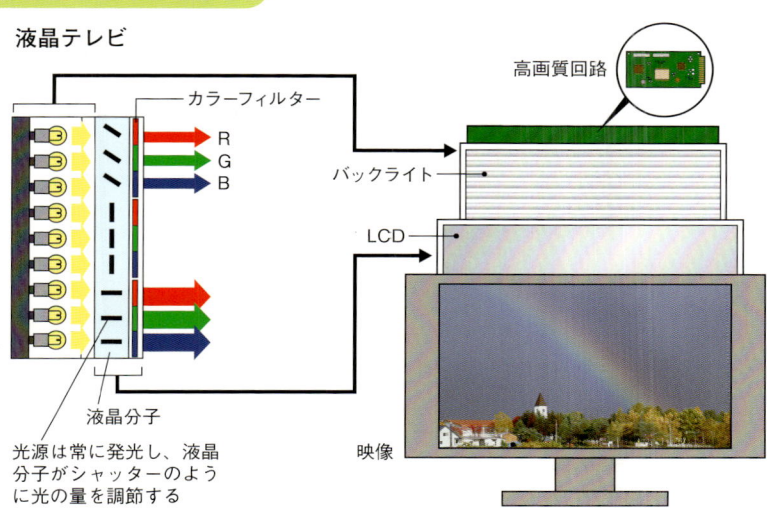

液晶テレビ

- カラーフィルター
- R
- G
- B
- 高画質回路
- バックライト
- LCD
- 映像
- 液晶分子
- 光源は常に発光し、液晶分子がシャッターのように光の量を調節する

白色光のバックライトの光源を使用する。液晶パネルの中にある液晶分子がブラインドシャッターのように閉じたり開いたりすることで、カラーフィルターを透過する光の量をコントロールして、カラー映像を表示する。

プラズマテレビの原理と構造　（イメージ図）

- PDP
- 蛍光体
- 希ガス
- 電極
- R
- G
- B
- 電極(透明)
- 前面ガラス
- 背面ガラス
- PDP
- 拡大図
- 発光（可視光）
- 発光
- 蛍光体
- 紫外線

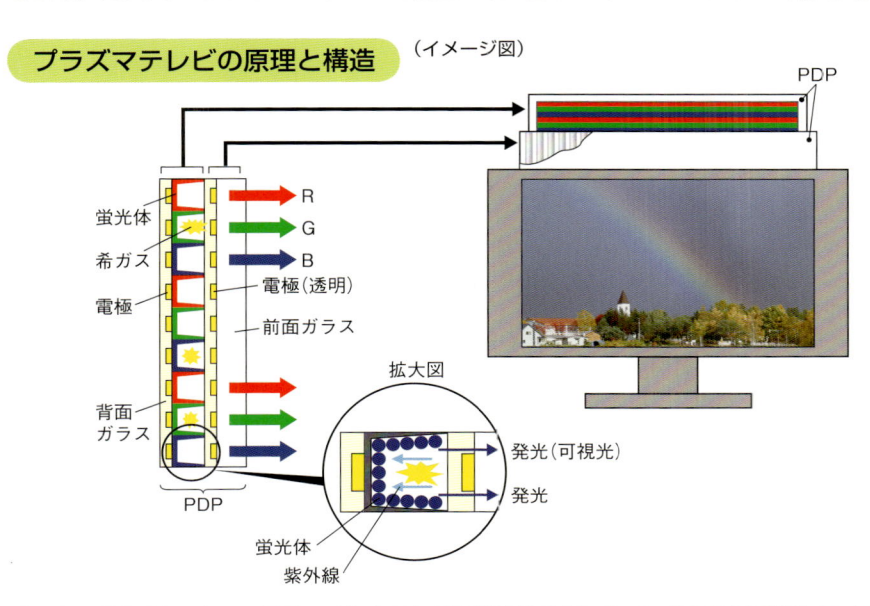

プラズマの放電現象によって、画面いっぱいに並んだ蛍光体が自発的にR、G、Bの各色を発光して、カラー映像を表示する。PDPの中で紫外線を発生させ、紫外線が蛍光体に当たることで可視光が発生し、画面が発光する

資料提供／（株）日立製作所 ほか

豆知識 液晶テレビなどでは、白が画面上に多くなると、画面全体が明るくなるため、全体の輝度を抑える機能がついている製品もある。

Column

JIS 慣用色名④

凡例

色	色名（読み方）解説文	JIS マンセル値
		系統色名区分

和色名

	鉄色(てついろ)　陶器に藍色の絵付けをする際に使う顔料の呉須が鉄分を含んでいることに由来する。鉄の表面色。	2.5BG　2.5/2.5
		ごく暗い青緑
	新橋色(しんばしいろ)　金春色ともいう。明治から大正にかけての流行色。新橋芸者が好んだという羽織や帯の明るい緑みの青に由来。	2.5B　6.5/5.5
		明るい緑みの青
	浅葱色(あさぎいろ)　古くからある伝統色名のひとつ。まだ未熟な葱の葉の色で、あざやかな緑みの青のこと。浅黄色とも書く。	2.5B　5.0/8.0
		あざやかな緑みの青
	納戸色(なんどいろ)　納戸とは家具調度などを収納する物置や部屋のこと。その中のうす暗い色合いに由来する伝統色名である。	4.0B　4.0/6.0
		つよい緑みの青
	藍色(あいいろ)　タデ科の植物から採取される藍色のこと。藍染めの一番薄い「かめ覗き」から濃い「縹色」の中間の濃さの藍色をさす。	2.0PB　3.0/5.0
		暗い青
	露草色(つゆくさいろ)　ツユクサ科の一年草の花で染めたあざやかな青色のこと。万葉集の時代から使用されている伝統色である。	3.0PB　5.0/11.0
		あざやかな青
	瑠璃色(るりいろ)　宝石の瑠璃のような濃い紫みの青。別に紺瑠璃、瑠璃紺という表現もあるが、瑠璃色よりやや濃い色である。	6.0PB　3.5/11.0
		こい紫みの青
	勝色(かちいろ)　伝統色名のひとつ。鎌倉時代、武士が縁起を担いで、暗い紫みの青の甲冑などを用いたことに由来する。	7.0PB　2.5/3.0
		暗い紫みの青
	群青色(ぐんじょういろ)　天然顔料の群青に由来する濃い紫みの青色のこと。これより青みが強いものを紺青、薄い色を白群という。	7.5PB　3.5/11.0
		こい紫みの青
	鳩羽色(はとばいろ)　伝統色名のひとつ。鳩の羽根色に似たくすんだ青紫の色である。さらに灰みの色に鳩羽鼠がある。	2.5P　4.0/3.5
		くすんだ青紫
	江戸紫(えどむらさき)　伝統色名。濃い青みがかった紫で、江戸の町人に愛好された。一方、上方では赤みを帯びた京紫が人気となった。	3.0P　3.5/7.0
		こい青みの紫
	紫紺(しこん)　元来は紫根染めの紫根に由来する。明治時代から、紫紺というようになった。高校野球の紫紺の大優勝旗などの例がある。	8.0P　2.0/4.0
		暗い紫

第 5 章

色と心理

共感覚

> **Key word**　**共感覚**　1つの刺激から複数の感覚が生じること。ある刺激に対して、通常の感覚だけではなく別の感覚器官に異なる種類の感覚を引きおこすことである。

共感覚の特徴

バイオリンやフルートの音を聞いて、その音から色が見えたり、味に色を思い浮かべたりする人がいる。また色を見て音楽や音を感じるケースもある。このようにある1つの感覚器官に刺激が与えられたとき、別の感覚器官に刺激が与えられたと感じるような現象を**共感覚**という。甲高い声を聞くと黄色を感じたり（黄色い声といういい方もある）、青い色を見ると寒気を感じるなど、さまざまな現象として現れている。

なぜこのような現象が起こるのか、正確な理由は明らかになっていないが、共感覚が発生しているときの脳の血流を調べてみると、情動を司る大脳辺縁系の左側が活発に活動していることが知られている。元来、大脳辺縁系は本能的な衝動と深く関係しているところであり、自分の意志で活動させることができない器官である。したがって共感覚も人間の本能的な機能ではないかとする仮説も立てられている。

色聴

共感覚のなかで、もっとも顕著な例として**色聴**（Color Hearing）がある。これもすべての人に起こるものではなく、ある人が特定な音を聞くと、それと同時に特定の色が見えるという現象である。1934年のリッグス・カーウォスキの報告によると、一般的に低音では暗い色、高音では明るい色が現れると報告されている。また心理学者の神作博によれば、ピアノの低音から高音になるにしたがって、黒―褐色―暗い赤―橙赤―明るい赤―青緑―緑青―青―灰―銀灰色に変化したと報告されている。

音や音色に関する共感覚の形はさまざまで、フランスの詩人アルチュール・ランボー（1854年～1891年）の作品に『母音』という詩がある。そこでランボーは「母音のAは黒、Eは白、Iは赤、Uは緑、Oは青」と詠っている。

また抽象画家のワシリー・カンディンスキー（1866年～1944年）は、『抽象芸術論』の中で「黄色は次第に高く吹き鳴らされるトランペット、明るいブルーはフルートに、濃紺はチェロ、緑はゆるやかに弾かれるヴァイオリンの落ち着いた中位の低音に、明るい赤は高く澄んだヴァイオリンに、紫はチューバに、白は無音の休止符に譬えられる」と述べている。彼の代表作に『コンサート』（1911年）などがある。

豆知識　カラーピアノとは、ロシアの作曲家スクリャービンが『交響曲プロメテウス』を発表したときに使ったピアノで、キーと連動して、虹色がスクリーンに映し出されるしくみである。

音色から色を感じとる色聴

特定の音を聴くと、特定の色を感じるという人がいる。誰にでもあることではなく、理由も解明されていないが、こうした感覚は「色聴」と呼ばれている。上段右は『エーデルワイス』、下段右は『この道』という曲を聴いたときの、作品例。

♪エーデルワイス　　作曲／ロジャース

JASRAC　出0815615-208
Copyright ⓒ1959 by Richard Rodgers and Oscar Hammerstein II
Copyright Renewed
WILLIAMSON MUSIC owner of publication and allied rights throughout the world International Copyright Secured All Rights Reserved

ⓒ川添泰宏

♪この道　　作詞／北原白秋　作曲／山田耕筰

　　　この道はいつか来た道、
　　　　ああ、そうだよ、
　　　あかしやの花が咲いてる。

　　　あの丘はいつか見た丘、
　　　　ああ、そうだよ、
　　　ほら、白い時計台だよ。

　　　この道はいつか来た道、
　　　　ああ、そうだよ、
　　　お母さまと馬車で行ったよ。

　　　あの雲もいつか見た雲、
　　　　ああ、そうだよ、
　　　山査子の枝も垂れてる。

『日本童謡集』（岩波文庫）より

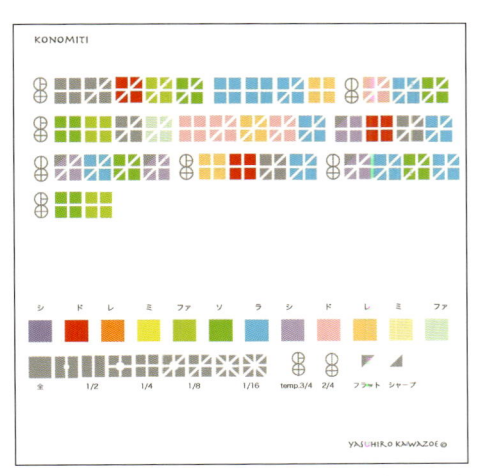

ⓒ川添泰宏

豆知識　色と形の関係ではアメリカの色彩学者フェイバー・ビレン（1900年〜1988年）が「赤は正方形、橙色は長方形、黄色は三角形か三角錐、緑は六角形または正二十面体」と述べている。

123

色の連想

> **Key word** 　**連想**　何かを見たり、聞いたり、考えることによって、それに関連ある経験や出来事やものを思い起こすことをいう。連想は具体的連想と抽象的連想の2種類に分けられる。

観念連想

　連想とは、あるイメージ（表象、観念、概念、思想）が他のイメージに付随して起きてくることをいう。ここでは、ある色を見て、そこから想起されるイメージのことをさす。連想は観念連想と呼ばれるように、ある観念から別の観念が引き出されるイメージの連鎖である。たとえば青い色を見て、夏の海を思い出し、それにつながる楽しかった記憶を思い出したりとイメージが広がっていくことがある。連想は個人の体験や知識、思想、イメージなどがもとになるために、連想のイメージはさまざまであるが、時代背景や学校や会社などの帰属集団・社会風潮などを共有した体験から共通性が見られることもある。

連想の種類と特徴

　連想語を分類すると具象的なものと抽象的なものとに分けられる。**具体的な連想**は、現実にある物事につながる連想で、赤いリンゴとか黄色いレモン、オレンジ色のニンジンなどのように色の知覚や記憶との関連が深い。
　抽象的連想は精神的な概念につながる連想である。情熱の赤、共産主義の赤、沈鬱の青、自由の青というように心理的、情緒的な側面と密接な関係がある。喜怒哀楽などの感情的概念や、寒暖感や軽重感など感覚的な概念と結びついたもの、社会的、文化的な概念など、色は抽象的な概念にも結びつき、さまざまなイメージを作り出している。このように抽象的概念と結びつく色の性質を「**色の象徴性**」といい、抽象的概念と結びついた色の連想語のことを「**色の象徴語**」という。

具体的連想と抽象的連想の相違

　一般的には抽象的な連想よりも具体的な連想のほうがしやすく、連想語も多い。幼児や少年では身近にあるようなものや動・植物を連想するケースが多く、年齢が高くなるにしたがって、具体的な連想から文化、社会的な抽象的な連想が多くなる。また、一般的に有彩色は具体的な連想と結びつきやすく、無彩色には抽象的な連想が多い傾向がある。また、連想しやすい色は赤・黄・青・白であるといわれる。
　色彩連想はそこから読み取れるイメージや象徴性を分析し、商品開発や色彩計画などに活かすことができる。

豆知識　「色の象徴語」には、イスラム教の緑、プロテスタントのオレンジなど、宗教の概念と結びついたものもある。

色からの連想イメージ

	具体的な連想	抽象的な連想
赤	リンゴ、ポスト、口紅、血、トマト、薔薇、夕焼け、太陽、肉、炎、車、ランドセル、消防車、リボン	愛情、情熱、怒り、刺激、派手、暑い、危ない、闘志、興奮、革命、エネルギー、女性、運命、緊急、勝利
橙	ミカン、太陽、カボチャ、マンゴー、灯火、ニンジン、電気、ハロウィン、暖炉、夕日、サーモン	元気、気合い、朗らか、おしゃべり、切なさ、暖かさ、歓び、思いやり、親しみ、派手、愉快、健康的
黄	星、バナナ、菜の花、パイナップル、レモン、ライト、ヘルメット、ひよこ、お金、雷、ビタミン、辛子、ピカチュウ	注意、まぶしさ、ひょうきん、明るさ、希望、輝き、活発、幼さ、うるさい、刺激、陽気、幸福、奇抜、酸っぱい
緑	森、竹、お茶、植物、ピーマン、ほうれん草、カエル、キュウリ、バッタ、クリスマス、カメ、キウイ	エコ、癒し、自然、安心、おとなしさ、爽快、すがすがしさ、豊かさ、健康、新鮮、初夏、平和、苦み
青	空、海、川、富士山、雨、サッカー日本代表、スポーツ飲料、地球、水、ドラえもん、ソーダ、魚	南国、落ち着き、知的、冷静、涼しげ、夢、爽やか、寒い、静か、孤独、理性、男性らしさ
藍	夜空、浴衣、ジーンズ、制服、宇宙、鯨、ペンギン、ブルーベリー、藍染め、スクール水着、朝顔	控えめ、和、クール、深い、孤独、あきらめ、憂鬱、無音、受容、空虚、重たさ、鈍さ、集中、固さ
紫	葡萄、パンジー、あじさい、なす、寒いときの唇、ラベンダー、占い師、サツマイモ、カシス、藤	エロチック、神秘的、中性的、高貴、落ち着き、ミステリアス、毒、高級感、怪しさ、魅惑、意地悪
ピンク	桃、桜、コスモス、豚、フラミンゴ、イチゴミルク、ハム、桜餅、ハート、チーク、たらこ、ガリ	恋、春、女の子、可愛い、やわらかい、優しい、乙女、自由、弱さ、甘さ、華麗、母親、アイドル
白	ウエディングドレス、雲、牛乳、大根、羽根、医者、天使、先生、うさぎ、白クマ、カルピス、髪、豆腐	冬、純粋、無垢、空白、神聖、無個性、誕生、祝福、幸せ、シンプル、降伏、無罪、潔白、負け
黒	髪、黒豆、喪服、裁判官、カラス、葬式、バイク、社長の椅子、タイヤ、鉛筆、ピアノ、タキシード	大人、恐怖、落胆、安定感、クール、格好よさ、厳格、絶望、不吉、邪悪、上質、スマート、正装

上表は共立女子短期大学の女子学生を対象にした調査である（2008 年・ナンプル数 50）。従来はマイナスイメージが強かった黒が、「安定感」「スマート」「上質」「格好よさ」などプラスのイメージを多くもつようになっているのは興味深い。

食欲は色にも左右される

私たちがもつ目玉焼きのイメージは「黄色」である。上のイラストのように目玉焼きの色を変えると、おいしそうに見えず食欲もわかない。このことからも、いかに私たちが色の連想に影響を受けているかがわかる。

豆知識 日本人は太陽を描くとき、赤い色で描く。しかし西洋人は、黄色で描く。日本人は日の丸の赤からの連想であるが、西洋では天体と色彩を結びつけた占星術の影響からか、太陽は黄色である。

色の寒暖感

Key word 　**色の寒暖感**　色を見たときに起こる温度の感覚を色の寒暖感という。色彩の心理効果の中で、もっとも代表的なものである。色は実際には温度をもってはいないが、人が色を見たとき温度感覚を感じさせる心理的効果をもつ。

色の寒暖感の特徴

　一般的に暖かそうな色を暖色と呼び、冷たそうに感じる色を寒色という。**色の寒暖感**は色相に関係し、一般的に暖色系は赤や橙、黄色で、寒色系は青、青緑とされる。暖色系でもなく、寒色系でもない緑色と紫を中性色といっている。

　P.133の表のように、女子学生20人に、色の寒暖感について**SD法**で調査したところ、彼女たちが最も暖かく感じるのはピンクであり、次いで橙、赤、黄となり、緑を境にして、青、藍、紫を冷たく感じるという結果になった。また無彩色の白は中性であり、黒は冷たいというイメージをもち、中性色に関しては、緑は暖かくもなく、冷たくもない中ぐらいに位置しているが、紫には冷たさを感じている。

　この寒暖感はどうして起こるのであろうか。スペクトルの各波長との関係を考えてみると、長波長の赤に通じる赤外線は熱作用を起こすとしても、短波長の青や紫、それに通じる紫外線は、特に冷たいとか、寒いとかで皮膚感覚を刺激することはない。

　したがって、これは純粋に私たちの心理的効果からくるものであろう。炎の赤、海の青など、原始から寒暖を連想させるものによる効果かもしれない。さらに、すべての赤が暖かく、青がすべて冷たいイメージなのかというと、「冷たい赤」とか「暖かい青」などの表現もあり、決して一様ではない。

　寒暖感は明度にも関係していて、高明度は冷たいイメージがあり、低明度は暖かいイメージである。温度感には個人差があり、個人の体験や過去に蓄積されたイメージにより、そのように感じるものと考えられている。

生活の中の寒暖色

　このような色の寒暖感は、生活の中でも、よく利用されている。例えば、蛇口の水が出るほうに青い印、お湯が出るほうを赤い印をつけたりする。また冬の暖房器具のコタツなどでも赤い光であれば、いかにも暖かそうに思うが、それが青い光であれば、思わず足を入れるのを躊躇してしまう。温度は同じなのに、私たちは色によってその温度までも、想像してしまうからであろう。バスルームの色をピンクなどの色にすると暖かい感じがするが、青くしたとき、見た目にも寒々しいということがある。飲みもののパッケージには色の寒暖感がよく使われる。

豆知識　無彩色の寒暖感はどうであろうか。一般的に、白は寒色で、黒は暖色といわれている。白は雪や氷を連想させ、黒は暖かい感じがするからと思われる。

温度感覚は色で異なる

暖色系の光をイメージさせる暖房器具は、いかにも暖かそうである。一方、寒色系の光をイメージさせる暖房器具は、同じ温度であったとしても寒々しい印象を受ける。

生活の中でよく目にする寒暖色の例

暖

寒

缶コーヒーや紅茶など温めて飲むこともあるものには、暖色が使用されることが多い。一方、清涼感が求められるスポーツドリンクやミネラルウォーターなどは、一様に青などの寒色が使用されている。

豆知識 暖色でもなく、寒色でもない色を中性色というが、その定義は曖昧である。一般に黄緑、緑、紫、赤紫を中性色とする。黄緑や赤紫を暖色に、青緑を寒色にするケースもある。

膨張色と収縮色

> **Key word** 膨張・収縮色と進出・後退色　同じ大きさの色でありながら、膨張して見える色と進出して見える色は、暖色系で高明度であることが深く関係し、また収縮して見える色・後退して見える色は、寒色系で低明度が深く関係している。

膨張色と収縮色

　膨張色とは、他の色と同じ大きさで同じ形でも色の効果で膨らんでいるように見える色であり、**収縮色**とは、逆に縮んだように見える色である。この膨張・収縮色には、色相が深く関係しており、暖色系の赤、橙、黄、無彩色の白などは膨張して見え、逆に青、青紫などの寒色系、黒などは収縮して見える。

　この色の膨張・収縮に関して興味深い話がある。現在のフランスの国旗は青、白、赤の幅が等分比の３色旗である。だが以前のフランスの海上旗の色の幅は青37、白30、赤33の比率であった。多分、見た目に同じ大きさに見えるための配慮であると思われる。だが19世紀半ば以降、この海上旗は、視認性の高い赤の幅が広くなり、逆に青30、白33、赤37となったという。

　また膨張色と収縮色は明度とも関係があり、明度の高い色は膨張して見え、明度の低い色は収縮して見える。白はもっとも膨張して見える色であり、黒はもっとも収縮して見える色である。

　また色の膨張・収縮は、周囲の色によっても影響を受ける。背景の色の明度が高くなるほど、その上の図形は小さく見え、背景の色の明度が低くなるほど、その図形は大きく見える。

進出色と後退色

　進出色とは、同じ位置にあっても、観測者に近づいて見える色であり、**後退色**とは遠のいて見える色である。進出色と後退色は色相に関係が深い。進出色は暖色系の赤、橙、黄で、後退色は寒色系の青と青紫である。暖色系の色のほうが寒色系の色より進出して見える。

　また、色の進出・後退は明度とも関係があり、明るい色ほど前に進出して見え、暗い色は後退して見える。たとえば明度の高い赤と明度の低い青の車が同じくらいの位置にいたとすると、車が来るのを確認したときに、赤い車は実際の距離よりも近くに見え、青い車は遠くに見えるといわれている。

　そして、背景色と図の色の明度差が大きいほど進出して見える。背景色が黒の場合、図の色が赤・橙・黄・緑・青・紫のとき、黄が一番進出して見え、紫が一番後退して見える。黒と黄は明度差が一番あるため進出して見え、黒と紫の明度差は少ないので、後退して見えるのである。

豆知識　光度の高いものが、そのものの占める実際の面積より大きく見える現象を光滲（こうしん）効果という。光度の高いものは、光が滲み出ているように感ずるからである。

色の大きさの見え方は明度で分かれる

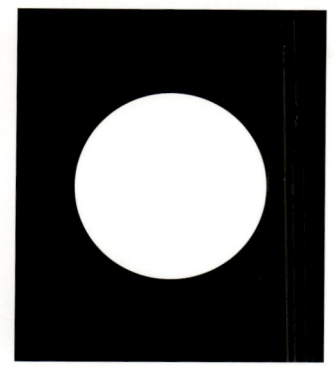

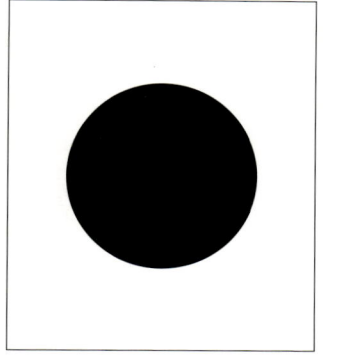

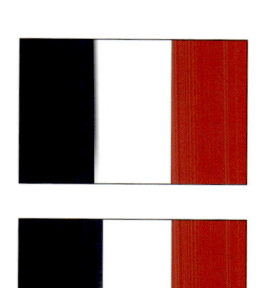

中央の円を比較して見ると、黒地に白い円は光滲作用によって大きく見え（膨張）、白地に黒い円は小さく見える（収縮）。

フランスのトリコロールの比率。上は青、白、赤の3色が等比（現在のフランス国旗）、中央は青37：白30：赤33で膨張色である白の幅を狭くした以前の海上旗。下は青30：白33：赤37で、海上旗として使用されている。

距離感は色相で変化する

左の部屋の奥の壁は暖色系で明度が高い。一方、右の部屋の奥の壁は寒色系で明度が低い。正直から見たとき、同じ広さであるにもかかわらず、左の部屋は狭く見え、右の部屋は広く見える。

豆知識 短波長は鋭く屈折するから網膜の前で結像し、長波長はゆるやかに屈折し、網膜の奥で結像する。色が進出、後退して見えるのは、この色収差説でも説明される。

第5章

色の軽重感、硬軟感

Key word　**色の軽重感・硬軟感**　色によって軽そうに見える色、重そうに見える色があり、柔らかい感じを与える色と硬い感じを与える色がある。これらには色相と明度が関係している。

色の軽重感

　色によって軽そうに見える色と、重そうに見える色があり、これは色相、明度と関係している。白が一番軽く感じられ、次いで黄、青、赤、紫、黒の順で重く感じられる。また一般に明るい色は軽く、暗い色は重く感じる。高明度の黄と低明度の青との**軽重感**の差は顕著である。

　また彩度の高低とも関係しており、高彩度は軽く、低彩度は重く感じる。前述した色の寒暖感、進出・後退、膨張・収縮は、色そのもののイメージによる感情効果であるが、この軽重感や、次に述べる硬軟感は、むしろ私たちの抱く具体的事物から連想するイメージや感情に関わると考えられる。

　この軽重感も、私たちの生活の中でしばしば見ることができる。最近、引越し業者のダンボールに白いものが多いのは、白色がもたらす色の心理的効果による。同じ重さの白い箱と黒い箱があった場合、白い箱は実際の重さよりも軽く感じ、黒い箱は実際の重さよりも重く感じるという。空を飛ぶ飛行機のボディの色も、軽やかさを感じさせる白やシルバーが多い。乗客に安心感を与えるためであろう。

　この軽重感を利用して安定感を出すこともできる。部屋のカラーコーディネートでは明るい色は天井に使い、暗い色を床材に使うと安定感が出る。また服のコーディネートも同様で、トップに明るい色、ボトムに暗い色のものを着ると落ち着いた印象になる。

色の硬軟感、派手地味感

　色には見たときに柔らかい感じを与える色と硬い感じを与える色がある。これを色の**硬軟感**という。色の硬軟感には色相や明度が大きく影響している。たとえば黄などの暖色系のほうが、青などの寒色系に比べて、やや柔らかい感じがする。

　白がもっとも柔らかく、黒はもっとも硬いイメージを与える色である。いわゆるパステルカラーなどが、柔らかい色の代表的なものである。ベビー用品売り場などでよく目にするが、淡いピンクやソフトな黄色は赤ちゃんの柔らかくて可愛いイメージと合っている。反対に黒などの低明度の色は硬そうに見え、自動車や機械、電化製品などの色彩として使われる。また、色の**派手地味感**は色相、彩度と関係しており、派手な色は暖色系で高彩度であり、地味な色は寒色系で低彩度である。

豆知識　シャルパンティエの錯覚では、「同じ重さのものでも大きいものは軽く感ずる」という。黒い丸と黄色の丸を比較すると、黄色の丸が大きく見え、軽く感ずるのも、この錯覚である。

暗い色は重く、明るい色は軽い

大きさと重さが同じかばんでも、明るい色のほうは軽く感じ、暗い色のほうは重く感じる。

柔らかい色、硬い色

うすいピンク色のぬいぐるみはいかにもやわらかそうで軽く感じ、濃い色の鉄アレイは硬くて重い感じがする。

色の派手・地味感

赤系の服は華やかで派手な印象を与え、グレーの服は質素で地味な印象を与える。

第5章

豆知識 ベルギーでは、ヨーロッパの多くの国とは逆に、女の子が誕生すると淡いベビーブルーの服を、男の子が誕生すると淡いベビーピンクの服を贈る習慣があるそうである。

131

色に対するイメージ

> **Key word**
> **SD法** 心理学的測定法のひとつ。私たちが対象物にどのようなイメージを抱くかを多角的に測定する調査方法として、オズグッドによって、1952年に開発されたイメージ調査方法である。

SD法の特徴

色に関する心理学的測定法のひとつにセマンティック・ディファレンシャル法、略して**SD法**（Semantic Differential scale method）と呼ばれる方法がある。アメリカの心理学者チャールズ・オズグッド（1916年〜1991年）によって、1952年に開発されたイメージ調査方法である。

私たちの行動や観念は、自分の置かれている環境や状況が、どのような意味をもっているかに大きく影響を受けている。オズグッドのSD法は、元来、抽象的な言語や社会的な事物（国家、人物）に対して、感情的・情緒的な意味を把握するための方法として発表されたものである。ある概念と、それに反する概念の形容詞を複数の選択肢にして段階を設定し、調査・評定するシステムで、日本では色彩、形態、デザイン、音色、味覚、香りなどの感覚的な印象を把握するために用いられている。

SD法の実践方法

SD法では、「明るい⇔暗い」「派手⇔地味」など、評価尺度の両側に反対の意味をなす形容詞対を置き、その間に5〜7段階の評価尺度を設定する（右図は5段階）。そして、被験者に評価尺度を選ばせる方法をとる。被験者は最低でも20名ぐらいは必要である。

たとえば、評価対象「赤」の場合に、「興奮―沈静」「派手―地味」「強い―弱い」「硬い―柔らかい」「冷たい―あたたかい」などの反対語の形容詞対を両端に置く。中央はどちらでもない点とし、左右に「やや」「かなり」「非常に」など2〜3段階の評定尺度を設定したものを10程度は用意する。次に被験者に個々の印象の当てはまるところにチェックしてもらう。

次に被験者の記入が終わったら、集計をとる。その際、それぞれの評価項目の平均値を算出するが、この形容詞の反対語対を並べて、グラフにしたものを**イメージプロフィール**という。通常、SD法の評価は因子分析によって解析される。

SD法は対象の印象の違いを調べるのに適しているが、提示する形容詞対とその数から情報を得るために、その形容詞に左右されること、また数に限度があるために、微妙な違いを明らかにすることには向いていないといわれている。

この形容詞対を両極に置いた調査法は、色や形、景観、企業イメージなどの印象を測定するときにも活用されている。

豆知識 日本人の好きな色に関する調査では、青が1位であり、白、緑、赤と続き、黒は中位（放送番組国際交流センター、1998年）である。ところが右ページの調査では、黒が1位になっている。

色のイメージを調査・評定するSD法の実践

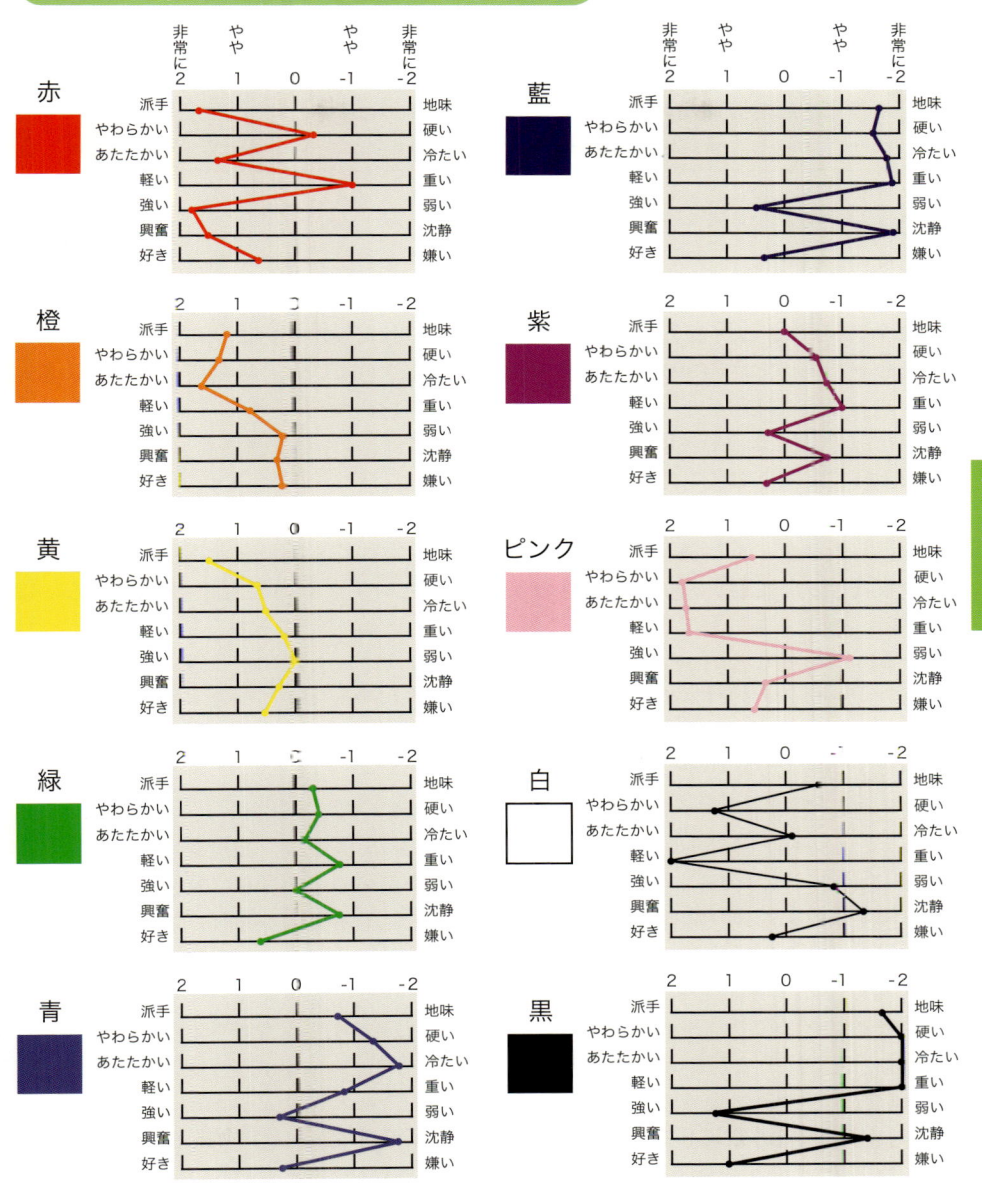

(赤・橙・黄・緑・青・藍・紫・ピンク・白・黒の各色について、派手-地味、やわらかい-硬い、あたたかい-冷たい、軽い-重い、強い-弱い、興奮-沈静、好き-嫌い の7項目をSD法で評定したプロファイル図)

上図は共立女子短期大学の女子学生を対象にした調査である(2008年・サンプル数20)。色により、派手・地味感、寒暖感など、色のイメージが明確に分かれている。

豆知識 上記の調査では黒のプロフィールが一番面白い。地味、かたい、冷たいなど負のイメージをもちながら一番好きな色で、日本人の好きな色・第1位の青はかろうじて好きな色という。

投映法(投影法)

Key word 投映法(Projective Techniques) 曖昧(あいまい)な色彩や形態を用いて、そこに投影された被検者の人格や心象を判断しようとする心理学的検査法。カラーピラミッド・テスト、ロールシャッハ・テストなど色々な方法がある。

カラーピラミッド・テスト

1950年、スイス・チューリッヒ大学のM.フィスターによって考案された**投映法**テストである。これは、24色の正方形のカラーチップの中から任意のチップを使って、5段のカラーピラミッドを作らせ、それによって被検者の人格を分析しようとするものである。カラーチップは、赤4色、橙2色、黄2色、緑4色、青4色、紫3色、茶2色、白1色、灰1色、黒1色の計24色である。4色のチップは、緑なら薄い緑、あざやかな緑、強い緑、暗い緑などトーン別に分けられており、2色のものはあざやかな黄、濃い黄などのように分類されている。被検者が1つのピラミッドに全部同じ色を使っても支障がないように、各色は豊富に用意されている。被検者は、自由に選んだ15枚のカラーチップを使い、5段のピラミッドを1個作ることが要求される。

当初は24色で気に入ったピラミッドを1個作るものだったが、その後、フライブルグ大学の心理学者ハイスらにより、改良案が作られ、好きな(美しい)ピラミッドと嫌いな(醜い)ピラミッドをそれぞれ3通り作る方法に発展した。

ロールシャッハ・テスト

スイスの精神科医ヘルマン・ロールシャッハ(1884年〜1922年)が1921年に発表した、インク・ブロット(ink blot=インキのしみ)の知覚に基づいて人格評価を行う投映法テストである。左右対称の「インキのしみ」の図10枚を被検者に見せて、それが何に見えるかをたずね、どのような反応が生じたかを分析、解釈することにより、人格の知的面や情意面を理解しようとする。テスト図の10枚ともインクの滲(にじ)んだような非定型な形になっており、黒1色のもの、赤と黒の2色のもの、多色のものなどに分かれている。

このテストは、被検者に曖昧な形を提示するため、それらに対する反応は人によって千差万別であり、これを解釈する高度な技法が中心となる。通常のテストのように標準化によって科学的に判定・評価ができるようなものではないので、テストという名を避けてロールシャッハ・テクニックといわれることもある。ロールシャッハは「色への反応は、その人が自分の情態(Affect)に対処する典型的な仕方を反映する」として、色への反応を重視している。

豆知識 フィスターは、生成のリズム、色彩・文様などリズムの重要性を説いた心理学者クラーゲスの影響を受けたという。彼は被検者の作る三角形にそのリズムの本質を探ろうとしたのであろう。

カラーピラミッド・テストの作図例(模擬図)

24種類のカラーチップの中から15枚を組み合わせてピラミッドを作らせ、そこに投影されるパーソナリティを分析する技法。

ロールシャッハ・テストの模擬図

左右対称の「インキのしみ」が何に見えるか応答を求め、その反応をもとに人格特性を分析する技法。テスト図は、黒1色のもの、赤と黒の2色のもの、多色のものなど、いくつかの種類がある。

図版／近江源太郎著『カラーコーディネーターのための色彩心理学入門』(日本色研事業)をもとに作図

豆知識　ロールシャッハ・テストの図はデカルコマニーで作られる。デカルコマニーとはインキを塗った紙を二つ折にして開くなど、転写により模様を作る技法で、偶然により抽象的な形が表れる。

Column

JIS 慣用色名⑤

凡例		
色	色名（読み方） 解説文	JIS マンセル値 系統色名区分

和色名

色	色名・解説	マンセル値／系統色名
	牡丹色（ぼたんいろ）　ボタン科の落葉低木である牡丹の花のようなあざやかな赤紫色のこと。紫がかった紅色まで含む。	3.0RP 5.0/14.0 あざやかな赤紫
	生成り色（きなりいろ）　生成りとは、晒したりしない、自然のままの状態の糸や布地のこと。ベージュと同じ。	10.0YR 9.0/1.0 赤みを帯びた黄みの白
	銀鼠（ぎんねず）　江戸時代に流行した伝統色名。銀色を帯びた鼠色のこと。光沢感のある明るい灰色を含む。	N6.5 明るい灰色
	利休鼠（りきゅうねずみ）　茶道の創始者の千利休にちなんだ色名。伝統色名。大正時代、北原白秋の『城ヶ島の雨』で有名になった。	2.5G 5.0/1.0 緑みの灰色

洋色名

色	色名・解説	マンセル値／系統色名
	ローズピンク（Rose Pink）　ローズはバラの花のこと。そのバラの花のような明るい紫みの赤をいう。18世紀のフランスで特に流行した。	10.0RP 7.0/8.0 明るい紫みの赤
	バーガンディー（Burgundy）　フランスのブルゴーニュ地方で産出する赤ワインの暗い紫みの赤色。バーガンディーはブルゴーニュの英語名。	10.0RP 2.0/2.5 ごく暗い紫みの赤
	ストロベリー（Strawberry）　ストロベリーは苺のこと。その苺の実の表皮のようなあざやかな赤色をいう。和色名の苺色と同じ。	1.0R 4.0/14.0 あざやかな赤
	ボルドー（Bordeaux）　フランスの有名なワイン産地。そのワインのごく暗い赤。同じボルドー産でクラレット（claret）という色名もある。	2.5R 2.5/3.0 ごく暗い赤
	シグナルレッド（Signal Red）　交通信号機で停止を意味する色であるあざやかな赤のこと。注意の黄、進行の青とともに用いられる。	4.0R 4.5/14.0 あざやかな赤
	カーマイン（Carmine）　元来は、臙脂虫（コチニール）の雌から採取される天然染料のあざやかな赤。また、それに似た合成顔料の色もさす。	4.0R 4.0/14.0 あざやかな赤
	スカーレット（Scarlet）　和色名の「緋」、「真紅」に相当するあざやかな黄みの赤。西洋では緋文字、枢機卿の衣服の色として用いられた。	7.0R 5.0/14.0 あざやかな黄みの赤

第6章

色彩調和論と配色調和

ゲーテの色彩調和論

> **Key word**
> **ゲーテの色彩調和論**　ゲーテは、ある色を見たときに起こる残像現象を人間の視覚的特性と考え、補色色相を対向位置に配置した色相環を作り、その補色どうしは互いに呼び合い調和すると考えた。

人間の視覚特性に基づく色相環

　色彩調和を表す英語Color harmonyは、ギリシャ神話のハルモニアに由来する。美の神アフロディテ（ヴィーナス）は、殺戮の神アルスと浮気して、ハルモニアという子どもを産んでしまった。ハルモニアは美と殺戮の神という異質なカップルから生まれた子どもである。このハルモニアの語源は、異質なものの結合によって生まれるという考え方を暗示している。ゲーテの色彩調和論は、このハルモニア論を継承している。

　ゲーテは「ある日、鍛冶屋で真っ赤に焼けた鉄塊を見た後に、暗い石炭小屋に目線を移したら、眼前に深紅色の像が出現した。続いて小屋の明るい壁面に目を移したとき、今度は緑色の像が浮かんだ」と記述している。

　つまり、暗い背景の下では深紅色の**陽性残像**が生じ、明るい背景の下では赤の補色にあたる緑色の**陰性残像**が浮かんだのである。この体験をもとにして、補色色相を対向位置に置く色相環を作り上げ、人間の視覚特性に基づく独自の色彩調和論を提言した。

ゲーテの「色彩の呼び起こし」

　ゲーテの色相環は、深紅、菫、青、緑、黄、橙の6つの色相で構成されており、深紅と緑、菫と黄、青と橙の補色色相は、色相環の対向位置に配置されている。ゲーテの色相環は、この対向する補色色相から成り立つ単純なものであるが、別の視点で見ると深紅、青、黄の3原色と、その混色である菫、緑、橙の2次色からできている。このような色相を並べる色相環は、ゲーテ以前にも見られたが、眼の特性である補色残像を色相環の中心に据え、配色論を説いたのはゲーテが最初である。ゲーテは『色彩論』教示編「生理的色彩　第5章　色彩を帯びた像」の項の中で次のように述べている。

　「白い紙の上に鮮やかな色紙を掲げ、じっと見てこれを取り去ると、そこに対立した色が生じる。目を移すと像もそちらに動く。これはこの現象が眼の中の現象である証拠である」

　「色環は、この対立関係を表している。色環の互いに反対側の色は眼の中で互いに呼び起こしあうものにほかならない。黄は菫を、橙は青を、深紅は緑を互いに呼び起こす。単純な色は複雑な色を、複雑な色は単純な色を呼び起こす」

　ゲーテの「色彩の互いの呼び起こし」は、色彩調和の基本となっている。

豆知識　ゲーテの「色の呼び起こし」はドイツ語でフォルデルン（fordern）の訳であるが、英語ではディマンド（demand）で「要求する」になっており、より強い意味になっている。

ゲーテの色相環

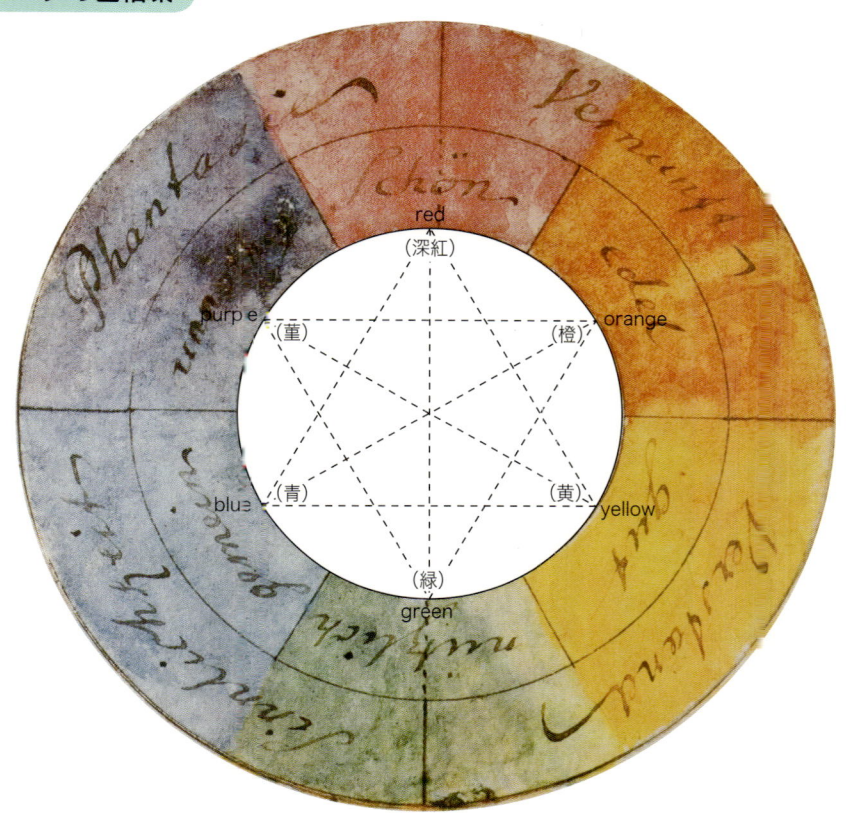

ゲーテの考えた色相環は red（深紅）、purple（菫）、blue（青）、green（緑）、yellow（黄）、orange（橙）の6つの色相からなる。red と green、purple と yellow、blue と orange は補色の関係にあり、色相環の対向位置に配置され、目の中で互いに呼び起こしあうものとした。

特徴のある組み合わせ

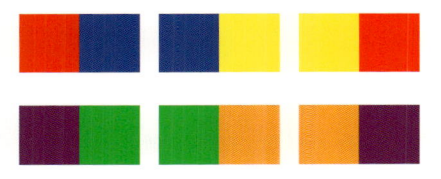

ゲーテは、色相環で1つおきに位置している色相（深紅と青、青と黄、菫と緑など）を「特徴のある組み合わせ」として推奨している。

特徴のない組み合わせ

色相環で隣どうしの色相（深紅と菫、青と緑、黄と橙など）は「特徴のない組み合わせ」としてあげられている。

豆知識 文豪として名高いゲーテは、形態学、植物学、動物学、地質学、気象学など、自然科学に関心を寄せていたが、大著『色彩論』刊行をはじめ、色彩研究には約30年間も費やしたという。

シュヴルールの色彩調和論

> **Key word**　**シュヴルールの色彩調和論**　フランスの化学者シュヴルールが著した『色彩の同時対比の法則』（1839年）で発表した色彩調和論。立体的色空間を前提に展開された色彩調和論として世界初のもの。

シュヴルールの『色彩の同時対比の法則』

　19世紀のフランス王立ゴブラン織製作所の染色部門監督官のミッシェル・ウジェーヌ・シュヴルール（1786年〜1889年）は、ゴブラン織の黒がよく出ていないとか、青や青紫が安定しないなどの苦情をきっかけに色の研究を始めた。その結果、苦情の原因は染料や素材ではなく、織物の隣り合う色どうしの配色効果による視覚上の問題であることを明らかにした。やがてシュヴルールは、色彩調和の研究を深化させ、対比や同化現象を研究し、『色彩の同時対比の法則』（1839年）をまとめた。

　シュヴルールは、職業柄、色票は染料を使って染め、赤・黄・青の3原色を順次、混色して最終的には72色の色相環に作り上げた。また各色相の純度の高い色をノーマルトーンとし、その基準色を中心にして、その濃淡を全部で20段階のトーン・スケールで構成した。いわば最初のヒュー&トーンシステムである。彼は、このカラーシステムを活用して、色彩調和を「**類似の調和**」と「**対比の調和**」に大別し、それぞれ3パターンずつ計6種類の調和の類型を提示している。

　シュヴルールの著作は実務的な調和理論として欧米に広く支持を得るとともに、近代画家に大きな影響を与えた。

シュヴルールの調和の原理

第1類　類似の調和
①スケールの調和：同一の色相の中に異なる階調を置いて生じる配色はよく調和する。（同一色相のトーン差配色）
②色相の調和：類似色相で似通った階調を見たときに生じる配色はよく調和する。（類似色相の同一か類似トーン配色）
③主色光の調和：異なる色の配色で、どちらかの色に着色された色ガラスごしに見るときのような支配色による配色はよく調和する。（ドミナント効果といわれる、1色の支配的カラーによる配色）

第2類　対比の調和
①スケール対比の調和：同一色相内の異なった階調による対比の配色はよく調和する。（同一色相の対比トーン配色）
②色相対比の調和：隣接する色相で階調が異なる対比の配色はよく調和する。（類似色相の対比トーン配色）
③色対比の調和：対比の法則、すなわち非常に離れた色相で階調も異なる組み合わせとなる対比の配色はよく調和する。（反対色相の対比トーン）

豆知識　シュヴルールの著書は、印象派の画家たちの「色彩のバイブル」として支持を集め、ドラクロワ、ピサロ、モネ、スーラらの作画に活かされたといわれている。

シュヴルールの色相環とトーン・スケール

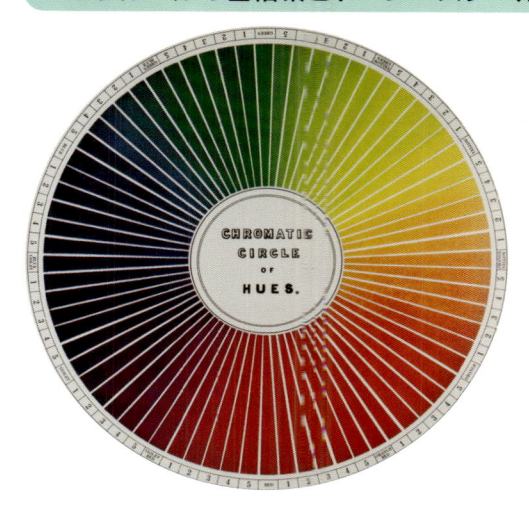

シュヴルールの色相環は、赤、黄、青を3原色に設定し、2次色の橙、緑、紫、3次色の赤橙、黄橙、黄緑、青緑、青紫、赤紫を加えた12色相とし、それぞれを6分割した72色相で構成される。

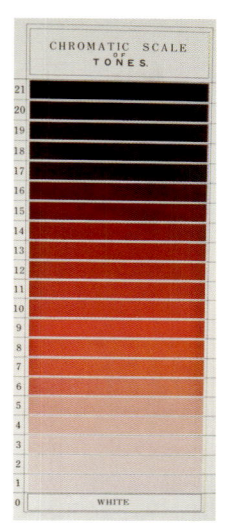

色が変化する階調を色調(tone)とし、白から純度を増した明清色の階調、途中に基準色(純色)、ついで黒が少しずつ増えた暗清色の階調がきて末端の黒に到る。色調分割は白を0、黒を21とし、間を20段階とした。

類似の調和

同一色相の中に異なる階調を置いて生じる調和であり、同一色相・トーン差のある配色

類似色相で似通った階調、つまり類似色相・類似トーンの配色

異なる色の配色で、色ガラスごしに見たときのような、ドミナント配色の組み合わせ

対比の調和

同一色相の異なった階調による対比トーン配色

隣接する色相で階調が異なる配色、つまり類似色相の対比トーン配色

対比の法則にのっとった、色相もトーンも対照的な配色による組み合わせ

第6章

豆知識 シュヴルールの著書『色彩の同時対比の法則』は、1840年にドイツ語版、1854年に英語版が出版され、実務的な調和理論として広まり、日本でも1892年に小冊子による抄録が紹介された。

オストワルトの色彩調和論

> **Key word**　**オストワルトの色彩調和論**　オストワルトは「調和は秩序に等しい」といった。彼の調和論は、色相、等色相面において、明確な秩序を基にして、科学的に構築されたことを特色としている。

オストワルトの表色体系

　ドイツの化学者ウィルヘルム・オストワルトは、ヘリングの心理反対色説を根拠にして、赤と緑、黄と青を対向線上に配し、その中間色を配置し、8色相を基本色とした24色相の色相環を作った。その基本色はYellow（Y），Orange（O），Red（R），Purple（P），Ultramarine blue（UB），Turquoise（T），Sea green（SG），Leaf green（LG）である。色相の表記は、各色相を3分割し、略号に数字をつけ、1Y，2Y，3Y～1LG，2LG，3LGとする方法と、1Yを1として、以下、24までの連番とする方法を採用した。

　また等色相面に関しては、オストワルトはすべての色は白（W）と黒（B）と純色（C）の混色によって成り立っていると考え、回転円板にW，B，Cの色票を貼り付けて、その円板を高速で回転させて、その混色比率によって、等色相面を作成した。これを式で表すと、

W + B + C = 100（%）

と書くことができる。右図は白、黒、純色を頂点とした色三角形の等色相面である。純色を頂点とする縦の線上の色を等純系列、白を頂点とする右上がりの線上の色を等白系列、黒を頂点とする左上がりの色を等黒系列とした。

　1942年にはオストワルトの理論を色票化した「カラーハーモニー・マニュアル」が作られた。この意味で、オストワルト体系は混色系の体系であり、同時に顕色系の体系である。このオストワルト体系は、現在ではほとんど使われていないが、調和論を客観的に秩序づけて論じたものとして高い評価を受けている。

オストワルトの色彩調和論

　オストワルトは色相および等色相面における調和を、以下のように定めた。

(1) 色相における調和
①類似色相調和：色相差が2～4の範囲の色は調和する。
②異色調和：色相差が6～8の範囲（中差色相、対照色相）の色は調和する。
③反対色調和：色相差が12（補色色相）の色は調和する。

(2) 等色相面における調和
①無彩色の色はすべて調和する。
②等純系列の色はすべて調和する。
③等白系列の色はすべて調和する。
④等黒系列の色はすべて調和する。
⑤色相が異なっても、同じ位置（等価値系列）にある色はすべて調和する。

> **豆知識**　オストワルトは、1905年にアメリカのハーバード大学に招聘され、このときマンセルを訪ね、将来、共に色彩研究をしようと語り合ったが、第一次世界大戦のために実現しなかったという。

オストワルトの色相環

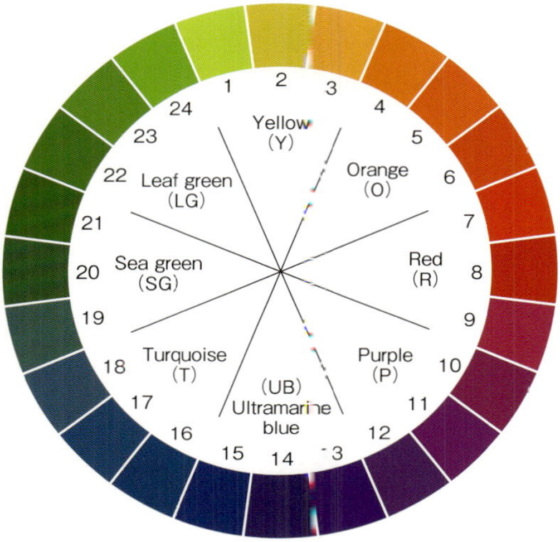

8つの基本色をそれぞれ3分割した、24色相からなっている。

オストワルトの等色相面

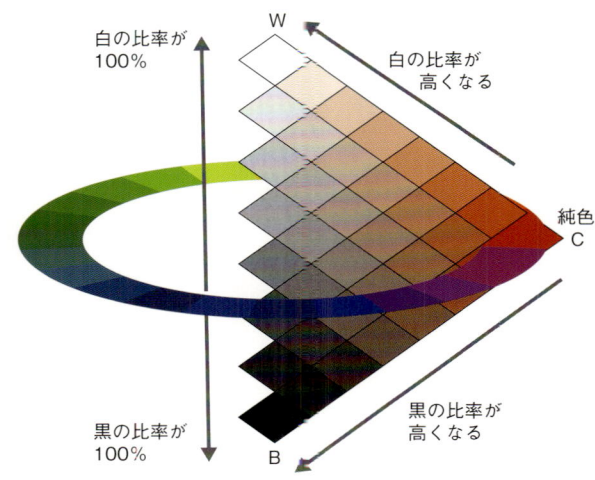

色相環上の色（純色）と同じ色相にある色はすべて、純色と白と黒の混合比率によって表現することができる。三角形をなすので等色相三角形ともいう。

等色相面における調和

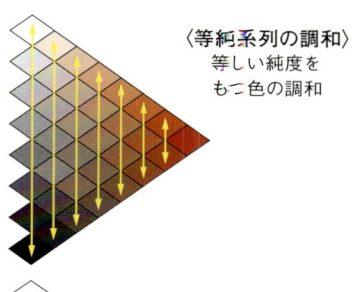

〈等純系列の調和〉
等しい純度をもつ色の調和

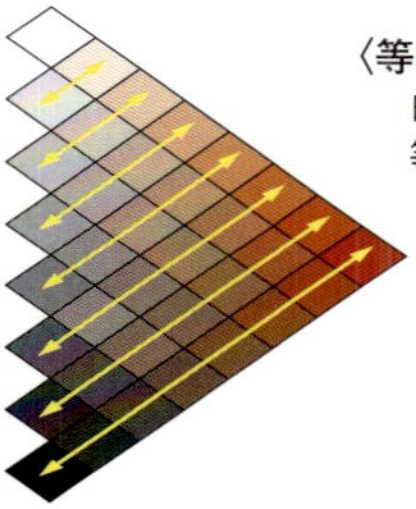

〈等白系列の調和〉
白色の量が等しい色の調和

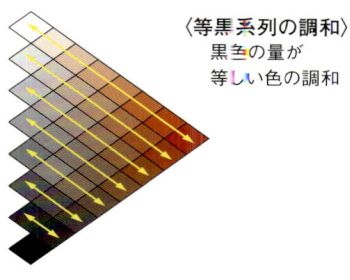

〈等黒系列の調和〉
黒色の量が等しい色の調和

〈等価値系列の調和〉

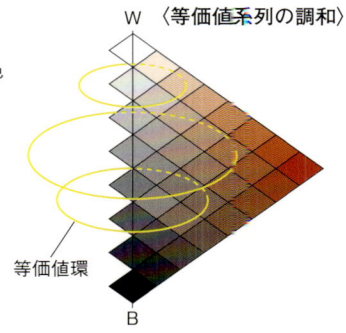

白と黒を結んだ垂直の線に対して同心円となる環を等価値環といい、そのような関係の色どうしを等価値系列という。

豆知識 オストワルトの等色相面は W + B + C = 100 の比率で構成された二等辺三角形であるため、その色立体は他の色立体とは異なり、ソロバン玉のような二重円錐形になっている。

イッテンの色彩調和論

> **Key word**　**イッテンの色彩調和論**　スイス生まれの画家イッテンが考案した色彩調和論。色彩の対比現象に着目し、2色以上を混色した場合、無彩色になるとき、それらの色が調和関係にあるとした。

イッテンの色相環

　スイスの画家・美術教育者ヨハネス・イッテン（1888年～1967年）の1961年の著作『色彩の芸術』の中に色彩調和論が示されている。イッテンは対比現象における視覚の生理学的な現象を調べた。そしてある色とその補色残像色を混合すると、人間の視覚が要求する平衡状態としての無彩色になることに着目した。2色またはそれ以上の色を混色した場合に無彩色が得られるならば、それらの色は互いに調和するとして、色料混合による調和論を展開したのである。

　彼は赤・黄・青の1次色を配し、その間に混合色であるオレンジと緑とバイオレットの2次色を配し、さらに1次色と2次色の間に3次色を配して12色相環を作り、円周上で対置される色はそれぞれ補色の関係とした。次に中心軸に無彩色を備え、赤道の位置に純色の色相環を配置した地球儀のような球形の色立体を作った。この色立体に基づき、2色から6色の色の組み合わせを類型化している。イッテンは、調和理論はイマジネーションを拘束するものではなく、むしろ新しい変化に富む色彩表現を見いだす手引きになると考えた。

配色調和の類型

　イッテンは、以下のように、2色から6色の色相の組み合わせを類型化した。

①**2色調和（ダイアッド）**　色相環の直径の両端にある補色どうしの2色配色。

　さらにダイアッドの補色対のうち、片方の色を左右に分割してできる二等辺三角形による配色を**スプリット・コンプリメンタリー（分裂補色）**としている。

②**3色調和（トライアッド）**　イッテンの12色相環を3等分し、その3色を結ぶ正三角形となる配色。

③**4色調和（テトラッド）**　色相環を4等分した4色を結ぶ交線が直角をなす色の組み合わせで、正方形または長方形で結ばれる配色。

④**6色調和（ヘクサッド）**　色相環に内接する正六角形となる6つの色の組み合わせ（例えばAとCとEとGとIとK）と、テトラッド配色に白と黒を用いた6色による、色立体上の八面体となる組み合わせ（例えばBとEとHとKと白と黒）の配色がある。

⑤**5色調和（ペンタッド）**　トライアッドに白と黒を用いた、5つの色の組み合わせ（例えばAとEとIと白と黒）による配色。

> **豆知識**　イッテンは1919年、ドイツの造形教育機関バウハウスの設立にあたりマイスターとして招聘を受けたが、校長グロピウスとの指導路線の対立から1926年に自身の芸術学校を設立した。

イッテンの12色相環

イッテンは、赤、黄、青を1次色とした（右図中央の三角形）。さらに、1次色の混色によって得られる中間色にあたる、オレンジと緑とバイオレットを2次色とした。さらに1次色と2次色を混ぜたものを3次色とし、合計で12色相になる。
たとえば、1次色の赤（A）と黄（E）を混色すると2次色のオレンジ（C）になり、1次色の赤と2次色のオレンジを混色すると3次色（B）ができるという具合になっている。

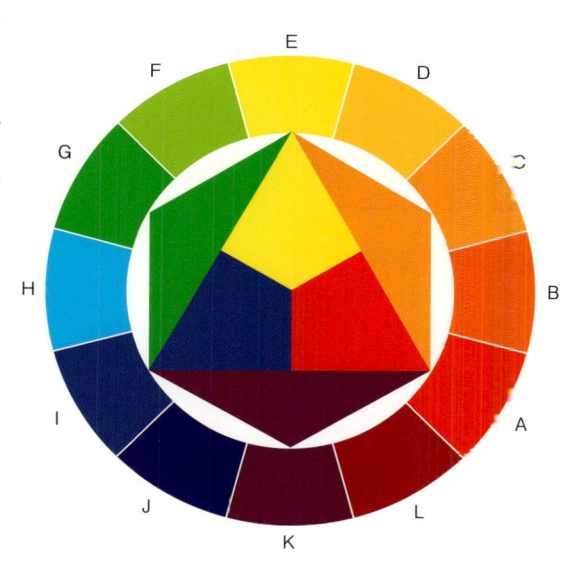

配色調和の類型

2色調和（ダイアッド）

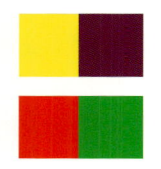

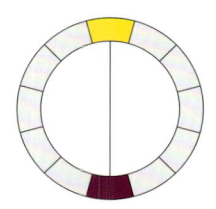

色相環の両端にある補色どうしの配色。色味が正反対であり、強いコントラストのある配色となる。

スプリット・コンプリメンタリー

たとえば黄（E）と、その補色である紫（K）の両隣にある、青紫（J）と赤紫（L）の組み合わせ。

3色調和（トライアッド）

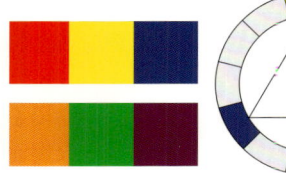

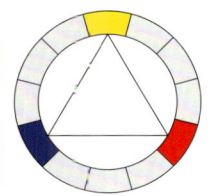

色相環を3等分し、その3色を結ぶ正三角形となる配色で、均等のとれた配色となる。

4色調和（テトラッド）

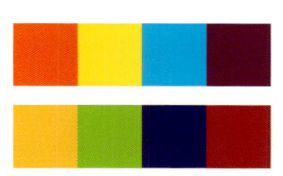

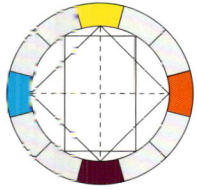

色相環を4等分した4色を結ぶ四角形となる配色で、正方形の配色、または長方形を形成する配色の2通りがある。

豆知識 パーソナルカラーの第一人者、キャロル・ジャクソンは、著書『カラー・ミー・ビューティフル』で、「似合う色の選び方は、イッテンの理論にヒントを得た」と記している。

ジャッドの色彩調和論

> **Key word** **ジャッドの色彩調和論** アメリカの色彩学者のD.B.ジャッドによる色彩調和論。ジャッドは過去の文献を丹念に調べて、色彩調和の一般原理として、秩序、親近性、類似性、明瞭性の4つの原理を導き出した。

色彩調和の一般原理

ディーン・ブリュスター・ジャッド（1900年〜1972年）は、マンセル、オストワルトをはじめとする過去の色彩調和に関する文献を調べ、1955年に論文を発表した。論文の冒頭で、「色彩調和については、専門家の見解が相矛盾していることはしばしばある」とし、その理由を次のように指摘した。色彩調和は人の好き嫌いの問題であり、色のついている区域の絶対視覚の大きさや、背景色と図の色の相対的な大きさに左右される。また、デザインの諸要素の形、デザインの意味や解釈にも左右されると述べた。

続けてジャッドは、「色彩調和は非常に複雑な問題である。しかし、産業のある部門にとっては、色彩計測の全真理よりも、色彩調和の半分の真理のほうがいっそう興味があろう。というのは、色彩調和は、他の色彩管理のすべてよりも、商品が売れるかどうかに、はるかに関係することがあるからである」と述べて、色彩調和の4つの原理を指摘した。

①秩序の原理

色と色の間に、何らかの秩序を有するもの。たとえば、同一色相での明暗の系列や、色相環での補色や正三角形、正方形などの幾何学的な位置関係にあるものはよく調和する。

②親近性の原理

ふだん見続けていてなじみ深いものに対する見慣れの調和。たとえば、自然界に見られる植物の緑に当たる光の明暗や紅葉などの色彩の序列から体験的に学んだ調和感に則ったもの。

特に植物の緑の明暗階調に見られる、明るい色は黄みに、暗い色は青紫に色相が傾いて見える配色を**ナチュラル・ハーモニー**（P.158）という。

③類似性の原理

色みや色の調子に何らかの共通性があること。共通の色相、共通のトーンなど、互いに同質性をもつ色のことであり、互いに共通する支配的な（**ドミナント**）要素のある配色はよく調和する。

④明瞭性の原理

適度に色の差があり、曖昧さがないこと。赤と白、黒とオレンジの配色のように互いの色が明確に知覚される配色のことで、明度差や彩度差がある程度大きいものはよく調和する。

ジャッドの見解は、色の現場の立場を言い当てており、現在でも現実的な場面で通用するものである。

豆知識 ジャッドはアメリカ光学会、色彩協議会など色彩関連の世界的機関の要職を歴任し、受賞も数多い。国際色彩学会（AIC）にはジャッド賞が設けられている。

ジャッドが参考にした表色体系

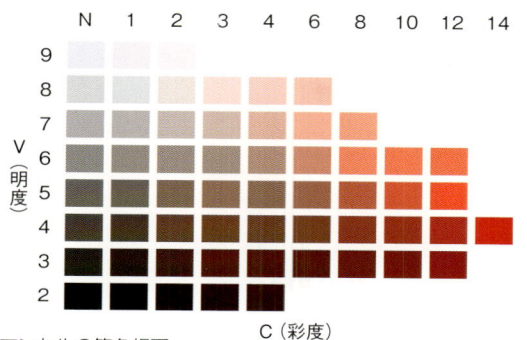

マンセルの等色相面

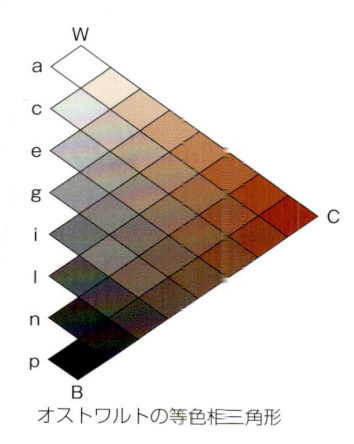

C（彩度）
V（明度）

オストワルトの等色相三角形

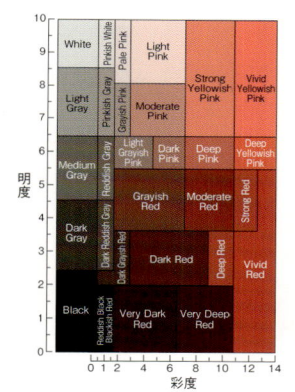

ISCC-NBSの系統色名配分

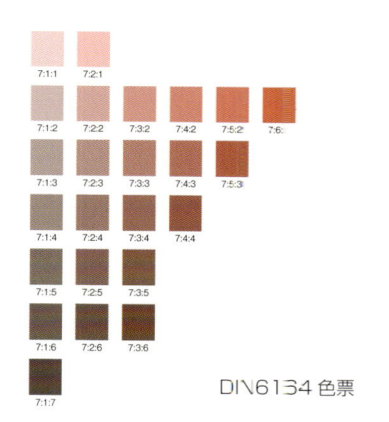

DIN6164色票

ジャッドの4つの原理

〈秩序の原理〉 
色と色の間に秩序の感じられる配色。左記の配色は、色相環での正三角形となる組み合わせ。

〈類似性の原理〉 
色みや色の調子に共通性のある配色。上は色相ドミナント、下はトーンドミナントによる配色。

〈親近性の原理〉 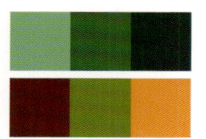
自然でなじんだ色合いに逆らわない配色。明るい色を黄みに、暗い色を青紫方向にした配色。

〈明瞭性の原理〉 
色相や明度、彩度の差を大きくとった明瞭な配色。上は明度・彩度差の大きな配色、下は彩度差の大きな配色。

豆知識　ジャッドとヴィスツェッキーの共著『産業とビジネスのための応用色彩学』は、色彩の基本事項、測色、配色調和、着色層の物理学などの必要知識の提供を目的に書かれた。

第6章

代表的な配色①

> **Key word** **配色** 基本的には2色以上の色を同一空間に配置して、その調和、不調和関係を考察すること。その基準は色相、明度、彩度、トーン、その他慣用によるものなど多岐にわたっている。

色相類似系の配色

色相類似系の配色は、色相関係が近いため、使用する色相によって色相がもつ感情効果が得られやすい。暖色系の配色では暖かい感じに、寒色系の配色では涼しい感じなど、多色使いであってもイメージのまとまりを表現しやすく、失敗が少ない。実際の活用場面では同系色濃淡配色（トーン・オン・トーン、P.156）が多く、自然素材を使った建築外装、室内内装などに用いられる。

①同一色相配色

同一色相の配色は、色相が同じであるため、色の変化を明度または彩度でつけることになる。同一色相配色はポピュラーな配色で、調和感も得やすいが、明度も同一にすると色どうしの境界が曖昧になるので注意が必要である。なお無彩色と有彩色の配色も、同一色相の配色に含まれる。

②隣接色相配色

色相が隣接するものどうしを使った配色である。PCCSの24色相環を基準にすると、色相差が1つ離れた色の配色になる。

同一色相配色よりは多少の変化が生じるが、色相がほぼ同一であるため、明度や彩度で変化をつけることが望ましい。色相の微妙な違いによりデリケートな色表現ができるため、テキスタイル・プリントの柄の配色によく用いられる。

③類似色相配色

色相が類似している色どうしの配色で、PCCSの24色相環を基準にすると、色相差が2から3離れた関係に該当する。適度な色相差があるので、統一感と同時に変化に富み、なじみやすい配色となる。

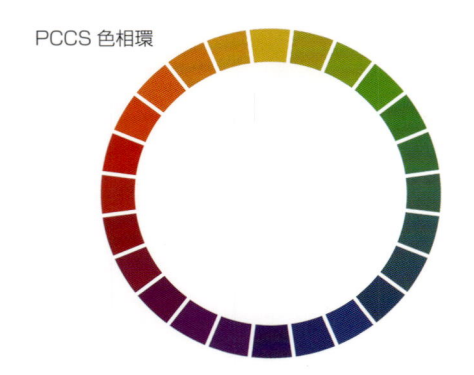

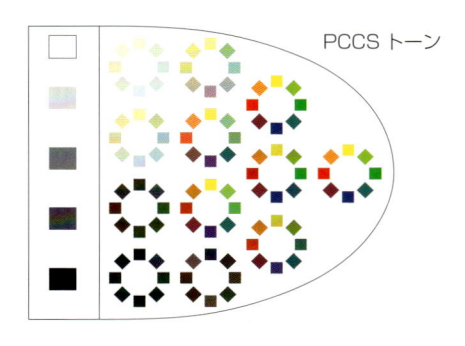

PCCS色相環

PCCSトーン

豆知識 色相に違いが生じる配色では、色の濃淡関係を、明るい色の色相が黄み寄りに、暗い色の色相を青み寄りになるように使うと、色相の自然な色の並びとなり、調和を得やすい。

| 同一色相配色 | 隣接色相配色 | 類似色相配色 |

豆知識 同一または類似色相による配色では、色相差がさほど大きくないため、赤や橙などの暖色系、青や青紫などの寒色系、緑や紫などのいずれにも属さない中性系と、色の寒暖感を表現しやすい。

第6章

代表的な配色②

Key word 　**対照色相配色**　色相差が対照的な色どうしの配色。配色を考える上でもっとも基本的な、色相差を明確にした配色として、中差色相配色、対照色相配色、補色色相配色がある。

色相対照系の配色

　色相対照系の配色は、色相の隔たりが大きくなり、暖色系と寒色系など、互いに対立的なイメージの色相を組み合わせる配色である。色相の変化が大きいため、色の統一感を与える方法として、明度や彩度を統一させてなじみのある配色にする方法がとられる。実際の活用場面では、スポーツウェアや看板、パッケージなど、**誘目性**や**視認性**（P.78）を要するものに用いられる。

①中差色相配色

　色相環の位置関係が、約90度の開きがある配色。PCCS24の色相環では4から7つ離れた色どうしになる。中差色相は、便宜上対照系の色相に分類したが、類似色相と対照色相の中間に位置する。

　この中差色相配色は、中国の五色、韓国の伝統衣装、日本の十二単や襲色目、お祝いや祭の色など、アジアの伝統的な色使いに多く見られる。素朴なイメージで、エスニック調のデザインにも用いられる。

②対照色相配色

　色相の関係が対照的に大きく異なる色どうしの配色。PCCSの24色相環では8から10離れた色の関係になり、色相環で120〜180度の開きのある配色である。

互いに異なる色のイメージによる配色になるため、純色どうしの配色は活動的でダイナミックなイメージとなる反面、対立し主張し合うことが多い。そこで、明度や彩度で変化をもたせ、高明度・中彩度、高明度・低彩度、中明度・中彩度でまとまりをつける手法がとられる。

③補色色相配色

　対照色相の中でも、色相どうしが補色の関係になる配色。PCCSの24色相環では12離れた色どうしであり、色相環でちょうど180度の対称位置にある配色である。

　色相による変化がもっとも大きいため、派手で刺激的なイメージとなる。色相差が大きいので彩度を統一し、明度を微妙に変化させた配色でまとまりを作るとよい。また、純色等の高彩度で同一明度の色どうしを隣接して配色するとハレーションを起こし、目がチカチカして焦点が合いにくくなることがある。そこで、これを避けるために、境界に無彩色を挟み込む**セパレーション**（P.158）という技法を用いることもある。この補色の関係は、ある色を見たときに知覚される心理補色残像の色関係である。

豆知識　アメリカの色彩学者ムーン＝スペンサーは、中差色相配色を不調和領域としたが、現在はこの考えは否定的にとられている。

中差色相配色　　対照色相配色　　補色色相配色

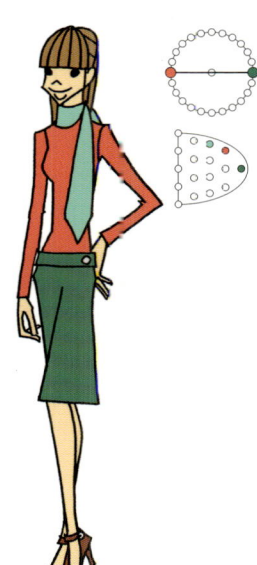

豆知識　色相差が明確な配色の場合、たとえば上着と靴やバッグなどの小物を同じ色相にするなど、コーディネートのどこかに色相をリピートさせると、バランスのよい配色となる。

151

第6章

代表的な配色③

> **Key word** 明度差・彩度差による配色　物どうしの境界を見分けるとき、多くは明度の違い、彩度の違いによって見分けている。色相は一定にして、明度差、彩度差による配色によって、調和を得ることができる。

明度差による配色

ここでは、PCCS明度の配色を明度類似系と明度対照系の2つに分類する。

①明度類似系の配色

明度差が2.5以内と小さいため、明度がおもに与える心理効果としての軽重感や硬軟感などを表現できる。ただし、同一明度の配色は、色の境界が曖昧になるため、あまり用いられない。明度差の小さい配色の場合、素材や表面の凸凹変化をつけるなどして、微妙な表情を作り出すことができる。また、配色の曖昧さを避けるために、色の境界に無彩色やメタリックカラーを挟み込んで分割する、**セパレーション**（P.158）という方法が使われる。

②明度対照系の配色

明度差4.0以上の配色。明度差が大きくなるにつれ、色どうしの境界が明瞭となり、視認性が高くなり、明快で、躍動感のあるイメージとなる。視認性の高さから、交通標識などのサイン類の配色に使われる。

彩度差による配色

彩度の関係においても、明度と同様、彩度差の小さい配色と大きい配色とに分けることができる。ここでもPCCS彩度に基づき、彩度類似系と彩度対照系の2つに分類する。

①彩度類似系の配色

彩度差がおおむね3s前後までの配色。彩度差の小さい配色では、明度差をつけると、統一感のとれたイメージになる。高彩度どうしの配色の場合、色相の特徴がよく出て派手なイメージとなる。中彩度どうしの配色では、穏やかで素朴なイメージが出る。日本の草木染めの色に多い。低彩度どうしの配色では、彩度よりも明度のイメージに左右される。低彩度どうしの配色のなかでも、低明度・低彩度の組み合わせは、色差がなく、よい配色にはなりにくい。無彩色どうしの配色も、同一彩度配色に含まれる。

②彩度対照系の配色

彩度差がおおむね7s以上の配色。低彩度色または無彩色と高彩度色の配色が典型的である。一般に、明瞭性が高く、また、高彩度色のもつ強く派手な感じと低彩度色のおさえられた印象とのバランスがとれ、明快で調和しやすい配色となる。片方を大きな面積で使い、一方を小さな面積にした、アクセントカラーの手法が多く用いられる。

豆知識　純色の明度のもっとも高い黄色と黒を組み合わせると、コントラストの強い目立つ配色になる。危険を知らせるときの道路標識や踏切の標識に使用されているのはこのためである。

明度差による配色

〈明度類似系〉

〈明度対照系〉

彩度差による配色

〈彩度類似系〉

〈彩度対照系〉

🟥豆知識　彩度を中心とした配色では、色相を同一または類似系でまとめると、彩度差による違いが明確に出る。彩度類似系では穏やかに、彩度対照系ではコントラストがありながらも上手くまとまる。

代表的な配色 ④

> **Key word** トーンによる配色 トーンとはPCCSで提示された明度・彩度の共通領域のこと。明度・彩度の2属性が類似なので、色彩調和が得られやすい。トーン同一系、トーン類似系、トーン対照系の3つの配色がある。

トーン差による配色

ファッションやインテリアの配色でよく用いられるトーンは、明度と彩度を複合した概念のことで、配色に広く使用されている。ここでは、トーン同一系、トーン類似系、トーン対照系に分類する。

①トーン同一系の配色

すべて同じトーンの色を使った配色。別にトーン・イン・トーン配色（P.156）ともいう。配色イメージはそれぞれのトーンのイメージがそのまま反映される。

・**低彩度トーン**（p,ltg,g,dkg）　明度差も少なくなるので、明度のもつ感情効果が強く反映される。

・**中彩度トーン**（lt,sf,d,dk）　穏やかなイメージとなる。

・**高彩度トーン**（b,s,dp,v）　動的で情熱的なイメージとなる。

一般的には、対照色相や中差色相の関係にある色を、トーンの共通性で調整する場合に、よく用いられる配色である。

②トーン類似系の配色

トーンが似た色どうし（隣どうしのトーン）の配色。各トーンがもつイメージがあるので、イメージのまとまりを表現しやすく、同一トーンより少し変化のある配色となる。

トーンから受けるイメージを大きく変えないでコントラストをつけたい場合や、明度ないし彩度を調節して少し表情を変えたい場合に用いる。

③トーン対照系の配色

トーン差の大きい配色で、互いにイメージが対立的な関係にある。明度差、あるいは彩度差の大きい配色になる。統一感を与えるため、色相は同一、または類似系の配色にする手法が一般的である。合わせる色のうち面積の大きいベースとなるトーンに対してアクセントをつけるために用いる場合が多い。対照トーン配色は以下のように分類される。

・**明度に関する対照**—高明度トーンと低明度トーンの組み合わせ。たとえばpトーンとdkgトーンのような、垂直方向に距離のある配色。

・**彩度に関する対照**—高彩度トーンと低彩度トーンの組み合わせ。たとえばltgトーンとvトーンのような、水平方向に距離のある配色。

・**複合的な対照性**—高明度・低彩度トーンと低明度・中彩度トーンの組み合わせや、低明度・低彩度トーンと高明度・中彩度トーンの組み合わせ。例えばpトーンとdpトーン、dkgトーンとbトーンのように、垂直、水平方向に差のある配色。

豆知識　トーンには、声の調子、音色、風潮などの意味もある。またヘアカラーの仕上がり感もトーンで表現されることがあり、一般にトーンの数字が大きいほど明度・彩度が高い色になる。

同一トーン	類似トーン	対照トーン

第6章

豆知識 画像レタッチソフトの機能にあるトーンカーブは、画像を階調補正するツールである。トーンカーブを変形させることにより、画像の明るさ、コントラスト、色調を自在に調整できる。

慣用的な配色

> **Key word　慣用的トーン配色**　ファッションやインテリアなど、色のイメージが重要な配色において、トーンによる配色は不可欠である。トーン・オン・トーンと、トーン・イン・トーンは、特に重要である。

トーン・オン・トーン配色

　トーン・オン・トーンとは、トーンを重ねるという意味で、基本的には同一色相でトーン差を比較的大きくとった配色。一般的には**同系色濃淡配色**と呼ばれる。組み合わせる色相は同一色相を基本とするが、隣接や類似色相から選択してもよい。トーン差が小さいと色の境界が曖昧になるため、明度差、彩度差に留意が必要である。このような同系色の濃淡配色は、太陽光を受けた樹木のように、光の当たっている部分は明るく、陰の部分は暗いといった具合に、自然界の見慣れた色合いにも観察することができる。2色だけでなく3色以上の配色でも、トーン・オン・トーンという。奈良時代の建築物や調度品、絵画などに用いられた段暈しの彩色法である**暈繝彩色**に見られる技法も、この配色といえる。

トーン・イン・トーン配色

　トーン・イン・トーンとは、同一トーン、もしくはトーン差の近似した配色をいう。一般的にはトーンを統一し、色相は自由に選択した配色で、時として色相とトーンの両者がともに近似した配色をさすこともある。

　トーン同一ないし近似の配色には、以下のものがある。

①カマイユ配色

　カマイユとは絵画技法である単彩、単色を意味するフランス語である。霧や霞におおわれた、ぼんやりした光景や、貝殻細工のカメオの切断面などは、カマイユ配色の特徴を表している。ほぼ同一色相の明度、彩度差がきわめて少ない色の組み合わせで、一見、1色に見えるほど微妙な色の差の配色をいう。

②フォ・カマイユ配色

　フォ・カマイユのフォとは「偽りの」という意味のフランス語である。カマイユ配色がほとんど同一色相に近い配色であるのに比べて、フォ・カマイユ配色は色相にやや変化をつけた配色をいう。伝統的なモードの世界では、色相差やトーン差が少なく、おだやかな調和感のある配色を総称してフォ・カマイユ配色といい、異素材を組み合わせることで生じる微妙な配色効果をいうこともある。

③トーナル配色

　トーナルとは「色調の」という意味で、PCCS（P.94）の中明度・中彩度である中間色調のdトーンを基本に、sf、ltg、gのトーンを用いた比較的色味の弱い配色。控えめで地味な印象の配色になる。

豆知識　カマイユの語源であるカメオとは、大理石、貝殻などに浮き彫りを施した単色で濃淡2層からなる装飾品のこと。ブローチやペンダントトップなどに用いられる。

トーン・オン・トーン配色

トーン・イン・トーン配色

〈トーナル配色〉

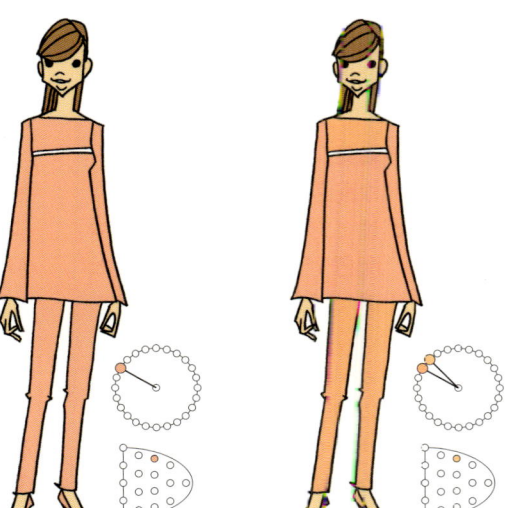

〈カマイユ配色〉　〈フォ・カマイユ配色〉

第6章

豆知識　暈繝とは段暈しの彩色法で、建築物、調度品、仏画など、おもに仏教的な装飾文様に多用された。西域のモザイクや綴織を源流とし、中国の唐の時代に現われ、日本には飛鳥時代に伝来した。

157

配色の基礎用語

Key word 　**配色の基礎用語**　インテリアやファッションで多く用いられる配色の基本用語である。アクセントカラー、セパレーション、グラデーション、ナチュラル（コンプレックス）・ハーモニーなどがある。

配色の基本的な用語

　この項では、インテリアやファッション、プロダクト、絵画などで用いられることの多い、基本的な配色用語および色の組み合わせについて解説する。

　配色表現を行うとき、最も大きな面積で表現され、配色全体の土台となる色を**ベースカラー**という。次にベースカラーが安定して見えるような配合色を**アソートカラー**という。さらにベースカラーとアソートカラーとは、色相や明度・彩度が対照的な色で配色にワンポイントを与える目的で加える色を**アクセントカラー**といい、これらの色の組み合わせにより、バランスのよい配色をつくることができる（P.166）。

①アクセント効果による配色

　単調で平凡な配色の場合、そこで使用中の色の3属性と対照的な属性の色を少量加えると、配色全体を引き締めることができる。平調な配色を効果的にアレンジするのに用いられる方法である。

②セパレーション効果による配色

　色と色の間に白・灰・黒などの無彩色や彩度のあまり高くない色、金や銀の金属色など目立たない別の色を挿入して、それぞれの色を分離し、調和を得る方法。強烈すぎて見苦しい2色をやわらげたり、色の違いがはっきりしない、あいまいな状態を解消するなど、コントラストのある配色にするのに用いられる。

③グラデーション

　何らかのルールに従って色を段階的に変化させながら配列した多色配色。順序が規則的になっていることで、リズムが生まれる。隣り合う色のような色の類似性も、グラデーションの両端のような色の対照性も含まれているので調和しやすい。以下の4つがある。

- **色相のグラデーション**
- **明度のグラデーション**
- **彩度のグラデーション**
- **トーンのグラデーション**

④ナチュラル・ハーモニー

　自然の色の見え方の関係にならった配色で、明るい色は黄みの色相に、暗い色は青紫みの色相に寄せる配色である。

⑤コンプレックス・ハーモニー

　ナチュラル・ハーモニーとは逆に、明るい色を青紫みに寄せ、暗い色を黄みに寄せる配色。ふだん見慣れない組み合わせになる。自然の色の見え方に反しているので違和感を覚えることもあるが、配色によっては、新鮮な組み合わせになることもある。

豆知識　ナチュラル・ハーモニーは、木々の緑や紅葉、山脈や岩肌に見られる色彩のように、自然の色の並びに則ったなじみの深い配色であり、パッケージやテキスタイルなどによく用いられている。

アクセントカラー

色相、明度や彩度差の少ない、平凡な配色に対照的な色を少量加えることで、配色全体を引き締める効果をもたらす色。

セパレーション

対照色相による配色など、色の境が強烈すぎる場合に、無彩色や金属色など、目立たせたい別の色を挿入することでそれぞれの色を分けてやわらげる色。

グラデーション

〈色相グラデーション〉

色相を段階的に変化させながら配列したもの。

〈明度グラデーション〉

明度に少しずつ変化を加えたもの。

〈彩度グラデーション〉

彩度に少しずつ変化を加えたもの。

〈トーングラデーション〉

トーンを段階的に変化させたものであり、純色に白を混ぜてできるティントトーン、純色に黒を混ぜてできるシェードトーン、純色に灰を混ぜてできるトーンがある。

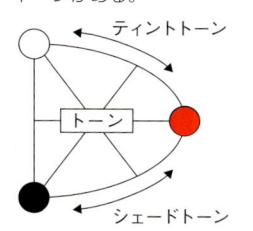

〈無彩色のグラデーション〉

無彩色のみを使った明度のグラデーションのこと。

フェイバー・ビレンの"The Color Triangle"をもとに作図

ナチュラル・ハーモニー

明るい色は黄み寄りに、暗い色は青紫みの色相に寄せた配色。

コンプレックス・ハーモニー

明るい色を青紫み寄りに、暗い色を黄み寄りにした、ふだん見慣れない配色。

豆知識 コンプレックス・ハーモニーは、人工的、都会的で、新鮮なイメージを感じさせる配色として、ポスターやCDジャケットなどに用いられている。

Column

JIS 慣用色名⑥

凡例

色	色名（読み方）解説文	JIS マンセル値
		系統色名区分

洋色名

色	色名・解説	マンセル値／系統色名
	マルーン(Maroon)　フランス語のマロン(Marron)に由来する。西洋大栗の表皮の色である暗い赤である。小粒の栗と区別する。	5.0R 2.5/6.0 暗い赤
	バーミリオン(Vermilion)　硫化水銀を主成分としてつくったあざやかな黄みの赤色の合成顔料である。絵の具の代表的な色。	6.0R 5.5/14.0 あざやかな黄みの赤
	サーモンピンク(Salmon Pink)　サーモンとは鮭の意味。その身のようなやわらかい黄みの赤のこと。赤みの色から黄みまで幅が広い。	8.0R 7.5/7.5 やわらかい黄みの赤
	バーントシェンナ(Burnt Sienna)　古代から使用されていた天然顔料。酸化鉄を主成分とする天然土を焼成して作ったくすんだ黄赤の顔料のこと。	10.0R 4.5/7.5 くすんだ黄赤
	カーキー(Khaki)　元来、ヒンズー語で「泥土色」の意味。黄褐色のようなくすんだ黄赤の色である。軍服や狩猟服に用いられる。	1.0Y 5.0/5.5 くすんだ赤みの黄
	ココアブラウン(Cocoa Brown)　カカオの種子をつぶして粉末にした飲み物であるココアの色に似た暗い灰みの黄赤の色。	2.0YR 3.5/4.0 暗い灰みの黄赤
	アプリコット(Apricot)　アプリコットは杏のこと。その熟した表皮や果肉の、やわらかな黄赤の色をいう。	6.0YR 7.0/6.0 やわらかい黄赤
	ベージュ(Beige)　フランス語で、漂白や染色をしていない自然のままの色合いの羊毛の糸や布地をbeigeということからきている。	10.0YR 7.0/2.5 明るい灰みの赤みを帯びた黄
	セピア(Sepia)　ギリシャ語の「イカ」に由来。イカの墨に似たごく暗い赤みの黄をさす。古い写真の色として、よく使われる。	10.0YR 2.5/2.0 ごく暗い赤みの黄
	イエロー(Yellow)　色料のシアン、マゼンタとともに3原色のひとつ。あざやかな黄で、印刷などの黄版として使われている。	5.0Y 8.5/14.0 あざやかな黄
	クロムイエロー(Chrome Yellow)　合成顔料のひとつ。クロム酸鉛を主成分とする明るい黄色顔料、またその顔料から作られた色のこと。	3.0Y 8.0/12.0 明るい黄
	オリーブ(Olive)　モクセイ科のオリーブの実のような暗い緑みの黄色。関連語にオリーブドラブ、オリーブグリーンがある。	7.5Y 3.5/4.0 暗い緑みの黄

第7章

生活と色彩

景観と色彩

> **Key word** 景観緑三法　2005年に施行された、景観に関する法律。良好な景観の形成について、国としての基本理念や国、地方公共団体、事業者および住民の責務を明らかにした日本で初めての法律である。

景観緑三法の制定

　景観法は一般に**景観緑三法**(けいかんみどりさんぽう)と呼ばれ、次の3つの法からなり、2005年に施行された。おもな内容は、次のとおりである。

①「景観法」

　良好な景観形成のため、住民、事業者および地方公共団体の協働によって進めることが提唱された。都道府県や市町村が景観行政団体となり、規制内容を定めた景観計画を作成し、その策定には公聴会などによる住民の提案も反映される。

②「都市緑地保全法等の一部を改正する法律」

　緑を保全する緑地保全地域制度の改訂並びに大規模建築物の新築・増築については敷地内の緑化を義務づける緑化地域制度が創設された。また立体都市公園制度が導入され、都市の緑化と公共スペースの確保を促進している。

③「屋外広告物法の改正」

　街並みの美しさを損ねる看板や貼り紙などの違反屋外広告物に対し、良好な広告景観を形成するために改正が行われた。

　景観法制定以前にも、全国の主要都市で、景観保護に向けた取り組みがなされている。たとえば、1990年には埼玉県が制定、次いで1993年には石川県、1998年には大阪府などが景観条例を定めた。2007年には京都市が、従来の景観条例を強化して「京都市新景観条例」を施行し、高さ制限、禁止色の数値化などを明確に打ち出している。

横浜市のみなと色彩計画

　法律、条例とは別に、自治体が独自に色彩計画を立て、統一的な景観をつくる例もある。横浜市では、1988年に「みなと色彩計画」を定め、横浜港内にある倉庫や工場、タンク類などの色彩に工夫や演出をして、横浜らしい魅力ある景観への誘導をすすめている。

　計画の基本方針として、活気と潤いを感じ、横浜港の魅力をより高める色彩計画とし、港湾機能、景観特性及び歴史性を考慮し、調和のとれた横浜港とする等をかかげている。横浜港を6つのゾーンと3つの地区に区分し、海に調和する青系、自然の景観になじむ緑系、大地のイメージの黄系を中心として、各地区に対応した配色計画が立てられている。

　この計画は強制力のあるものではないが、地権者に協力を依頼し、色彩の統一を図っている。

豆知識　公共環境の改善、快適環境の創出を目的とした「公共の色彩を考える会」では、優れた環境色彩を顕彰するための「公共の色彩賞」を設けている。

景観緑三法

景観緑三法は、我が国初の景観についての総合的な法律である。景観計画の策定、景観地区等における良好な景観の形成のための規制などが盛り込まれている。

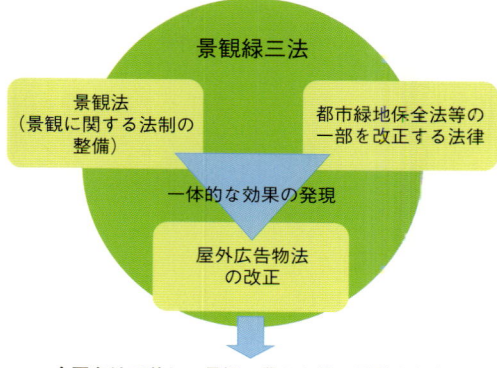

```
          景観緑三法
   ┌─────────┬─────────┐
   景観法         都市緑地保全法等の
(景観に関する法制の  一部を改正する法律
    整備)
        ↓
    一体的な効果の発現
        ↓
    屋外広告物法
      の改正
```

全国各地で美しい景観・豊かな緑の形成を促進

横浜市「みなと色彩計画」

資料提供／横浜市港湾局横浜港管理センター

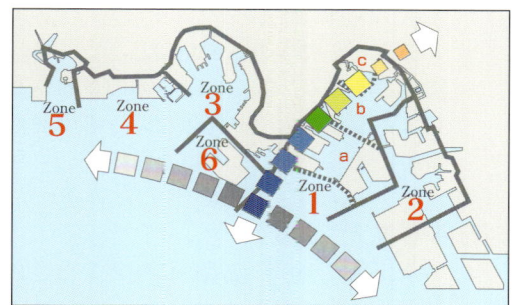

法律、条例とは別に、自治体が独自に色彩計画を立て、統一的な景観をつくる例もある。この計画は強制力のあるものではないが、地権者に協力を依頼し、色彩の統一を図っている。

＜産業ゾーン(ゾーン4)の色彩計画＞

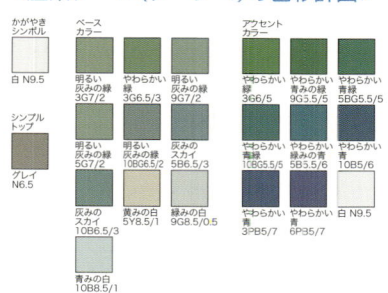

かがやき シンボル	ベース カラー			アクセント カラー		
白 N9.5	明るい 灰みの緑 3G7/2	やわらかい 緑 3G6.5/3	明るい 灰みの緑 9G7/2	やわらかい 緑 3G6/5	やわらかい 青みの緑 9G5.5/5	やわらかい 青緑 5BG5.5/5
シンプル トップ	明るい 灰みの緑 5G7/2	灰みの緑 10BG6.5/2	灰みの スカイ 5B6.5/3	やわらかい 海緑 10BG5.5/5	やわらかい 緑みの青 5B5.5/6	やわらかい 青 10B5/6
グレイ N6.5	灰みの スカイ 10B6.5/3	青みの白 5Y8.5/1	緑みの白 9G8.5/0.5	やわらかい 青 3PB5/7	やわらかい 青 6P35/7	白 N9.5
	青みの白 10B8.5/1					

＜内港ゾーン(ゾーン1-b)の色彩計画＞

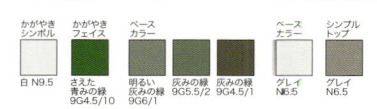

かがやき シンボル	かがやき フェイス	ベース カラー			ベース カラー	シンプル トップ
白 N9.5	さえた 青みの緑 9G4.5/10	明るい 灰みの緑 9G6/1	灰みの緑 9G5.5/2	灰みの緑 9G4.5/1	グレイ N6.5	グレイ N6.5

写真提供／横浜市港湾局横浜港管理センター

写真／キリンホールディングス㈱フロンティア技術研究所

豆知識 京都市は条例により、特定の地域での派手な看板の掲示を禁止している。基本的に赤色ベースを避け、地の色の彩度を下げたり、白地にするなどして、他の地域と異なる看板となっている。

163

街並みと色彩

Keyword エクステリアの色彩設計　エクステリアとは、住宅の外面、建物周辺の門、塀、庭などの住宅を取り囲む外部空間のこと。エクステリアの色は、そのまま街並みに直結するため、景観を意識した選択が望ましい。

公共の色彩を考える

　騒色とは、周辺環境との調和を著しく乱し、人々に不安や不快感を与える望ましくない色使いのことをいう。この騒色がクローズアップされたのは、1981年に東京都の都営バスの車体色が、目立てば利用者が増えるという考えから、彩度の高い黄色と赤に着色されたことによる。色彩の専門家や利用者などが批判の声を上げ、公共交通機関の色彩としてふさわしくないとの意見を提言、これが端緒となり、「公共の色彩を考える会」が発足した。その後、都に対する改善具申書の提出、色彩懇談会の設置、都民によるアンケートを経て、グリーンを主調色とした現行のバスのデザインに決着した。

　こうした取り組みが発端となり、身の回り、街並み、さらには日本の景観をよりよくするための改善策というものが積極的に推進されるようになった。

エクステリアの色彩における基本的な考え方

　基本的な理念は以下のようである。
①地域の風土や歴史、文化的背景などの地域性を活かした色を選ぶ。
②個人住宅であれ、景観の一部という意識をもち、社会性、公共性のある色にする。
③街並みの景観では、個々の施設より、集合体としてのバランスと周辺環境との調和を考慮する。

　用途別の配慮事項を以下にあげる。
①**集合住宅の色彩**（マンションや団地）
　住民の意志が共通して反映されるよう、個性の強い色は避ける。建物自体が大きいため、周辺環境に調和する色彩であることが必要になる。
②**一般住宅の色彩**（戸建て住宅や民家）
　屋根や壁面、ドアなども公共の空間という認識のうえ、地域色に配慮した色彩計画が必要である。一般に、屋根には灰色や黒などの無彩色や濃い茶系、外壁には明るめのグレーやオフホワイト、ベージュなどが用いられることが多い。
③**商業施設の色彩**（ショッピングモールやレジャー施設）　多くの人が集まる場所であるため、にぎわいのある多様な色彩が用いられる。遠くからでも目立つように、鮮やかな色を部分使いするなど、多くの人を引きつける要素が求められる。
④**公共施設の色彩**（病院や庁舎、学校）
　草木の緑やベージュなどのなじみやすい色や、明るく澄んだ清潔感のある色を基本とし、強すぎるアクセントカラーはなるべく避ける。

豆知識　周辺環境との調和を著しく乱し、人々に不安や不快感を与える望ましくない色使いのことを騒色といい、環境問題のひとつとしてとらえられている。

騒色問題

写真提供／公共の色彩を考える会

1981年、東京都の都営バスの車体色をきっかけに「騒色問題」がクローズアップされた。
都営バスの色については色彩の専門家や利用者から批判の声が上がり、車体色の変更という決着をみた。

景観を意識した街並みの色彩設計

資料・画像提供／白馬村（『白馬村まちづくり景観色彩計画』より抜粋）

白馬村・西エリアの色彩計画は、「自然の中に趣をもってたたずむ、洗練された格調と落ち着きの感じられる景観づくり」がコンセプト。

●指定色彩（西エリア）

名称	外壁色		屋根色	造作色	
部位	外壁（基調）	外壁（補助）	屋根	窓枠／梁／手摺／扉 など	
色相	全色相	無彩色	全色相	全色相	全色相	無彩色
明度	9～5	9～8	6～4	5以下	6～2	8以上 3以下
彩度	3以下	—	3以下	3以下	2～3	—

●しつらえの展開事例

屋根色→ N2　　　10R 2.5/2　　　5GY 2.5/2　　　10R 2.5/2
外壁色→ 5PB 8/1　　　10R 8/1　　　5Y 8/1　　　10R 8.5/1

●花がポイントカラー

洗練されたイメージのために、さわやかで品格のあるイエローとホワイトの花を街並みのアクセントにする。

● CGによるシミュレーション

色彩計画に合わせた変更をシミュレーションした。

（もとの写真）　→ CG処理 →　（イメージのシミュレーション）

第7章

豆知識 国土交通省のホームページによると、2008年10月現在、全国363の地方公共団体が景観行政団体となっている。

インテリアのカラーコーディネート

> **Key word**　**インテリアの配色**　インテリアのカラーコーディネートをする上では、コンセプトに従って、使用する面積によりベースカラー、アソートカラー、アクセントカラーの3つに分類して選ぶのが基本とされている。

インテリアのカラーコンセプト

　インテリアと一口にいっても、公共施設、オフィス、店舗、個人住宅など、さまざまな形態がある。その室内空間も、大きさ、収容人数、用途、使用材質、家具調度などが、大きく異なっている。またその空間のコンセプトも、クラシック、モダン、カントリー、エスニック、和風など、使用者の嗜好に応じてさまざまである。当然、これらのコンセプトに従って、配色が考案されることが必要である。

インテリアの配色の分類と使い分け

　インテリアの配色を決めるときは、以下の3つの分類を定めると効果的である。

①ベースカラー

　空間を占める面積全体の70％を占め、床・壁・天井などに使われる。面積が広いため影響が大きく、使う色の効果を検証して慎重に決めることが望ましい。

②アソートカラー

　全体の25％程度の配分で、ソファ、ベッド、テーブルなどの家具やカーテンに使用する。ベースカラーに変化をつける目的で選ぶ。

③アクセントカラー

　全体の5％で使用し、部屋にアクセントをつける役割を果たす。絵画、観葉植物、インテリア小物などに使用する。手軽に変更することができるので、部屋のイメージチェンジに有効である。

インテリアカラーの基本的なルール

①はじめに、面積の大きい部分となる**ベースカラー**の色を決める（床、壁面、天井など）。天井は、オフホワイトまたは高明度の色にする。低明度の色は天井が低く感じられ、圧迫感のある部屋になる。壁面は、基本的に高明度色とし、低明度・低彩度色は控える。
②次に、面積の大きい**アソートカラー**の色を決める（カーテン、ソファ、ベッドなど）。アソートカラーの色はベースカラーの同一色相、または類似色相とする。
③最後に、面積の小さな部分である**アクセントカラー**の色を決める（絵画、小物など）。メインカラーの中差色相や対照色相の色を選び、色に変化をもたせる。また、アクセントカラーは2か所、または偶数で使用するとバランスよく、落ち着いた印象となる。

豆知識　カーペットや壁紙を見本帳で選び、実際に施工すると色が違って見えることがある。大きな面積になると、見本より明るく、派手で強い色に感じる面積効果が生じるためである。

インテリアの配色バランス

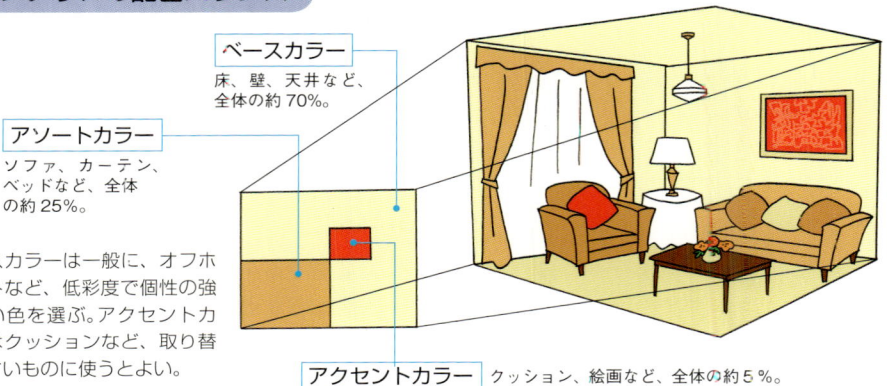

ベースカラー
床、壁、天井など、全体の約70%。

アソートカラー
ソファ、カーテン、ベッドなど、全体の約25%。

ベースカラーは一般に、オフホワイトなど、低彩度で個性の強くない色を選ぶ。アクセントカラーはクッションなど、取り替えやすいものに使うとよい。

アクセントカラー クッション、絵画など、全体の約5%。

ベースカラーの床と壁をブラウン、ライトイエローの黄色系で統一し、ソファやテーブルのアソートカラーを白でそろえた、明るいイメージのリビング。

写真提供／トステム(株)

ベースカラーの床は、安定感のあるブラウン。クッションや観葉植物の緑がアクセントカラーになっている。

写真提供／ミサワホーム(株)

第7章

豆知識 家具を購入する際、広い店舗では適当な大きさに見えた家具が、室内に置くと大きすぎたり、照明の違いで色が変わることがある。実際に使用する室内の広さや照明を熟慮すべきである。

部屋の用途別のインテリアカラー

Key word 用途別インテリアカラー　インテリアのカラーコーディネートは部屋全体のイメージを左右する大事な要素である。室内で快適に過ごすための、各部屋の理想的な配色を考えてみる。

個人住宅の部屋の用途別インテリアカラー

リビングルームやキッチン、寝室など、各部屋のインテリアのカラーを選ぶときの留意点は以下のようになる。

①リビングルーム

家族の団らん、来客のもてなしなどに使われるため、明るく落ち着いた雰囲気を心がける。ナチュラルカラーや淡い暖色系を基調に、ラグマットやクッション、観葉植物などでアクセントを加える。

和室の場合は、天然素材の色がそのまま活かされているため、目に優しく安心感がある。畳、壁、天井の順番で明度を上げると、部屋が広く安定した感じとなる。

②キッチン

食器や食品などがあふれ、まとまりのない印象になりがちな場所である。インテリアの色数を少なくし、部屋全体のトーンを揃える。調理用具などの小物類の色を揃えると統一感が出る。

③ダイニング

料理をおいしく見せ、楽しく食事ができる環境を作るために、赤や黄などの暖色系の色を選ぶ。寒色系、紫など、食欲が後退する色は避け、家具の色調を揃えて、ソフトな色でまとめる。白熱灯や演色性の高い蛍光灯を使い、明るく暖かな照明にすることが望ましい。

④浴室・トイレ

清潔感をもたせ、リラックスできる雰囲気にするために、明るい色を選ぶ。多色使いは避け、パステル系の色でまとめる。ワインレッドや黒などの濃い色は、水はねが目立ちやすいことに加え、汚れが見えにくいため、避けたほうが無難である。家の北側に位置することが多く、暗くなりがちであり、青系統の色を使うと寒い、暗いイメージを助長してしまう。

⑤寝室

安らぎのある穏やかな雰囲気にするために、全体をソフトな色調でまとめる。アソートカラーとなるベッドカバーやカーテンは、同系色で揃えるとまとまりが出る。印象派の画家クロード・モネの描く『睡蓮』の絵のような青緑色を使うとよいといわれている。

⑥子供部屋

感性豊かな子供に育てるため、なるべく多くの色に接する機会をもたせる。子供の成長に合わせて、壁や天井はシンプルな色でまとめ、小物やカーテンで年齢に合わせた色使いを工夫する。学童期になったら勉強に集中できるよう、淡いブルーやベージュ系にする。活発な子供にするには暖色系を、落ち着いた子供には寒色系の色がよいともいわれている。

豆知識　色には暖かく感じる色と冷たく感じる色があり、部屋に用いた場合、体感温度が1～3度も違うといわれている。日当たりの悪い部屋は、暖色系を使うと明るさや暖かさが演出できる。

部屋別インテリアカラーの例

① リビングルーム

④ 浴室

② キッチン

⑤ 寝室

③ ダイニング

⑥ 子供部屋

写真提供／①・③・⑤・⑥ミサワホーム㈱、②・④ TOTO㈱

豆知識 穏やかなベージュ系、活動的な暖色系、モダンな無彩色系、沈静作用のある寒色系など、基本カラーを設定し、同系色や濃淡の組み合わせで部屋を統一すると、まとまりのある部屋に仕上がる。

食物と色彩

> **Key word** 食の5原色　食の5原色といわれる色がある。色相的には色相環における赤、緑、黄、白、黒である。この5色は見た目にも美しく、栄養的にもバランスがとれている。

食べ物の色彩と栄養価

　果物は赤や黄、葉野菜は緑、根野菜や穀類は白、肉や魚は赤や白、海藻類は黒という具合に食材の色が分かれており、食物の色彩と栄養価には関連性がある。**5色食事法**とは、**中国の陰陽五行説**を現代の暮らしに合わせてアレンジし、栄養バランスのよい食事の目安として、5色に分類した食材を1回の食事にそれぞれ摂り入れることを推奨したものである。色別の食品群の代表例を以下に挙げる。

①**赤の食品群**——良質のたんぱく質、脂肪を含む肉や魚の食品群。魚には不飽和脂肪酸、にんじんなどの赤い野菜にはβカロテンが豊富に含まれている。

②**黄の食品群**——栄養価に優れた大豆製品の味噌・がんもどき・油揚げのほか、ビタミン類が豊富に含まれるかぼちゃ等を含む食品群。

③**緑の食品群**——からだの機能を整えるミネラルやビタミンを豊富に含んだ春菊、ほうれん草、万能ねぎなどの緑黄色野菜の食品群。

④**白の食品群**——ご飯、うどんなどの穀類のほか、良質のたんぱく質を多く含む白身魚、はんぺん、豆腐、大根や白菜などの淡色野菜などの食品群。

⑤**黒の食品群**——低カロリーで食物繊維、ミネラルが豊富に含まれる昆布、わかめ、こんにゃく、キノコ類。

料理の盛りつけにおける色彩

　西洋料理のテーブルコーディネートは同じブランドの器を用いるという約束がある。その器と料理とのコーディネートが基本となる。

　西洋料理では、赤い肉を中心に、反対色の緑の野菜や副食の黄色を添え、華やかなソースをかけたコントラストの強い配色が多い。さらに皿は白磁を用い、白い食器とカラフルな料理により、一段と鮮やかに見せる効果を果たす。

　一方、日本料理では、さまざまな銘柄や産地の器を用いる。同じブランドで統一することは野暮である。だから、さまざまな色や形の器と料理の盛り付けがポイントになる。日本料理では米や白身魚、汁物など、色のコントラストの強くない食材が多い。そこで器には色あざやかな絵皿を使用したり、色の異なる陶磁器の食器を用いることで、料理の色彩感の少なさをカバーしている。いわば、日本料理では料理と器の両方の組み合わせで色を表現するのである。

豆知識　食品の色調を整えるために、加工段階で人為的に着色料が用いられる。ただし、鮮魚介類や食肉、野菜類に着色料を使用することは禁じられている。

色による食品の分類

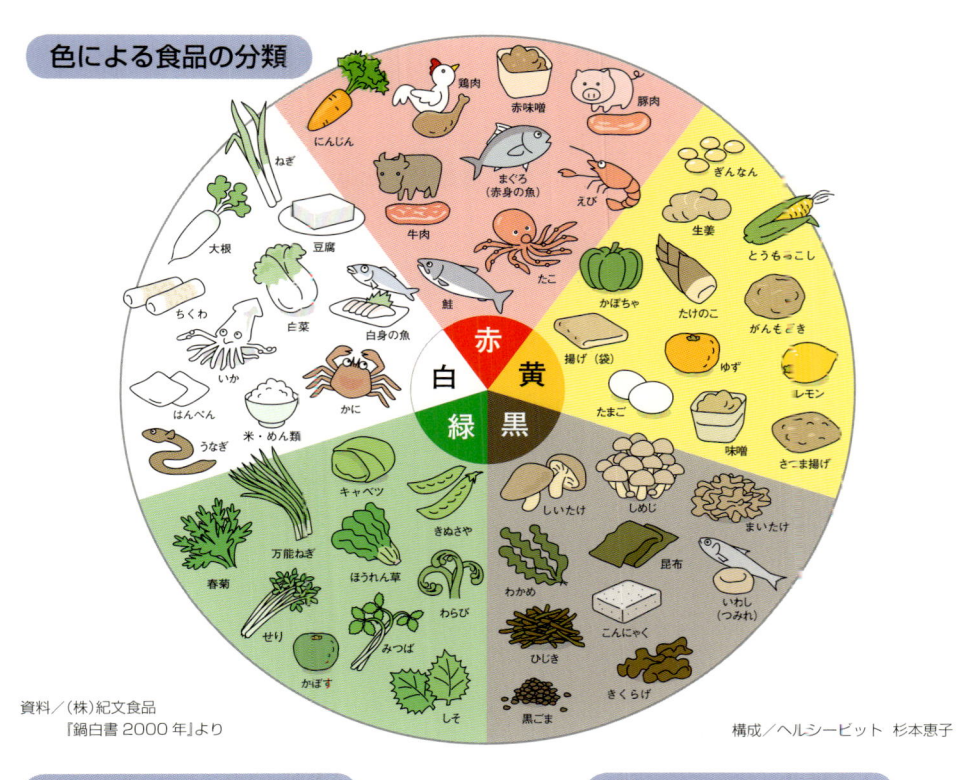

赤: にんじん、鶏肉、赤味噌、豚肉、牛肉、まぐろ（赤身の魚）、えび、たこ、鮭

黄: ぎんなん、生姜、とうもろこし、かぼちゃ、たけのこ、がんもどき、揚げ（袋）、ゆず、たまご、レモン、味噌、さつま揚げ

白: ねぎ、大根、豆腐、ちくわ、白菜、白身の魚、いか、はんぺん、米・めん類、かに

緑: キャベツ、きぬさや、万能ねぎ、ほうれん草、春菊、せり、わらび、みつば、かぼす、しそ

黒: しいたけ、しめじ、まいたけ、わかめ、昆布、いわし（つみれ）、ひじき、こんにゃく、きくらげ、黒ごま、うなぎ

資料／(株)紀文食品
『鍋白書 2000 年』より

構成／ヘルシーピット　杉本恵子

テーブルコーディネート

西洋料理は華やかな色、コントラストの強い配色が多いので、皿は白色を用いるとあざやかである。日本料理では逆に、食材に淡い色合いが多いので、器にあざやかな色を用いる。

写真／Kaoru Kiyomi

果物のカラーチャート

果物の色づきを見るために使うカラーチャート。写真は富有柿のためのもの。

協力／日本園芸農業協同組合連合会

豆知識 赤・黄・緑・白・黒の5色以外にも、青魚、茄子（なす）、紫芋（むらさきいも）、紫キャベツなど、青や紫系の食物もある。

家電の色

Key word 家電の色 テレビやビデオ、オーディオ、洗濯機、掃除機、冷蔵庫、炊飯器、電子レンジ、エアコン、照明器具など、現在ではモダンな白物家電からカラフル家電に移行している。

家電の色の変遷～戦後から現在まで

おもな家庭用電化製品の色の変遷を追ってみると以下のようになる。

①調理家電（冷蔵庫、炊飯器、ミキサー、電子レンジ、トースター、ポットなど）

1950年代、家庭にもっとも早く取り入れられたのが調理家電である。白がおしゃれなモダンデザインの象徴として、白い冷蔵庫や白い炊飯器が憧れの的となった。1960年代以降は、商品の存在感をアピールするために赤、黄などの原色調の調理家電が増えたが、1980年代に入り、ブラック家電、アボカドグリーン、パステル家電など、インテリアデザインと調和するものが求められた。

②映像・音響家電（テレビ、ビデオ、オーディオ、デジカメ、DVDプレーヤーなど）

所持していることがステータスだった1970年代までは、木目調の家具的なものがほとんどであった。1980年代以降は高性能、高級感をイメージした黒が増え、現在でも、多機能テレビでは黒やシルバーが多い。デジカメやプレーヤー類は、小型・軽量化が進み、流行色を反映したもの、ユーザーの嗜好に合わせたカラーバリエーションの増加が顕著である。

さらに1998年、パイオニアが女性をターゲットにしたカラフルな「ハッピーチューン」を発表し、この分野でもカラフル化が進んだ。

③空調機器（クーラー、ヒーター、エアコン、空気清浄機など）

経済力の象徴であった時代は木目調が中心だったが、現在は、インテリアになじむ白やニュートラルカラーが多い。

④洗濯・ケア家電（洗濯機、乾燥機、掃除機、アイロン、ドライヤーなど）

洗濯機が登場したころは、清潔感や新しさを表現した白が圧倒的だったが、機能性が高まるに従って、色が商品の差別化をはかる有力な手段となった。1970年代には、ファッションカラーと連動したアースカラーやグレーなどの色が増えた。アイロンやドライヤーでは、ベーシックな色や淡色系など、生活に溶け込むものが主流となっている。

⑤情報家電（電話機、パソコンなど）

従来はオフィスでの使用を意図していたため、アイボリーなどの色みのないもの、あるいは、高いスペックをイメージさせる黒が主流だった。ところが1999年、5色のスケルトンカラーのパソコン、iMacが登場し、一躍人気を呼ぶとともに、カラーが販売戦略の手段となって、現在ではノートパソコンのカラー化が進んでいる。

豆知識 カラーブランディングとは、プロダクト製品において、カラーを製品企画の核にすえ、カラー戦略を展開し、企業ブランドの特色とする計画のこと。1999年のiMacがきっかけとなった。

家電製品の色の進化

●冷蔵庫

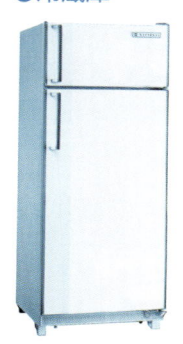

※メーカー名の後に、おもにその色の商品が流行した年を入れた

白色	アーモンド色	アボカド色	さくら色	紺色
パナソニック(株)、1969年	シャープ(株)、1978年	シャープ(株)、1982年	パナソニック(株)、1999年	日立アプライアンス(株)、2001年

●パソコン

アップルジャパン(株)、1999年

NEC、2008年

●オーディオ

パイオニア(株)、1998年

●扇風機

パナソニック(株)、1999年

第7章

豆知識 スイス生まれの建築家ル・コルビュジェが1918年にピュリスム(Purism　純粋主義)を発表して以来、モダンデザインとは白くて四角い箱と考えられた。

173

自動車の色

> **Key word** 自動車の色　自動車のボディカラーは、社会情勢、景気、顧客の嗜好や価値観、塗料・塗装技術の革新により、時代とともに変化している。

自動車の色の変遷～戦後から現在まで

自動車の色は市場の成熟化にともない変化する。戦後から現在までの各時代の自動車の色の特徴をまとめてみる。

①1950～1960年代

1950年代の国産車はメーカーが欧州メーカーと提携し、ライセンス生産を行ったため、車体色も欧米の影響を強く受け、パステル調やツートン配色、メタリックカラーなどが用いられた。高度経済成長を背景に、1960年代にはトヨタの「白いクラウン」キャンペーンを筆頭に、車種ごとの個別カラーが打ち出され成功を収めた。モータリゼーションが進み、オレンジやグリーンなどのカラフルな自動車も登場した。

②1970～1980年代

1970年代にはドルショック、石油危機などの不況を反映し、アースカラーの自動車が求められた。またメタリックやカッパー系塗料の開発により、発色がよく、輝きのある車体色が実現した。1980年代には再び好景気となり、スポーティーな赤、黒の車が好まれる一方、トヨタの「スーパーホワイト」の出現とともに、1986年には白い車のシェアが70％以上という支持率となった。日産Be-1のパンプキン・イエローを筆頭として色の差別化が始まった。

③1990年代

1990年代初頭には日産シーマなどの高級車が登場し、深みのあるグリーンなど、質感のある色が求められた。またツートン配色のスポーティーなRV車が支持され、コンパクトカーではアクアマリン、ターコイズ、ボルドーといったファッション性の高い色が登場した。さらに高級感を表現するために、パールマイカ、干渉パールマイカ、クロマフレアなどの光輝感のある塗装が主流となった。

④2000年以降

ファッション化が進み、鮮やかな色へのバック・トゥ・カラー（色がえり）の動きも生まれ、トヨタ「ヴィッツ」のペールローズ・ピンクが大ヒットした。また日産「マーチ」のパプリカオレンジ、アプリコットなどの5色のコミュニケーションカラー、ホンダ「フィット」の10色のカラーバリエーションなど、自動車の外板色の色彩回帰が顕著となった。またメーカーのお仕着せでなく、顧客の好みを反映したカスタムカーなども広まっている。近年では、エコロジー対応の塗料やグリーン系の色が登場し、2007年度のオートカラーアウォードでは、マツダ「デミオ」のスピリティッドグリーンメタリックが受賞している。

豆知識　マジョーラとは、日本ペイント（株）が開発した偏光性塗料のこと。五層構造の顔料により、光は表面層で約50％、残りは中央層で反射され、分光効果により玉虫色の光輝色が見える。

オートカラーアウォード受賞車

資料提供／(財)日本ファッション協会流行色情報センター

オートカラーアウォードとは、(財)日本ファッション協会流行色情報センターが、自動車産業の活性化とカラーデザインの向上を目指し、優れたカラーデザインを称えるために、1998年より毎年実施している表彰制度。

● 第2回（1999年度）

グランプリ　TOYOTA　ヴィッツ
ペールローズメタリックオパール

ファッションカラー賞　SUBARU　プレオ
プリズムイエローメタリック

● 第5回（2002年度）

グランプリ　NISSAN　マーチ
パプリカオレンジ

ファッションカラー賞　HONDA　S2000　ジオーレ
ダークカーディナルレッド・パール

● 第8回（2005年度）

グランプリ　NISSAN　マーチ
チャイナブルー

ファッションカラー賞　MAZDA　ロードスター
ギャラクシーグレーマイカ

● 第10回（2007年度）

グランプリ　NISSAN　マーチ
サクラ

ファッションカラー賞　MAZDA　マツダデミオ
スピリティッドグリーンメタリック

> **豆知識**　日産はBe-1の丸い形の車体色に「野菜色」をつけて注目を集めた。パンプキン・イエロー、トマト・レッド、レタス・グリーンなどが評判を呼んだ。

ケータイ（携帯電話）の色

Key word　**デザインケータイ**　デザインや色彩を重視した携帯電話。現在の普及率が約90％にものぼる携帯電話は、単なる通話機から機能の進化を経て、ユーザーはデザインや色彩に高い関心を払うようになっている。

携帯電話からケータイへ

「携帯電話」は単なる携帯できる電話から、名実ともに「ケータイ」へと変化している。その契機となったのが1999年にNTTドコモが発表したiモードである。以来、ケータイはネットバンキング、着メロ配信などのサービスを提供し、情報社会を象徴する「端末機器」へと飛躍的な変化を遂げた。デザイン面では、1991年、NTTドコモの折りたたみ型携帯の登場を契機として、デザインやカラーのバリエーションが広まり、大きな発展を遂げている。

カラーデザインの変遷

①オフィス端末としての黒やシルバー

1990年代はビジネス用途が大半であり、黒やオフホワイトが使われた。1990年代半ばに携帯電話が普及すると、メカニカルなイメージの無彩色、シルバー、プラチナホワイトが主流であったが、一部では女性をターゲットにしたビビッドレッドやオレンジが提案され、カラー化時代の幕を開けた。

②カラー化への傾斜

1990年代末にメール、デジカメなどの多機能携帯が登場し、契約者数が急上昇するにつれて、赤、青などの有彩色、あるいは女性ユーザーを意識したホワイトやピンクが登場した。また1999年に登場したiMacの影響をうけ、ボディの色にもカラフルなスケルトンカラーなどが用いられるようになった。

③カラー化、デザイン化の開花

2000年代に入ると、ケータイは機能性や軽量化だけではなく、デザインで差別化を図り、色やデザインが選択基準となった。2001年にauが発表したオレンジは、斬新なカラーリングとして注目された。さらに2003年、auはデザイナーの深澤直人を起用して、**INFOBAR**を発表し、デザイン志向に拍車をかけた。2006年には、アートディレクター佐藤可士和が発表した赤と黒のデザイン（NTTドコモ）が注目を浴び、さらに2007年にはソフトバンクから**パントンカラー**の20色の携帯が登場し、カラーデザイン化が本格的になった。

④カスタム化によるマイ・ケータイ

ケータイも成熟期を迎え、ピンク、オレンジなどのカラフルな色が全盛となった。一方、シールやペイント、ラインストーンを貼り付けるなど、自分の好みにカスタム化した携帯も好まれており、ファッション化が進んでいる。

豆知識　内閣府の消費動向調査「主要耐久消費財の買替え状況」（2006年）によれば、携帯電話の平均使用年数は2.6年。冷蔵庫10.4年、テレビ9.1年、パソコン4.5年と比較すると短い。

携帯電話のカラーデザイン

＜2000年＞
女性ユーザーを意識したホワイト、ピンクなどのカラーが登場した。
cdmaOne C402DE（au）

＜2003年＞
深澤直人デザインによるINFOBARが登場。デザイン志向に拍車をかけた。
INFOBAR [ICHIMATSU], [NISHIKIGOI]（au）

＜2006年＞
佐藤可士和のディレクションによるシリーズが登場し、注目を浴びた。
FOMA N703iD（docomo）

＜2007年＞
鮮やかなカラーによるデザインが本格化した。写真はこの年発売のパントンカラーの携帯全20色。

PANTONE ケータイ 812SH（SoftBank）

＜2008年＞
カラーデザインも成熟期に入り、ピンク、オレンジなどの色が全盛。デザインのカスタマイズも好まれている。写真は好みに合わせて外観とコンテンツを変えられるタイプ。

フルチェンケータイ re（au）

第7章

豆知識 深澤直人の「INFOBAR」は人間の無意識をコンセプトにしている。無意識の手の動きを予想して、赤とシルバーと淡いブルー、黒とシルバーの市松格子のデザインにしたといっている。

CIカラー

> **Key word**
> CIカラー　消費者に対して企業の差別化、識別化を狙いとして導入されたマーケティング戦略のひとつ。1970年代から導入され、今では多くの企業が採用している。

CIカラーの変遷

CIカラーとはコーポレイテッド・アイデンティティー・カラー（Co-operated Identity Color）の略で、直訳すると企業の証明になる色彩となる。つまり、企業が自社の特徴やイメージをデザイン的に統一し、消費者にイメージを訴求したり、社内のモラルを向上させたり、活性化を図ろうとする戦略の意味になる。

1946年にアメリカのフィルムメーカーのコダック社が、エクタクロームを発売したとき、パッケージに黄色を採用して、「Big Yellow」の名で知られた。わが国では、それより早く1922年に江崎グリコが、「赤い箱」のグリコを発売し、グリコの赤は一躍、有名になった。また戦後では、1957年に小西六写真工業がコニカカラーネガティブの商品を発売したとき、オレンジ色のパッケージデザインで注目を浴びた。それに対して、翌年に富士写真フイルムは緑色のパッケージデザインで売り出し、「オレンジのコニカ」、「グリーンのフジ」で知られるようになった。

1960年代後半に、このCIカラーがマーケティング戦略の一環として紹介されると、わが国でも、CIカラーの採用が顕著になった。1969年に産経グループの夕刊フジが創刊されたとき、「オレンジ色のニクい奴」をキャッチフレーズにして売り出し、CIカラーの重要性を消費者にいっそう認識させることになった。また1987年にはLOFTから黄色と黒のシンボルマークが発表され、若者の人気を集めた。

CIカラーの特徴

CIカラーは、企業イメージを訴求させるものだから、何よりも色の**視認性**、**誘目性**、**識別性**が重要なポイントとなる。JR6社がJR北海道の薄緑、JR東日本の濃緑、JR東海のオレンジ、JR西日本の濃青、JR四国の水色、JR九州の赤などで差別化を図っているのもその一例である。単色別では赤系、黒、青系が圧倒的に多く、白がそれに続く、近年になってオレンジ、緑などが増えてきている。紫、黄などが比較的少ないのは視認性の問題であろうか。また、配色別では、青×赤、白×黒などが多く、長谷工グループ、大成建設のような赤×緑×青の組み合わせ、セブン-イレブンのようなオレンジ×赤×グリーン、アサヒペンのような多色の配色のCIカラーも出現するようになった。

豆知識　CIカラーに似たものにSIカラーがある。Sはschoolで学校のこと。古くから早稲田大学の臙脂（えんじ）、明治大学の紫紺（しこん）、跡見学園の紫などが有名である。

CIカラーによる企業ロゴ

●赤

江崎グリコ㈱	㈱紀文食品	キヤノン㈱	トヨタ自動車㈱

●オレンジ、黄色

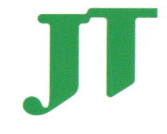

		●緑	
㈱ダイエー	サッポロホールディングス㈱	日本たばこ産業㈱	カンロ㈱

●青

コニカミノルタグループ	JCBグループ	ミニストップ㈱	アラハタ㈱

●多色使い

東京ガス㈱ TOKYO GAS エネルギー・フロンティア

㈱アサヒペン アサヒペン

長谷工グループ HASEKO

●ロゴが同一で色違い

JR東日本　東日本旅客鉄道㈱
JR東海　東海旅客鉄道㈱
JR西日本　西日本旅客鉄道㈱

第7章

豆知識 プロスポーツのユニフォームも一種のCIである。読売ジャイアンツのオレンジと黒、広島カープや浦和レッズの赤、京都サンガの紫など、よく知れ渡ったユニフォームカラーである。

179

安全色彩

> **Key word　安全色彩**　JISの安全色彩は安全色と安全標識の2つの面から規定されている。安全色とは安全に関する意味が付与されている特性をもつ色であり、安全標識とは色と形を組み合わせて安全上の伝達内容を伝える標識である。

安全色彩の要件

日本工業規格（Japan Industrial Standard ＝ JIS）には、色彩に関して用語、表示方法、測定方法、光源、安全色、変退色試験方法、工業製品の色などがある。このうち、私たちが快適で安全にすごすため、そして危険災害から身を守るための色彩に関する規格は、「**安全色彩**」である。

この「安全色彩」は社会生活を快適に、安全に過ごすための「色彩言語」である。

JISでは「人への危害及び財物への損害を与える事故防止、防火、健康上有害な情報並びに緊急避難を目的として、産業環境及び案内用に使用する安全標識の安全識別色並びにデザイン原則」を定め、その中で「安全色彩」に関して、次の種類を定めている。

①**安全色**（Safety Color）
　安全を守るための意味を備えた特別な色。

②**安全標識**（Safety Sign）
　安全色と幾何学的形態を組み合わせた基本形により安全のメッセージを伝達する標識。

③**安全マーキング**（Safety Marking）
　上記の安全標識とは別に、安全のメッセージを伝えるために安全色及び対比色を用いたマーキング。

これらの安全色や安全標識、また安全マーキングを伝達するために**視認性**、**誘目性**、**識別性**などが十分留意され、遠くからでも見える、人目を引くなどの配慮がなされている。

安全色彩の意味

①**赤**　「禁止」、「防火」、「停止」、「危険」、「緊急」、「高度な危険」などを表している。

②**黄赤**　「危険」、特に「明示（航海、航空の保安施設）」などの危険表示に用い、救命用具、救命筏などの色である。

③**黄**　「警告」、「注意」、「明示」。黄赤と異なり、注意すれば回避できる状態に用いる。

④**緑**　「安全状態」、「進行」など。衛生、広域避難場所、非常口の表示などをする。

⑤**青**　「指示」、「誘導」などで、保護めがね、保護マスク着用を指示する。

⑥**赤紫**　「放射能」。背景色に黄色、図として赤紫を用いる。なおX線の危険表示では、黄色に赤を用いる。

⑦**白**　「通路」の表示。対比色として用いる。

⑧**黒**　「対比色」。他の色を強調する色。

豆知識　安全標識では形状にも意味がある。円は禁止、停止、高度の危険、放射能を表し、四辺の等しい菱形は危険、三角形は注意、正方形・長方形は情報、停止、危険、防火、安全などを表す。

安全色彩の種類

出典／『JIS 安全標識— 一般的事項』JIS Z 9104:2005（日本規格協会）より抜粋

	配色	基本形	図記号標識の例	組み合わせ標識の例
1	地色 白 / 円および斜線 赤 / 図記号 黒	円及び斜線	火気厳禁	火気厳禁 NO OPEN FLAME
2	地色 青 / 図記号 白	円	一般指示	修理中スイッチ入れるな
3	地色 黄 / 三角形帯 黒 / 図記号 黒	正三角形	感電注意	高電圧危険 HIGH VOLTAGE
4	地色 緑 / 図記号 白	正方形 / 長方形	非常口	救護室 FIRST AID ROOM
5	地色 赤 / 図記号 白	正方形 / 長方形	非常ボタン	SOS
6	地色 黄 / 三角形帯 黒 / 図記号 黒または赤紫	正三角形	放射能	管理区域

豆知識 交通信号機の進め、止まれ、注意を表す青、赤、黄の灯火は、JIS 安全色彩の規定によるものではなく、より強制力のある道路交通法施行令によるものである。

Column

JIS 慣用色名⑦

凡例

色	色名（読み方）解説文	JIS マンセル値
		系統色名区分

洋色名

色	色名・解説	マンセル値／系統色名
	シャトルーズグリーン（Chartreuse Green） フランス産高級リキュールのシャトルーズ酒の色に似た明るい黄緑の色。黄みの色のシャトルーズイエローもある。	4.0GY 8.0/10.0 明るい黄緑
	アイビーグリーン（Ivy Green） アイビーはウコギ科の蔓性常緑低木・木蔦(きづた)のこと。その蔦の葉に似た暗い黄緑色をさす。	7.5GY 4.0/5.0 暗い黄緑
	ミントグリーン（Mint Green） ミントとは、シソ科ハッカ属に属するハッカ(薄荷)のこと。そのハッカを使ったハッカ酒に似た明るい緑色。	2.5G 7.5/8.0 明るい緑
	エメラルドグリーン（Emerald Green） 硫酸銅を含む顔料で、宝石のエメラルドに似た強い緑色。クレヨンおよびパステルの色として有名。	4.0G 6.0/8.0 つよい緑
	マラカイトグリーン（Malachite Green） マラカイトは古代からあった鉱物顔料のひとつである孔雀石(くじゃくいし)。その石に似た濃い緑色のことである。	4.0G 4.5/9.0 こい緑
	ビリジアン（Viridian） クロム酸化物から作られるくすんだ青みの緑顔料。クレヨン、パステルの色として知られる。ビリジャンともいう。	8.0G 4.0/6.0 くすんだ青みの緑
	ターコイズブルー（Turquoise Blue） ターコイスは宝石のトルコ石のこと。その石のように明るい緑みの青。緑みから青みまで色域が広い。	5.0B 6.0/8.0 明るい緑みの青
	マリンブルー（Marine Blue） マリンは海のこと。その海の色のように濃い緑みの青色である。緑みの強い海色はシーグリーンという。	5.0B 3.0/7.0 こい緑みの青
	シアン（Cyan） 色材の3原色のひとつ。明るい青色で、シアンブルーともいい、印刷の青版の色として使われる。	7.5B 6.0/10.0 明るい青
	セルリアンブルー（Cerulean Blue） 錫酸(すずさん)コバルトを焼成して作るあざやかな青色顔料のこと。セルリアンは空の意味でスカイブルーより明度が低い。	9.0B 4.5/9.0 あざやかな青
	サックスブルー（Sax Blue） サックスはドイツのザクセン州に由来する。インディゴ染めで抽出される、くすんだ色域の青色をいう。	1.0PB 5.0/4.5 くすんだ青
	プルシャンブルー（Prussian Blue） フェロシアン化鉄から生産された青色顔料。プロイセンの首都ベルリンに由来するので、ベルリンブルーという。	5.0PB 3.0/4.0 暗い紫みの青

第8章

これからの色彩

デジタル色彩（Digital Color）

Key word　**デジタル色彩**　数学的な点の集合によって生み出されるイメージカラーのこと。色を数値変換することにより、色の再現性が高まった。

広がる色空間

　デジタル色彩は、数字の2次元配列によって、電子形式のまま電送されたり、コンピュータの記憶装置に記憶されたり、**LCD**（P.118）をはじめとするモニタに再生されたりする色彩である。その特徴は2つある。

　第一に再現できる色数が飛躍的に増えたことで、画面上の1ドットごとにどれだけの色情報をもつかによるが、通常、8～24ビット（bit）の範囲内で表現することができるから、「**RGBモード**」では、最大1677万7216色を再現できる。

　第二に色再現域が広くなり、輝度が飛躍的に高くなったことであろう。現在、デジタル色彩の場合は、再現される色域を表す2つの規格が存在する。ひとつは国際電気標準会議（IEC）によって規定された**sRGB空間**（Standard RGB）である。もうひとつはアドビシステムズ社が開発した**Adobe RGB空間**である。sRGBは、もちろんCMYKの色再現域より範囲が広いが、基本的にCRTディスプレイで色を再現することを目的にしているため、色再現の範囲には一定の限度がある。一方、AdobeRGB空間は、色範囲が広く、高輝度の色の再現が可能であり、PCモニタやデジタルカメラなどで使用されている。

色空間の相関性

　デジタル色空間は、RGBを基本モードとしているが、RGBは0～255までの段階があり、0を含め256段階で発光している。WEBデザインではHTMLで記述されるので、RGBの色を「#FFFFFF」などの16進表記で表わす。最初の2桁が赤、次が緑、最後が青である。また人間の視覚に基づくHSV空間とも連動している。この体系はマンセル表色系と似ていて、Hは色相、Sは彩度、Vは輝度を表している（HSBともいう）。Adobe Photoshopでは色相は0°～360°の円環の位置で表し、彩度・輝度は0～100％の間の位置で表される。またこのRGBやHSVはCMYKとは構成要素が異なるため直接変換はできないから、L*a*b*に変換してから出力する。このようにデジタル色空間は、他のデジタルモードと関連づけられていて、便利である。

　デジタル色彩は映画、アニメ、デジタルカメラ、ゲーム、CGアートなどさまざまなメディアに使われており、まだ進化の途中であり、今後どのように進化していくか予断を許さない。

豆知識　色空間とは色相、明度、彩度の3次元の数値で表わされる色再現域のことである。代表的な色空間にRGB、XYZ、L*a*b*、HSBをはじめ、CMY、マンセル、NCS、PCCSがある。

WEBデザインの色空間

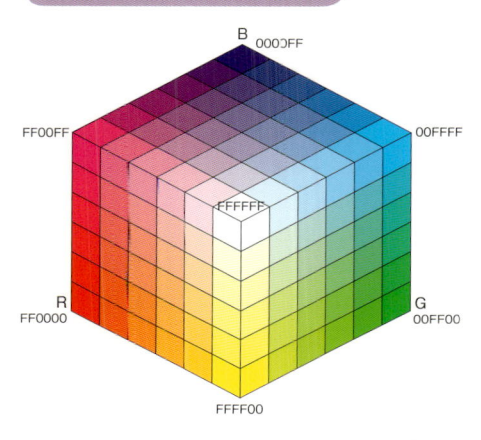

B 0000FF
FF00FF
00FFFF
FFFFFF
R FF0000
G 00FF00
FFFF00

ネットスケープ社が1994年に発表した「Color cube」。閲覧環境が異なっても同じ色に見えやすい「Webセーフカラー」として、8bit用の216色が設定された（8bitは2^8＝256色だが、40色はOSが使用）。「FF」「00」「66」といった記号を組み合わせた16進法で表される。

RGBの色再現域

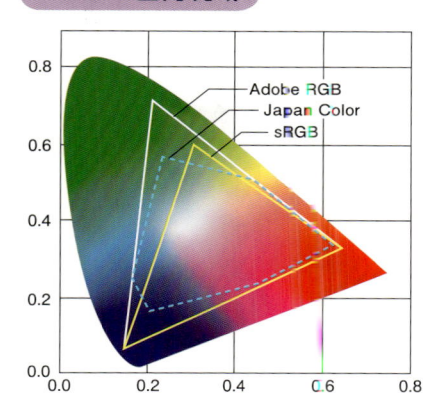

Adobe RGB
Japan Color
sRGB

sRGBはマイクロソフト社とヒューレット・パッカード社が定義するカラースペース、AdobeRGBはアドビシステムズ社の定義するカラースペース。（馬蹄型の部分は実在する色全体を表す）

デジタル色彩を使ったアート

河口洋一郎作品『Paradise』。プログラミングされたデータによってモニタに再現されるCGアート。作者本人にも想像がつかないような方向へ色彩が変化していく様子を、河口本人は「色彩の自己増殖化」と呼んでいる。

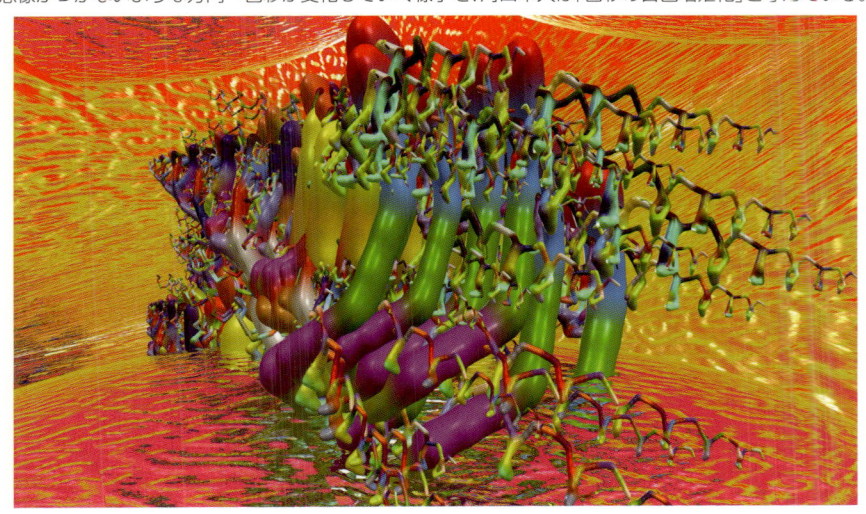

©河口洋一郎

豆知識 WebセーフカラーはWeb上の色をRGB値の3原色を6段階に分割し、00、33、66、99、CC、FFの6種類のみを組み合わせた216色のこと。ちなみに純色の緑は#00FF00である。

発光ダイオード

> **Key word** 発光ダイオード　電流を流すと発光する半導体の光源。LEDともいう。消費電力が蛍光灯の約2分の1、白熱電灯の約8分の1と少なく、環境に優しい次世代の照明として注目を集めている。

発光ダイオードのしくみ

　発光ダイオード（**LED**:Light Emitting Diodes）は、電圧をかけることによって発光する物質を利用した電界発光タイプの光の総称である。使用する材料によって発光色が異なるが、基本的にはガリウム砒素やガリウム燐などの半導体に酸化亜鉛や窒素などを添加した**無機LED**と有機化合物などを使用した**有機LED**（別名**有機EL**）がある。通常、発光ダイオードというのは無機LEDのことで、電子を与える半導体（n型）と電子を受ける半導体（p型）の接合面に電圧をかけると電子と正孔が結合し、そのエネルギーが光となって発光するシステムである。1960年代以降に研究が進み、赤色と黄緑色のLEDが開発され、1970年代には黄色が開発された。また1993年にそれまで難しいとされていた青色LEDが開発され、1995年には緑色のLEDが開発されて、色光の3原色である赤、緑、青のLEDが全部揃い、白い光を発光させることが可能になった。やがて1996年には、青色LEDと、その光で励起される補色の黄色を発光する蛍光体を組み合わせて白色を作ることも可能になり、照明光として利用度が広まった。

発光ダイオードの利用と実現化

　発光ダイオードは、消費電力が蛍光灯や白熱電灯に比べて少なく、さらに寿命は構造上、半永久的といわれ（実際の製品では4万時間程度）、水銀などの有害物質を含まず、熱の発生が少ないため、安全かつ環境に配慮した照明として注目を集めている。また、低消費電力、長寿命、小型であるため、数多くの電子機器に利用されている。たとえば携帯電話のボタン照明などに、その特性をフルに活かして採用されている。また、照明用途に先がけて、表示機器などで実用化が広まっており、信号機や駅の案内表示、防犯用の青色街灯などに用いられている。これは省エネ、長寿命に加え、LEDのもつ指向性の高さ（光の広がりが小さく、ある方向に光が直進すること）が評価されているためである。さらに自動車のウィンカーやブレーキランプ、各種の照明にも利用されており、最近では発光ダイオードを使ったライティングアートにも利用されている。なお有機ELに関しては、薄型の次世代テレビや携帯電話（P.176）のディスプレイとして期待されている。また、照明アートとしても使用され、高い評価を受けている。

豆知識　クリスマスをはじめとするイルミネーションによく用いられる発光ダイオードだが、一般の照明用にも普及し始めている。二酸化炭素排出の削減に貢献する環境に優しい照明ともいえる。

LED 発光のしくみ

LED は電圧をかけることで発光する半導体素子である。下は、10 色の光が鑑賞できる LED ランプ。
照明用に白色の LED ランプも開発されており、そのしくみは右のように大きく3つに分かれる。

青色 LED が補色である黄色蛍光体（赤〜緑の波長）を光らせ、白色を作り出す。

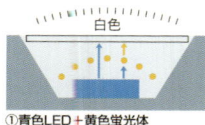

① 青色LED＋黄色蛍光体

光の3原色（赤・緑・青）の LED を組み合わせて白色を作り出す。

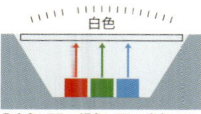

② 赤色LED＋緑色LED＋青色LED

近紫外または紫色 LED により、赤・緑・青の蛍光体を光らせる。

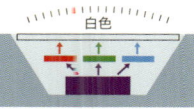

③ 紫色LED＋RGB蛍光体

写真提供／サイキット株式会社

図版提供／東芝ライテック㈱

LED によるディスプレイ

LED は、点滅による寿命劣化が起こらない、比較的容易に点灯色を変えられるなどの利点があり、各種ディスプレイにも利用される。

写真提供／東芝ライテック㈱、ライティングフェア2007東芝ライテックブース

LED によるアート作品

宮島達男作品「Mega Death」。2400個の LED によるデジタルカウンターのユニットが壁を埋め尽くし、その明滅によって20世紀に起こった「人為的な大量死」を表現する。

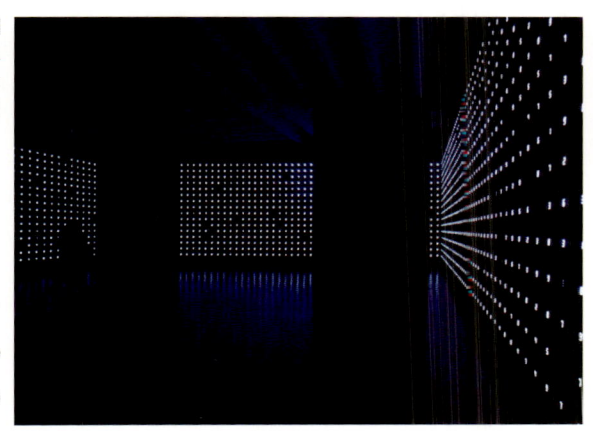

Mega Death
1999
LED, IC, electric wire, sensor, etc
h.4.5 × 15.3 × 15.3 m (installation)
Installation view at the Japan Pavilion, The 48th Venice Biennale
Photo : Shigeo Anzai Courtesy of the Japan Foundation, SCAI THE BATHHOUSE

第8章

豆知識 電界とは物質と物質、または物質と空間、空間と空間などに（＋）と（−）の電位があり、この間に電圧が生じると電気が生ずる空間のこと。この電気を発光させることが電界発光である。

ユニバーサルデザインと色彩

Key word ユニバーサルデザイン（Universal Design） ユニバーサルとは「すべての人が用いる」の意味である。デザインの対象を障害者に限定せず、広く一般の人にも利用できるデザインコンセプトのことである。

ユニバーサル・デザインの概念

1985年にノースカロライナ州立大学のユニバーサルデザインセンター所長であったロナルド・メイス（1941年〜1998年）が提唱したデザイン概念である。「できるだけ多くの人が利用可能であるようなデザインにすること」が基本理念。したがって、**ユニバーサルカラー**も、色弱者のみならず色覚正常者にとっても識別性が高く、美的にも優れているカラーデザインという意味である。

色弱者の色の見え方

視細胞（P.58）には、赤の波長に反応する赤錐体（L錐体）、緑の波長に反応する緑錐体（M錐体）、青の波長に反応する青錐体（S錐体）がある。この3つの錐体を全てもつ人が一般型で、C型色覚という。色弱者はこれらのうち1種類をもたないか、そのはたらきが弱いことが多い。赤錐体がない人を**1型（P型）色覚**、緑錐体のない人を**2型（D型）色覚**、青錐体のない人は少ないが、**3型（T型）色覚**という。また、錐体を1種類しかもたない場合や、桿体だけをもつ場合もある。

1型色覚では赤が見えにくい状態であり、2型色覚は緑が見えにくい状態である。だが、実際には両者の見え方にはほとんど違いはない。どちらも赤と緑（の成分比率）が区別しにくく、青と黄は見分けやすい。さらに3型色覚は、緑が青っぽく、黄が白っぽく見え、青紫は黒く見えるといわれている。

ユニバーサルなカラーデザインにするために

すべての人が安全に識別できる表示や商品を作るには、以下の配慮が必要である。
①文字に色をつけるときは、背景色と図色との明度差をつける。色だけではなく、文字の書体、大きさ、囲み枠などで変化をつける。また文字のそばに色名を添えると、区別がつきやすい。
②色を選ぶときは、濃い赤は茶色く見えるので黄みよりのオレンジにする。また濃い緑も茶色と見分けにくいので、青か青緑色にする。青に近い紫は青と区別できないので、赤みによった赤紫にする。
③2色以上の色を使うときは、暖色系どうし、寒色系どうしは避け、両者を組み合わせる。高明度の色と低明度の色、高彩度の色と低彩度の色というように明確なコントラストをつけることが必要である。

豆知識 舗道や路面、鉄道の駅ホームなどに作られる凹凸の点字ブロックは、触覚表示とともに、色彩面でも考慮がなされ、わが国では黄色であるが、イギリスでは臙脂色である。

身の回りのユニバーサルなカラー

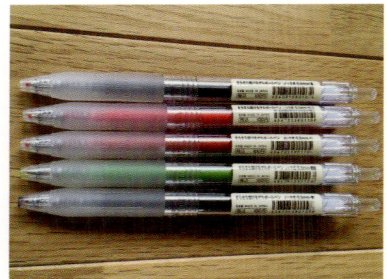

カラフルな商品が増えるなか、商品タグやラベルに色名がついて、購入の際の手だてになるものも登場している。

東京メトロ・都営地下鉄の路線図や誘導標識は、2004年から色に加えアルファベット表記が導入。色覚の違いだけでなく、渡航客の利便性も配慮された。

見分けやすい配色とは

※ P型＝Protanopia（1型色覚）、D型＝Deuteranopia（2型色覚）

× 見分けにくい組み合わせ

一般色覚
P型（強度）
D型（強度）

- 明度は対比しているが、暖色または寒色どうし
- 暖色寒色は対比しているが、明度が隣接
- 暖色系だけ、寒色系だけ、パステル調だけ

○ 見分けやすい組み合わせ

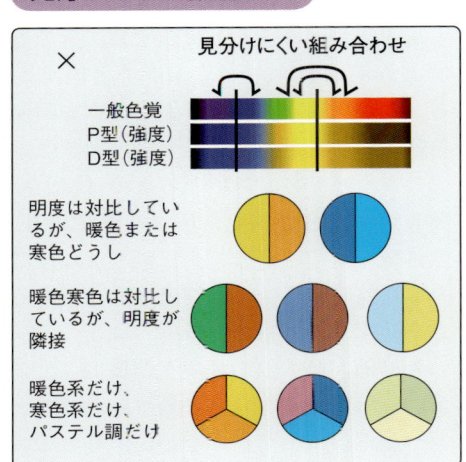

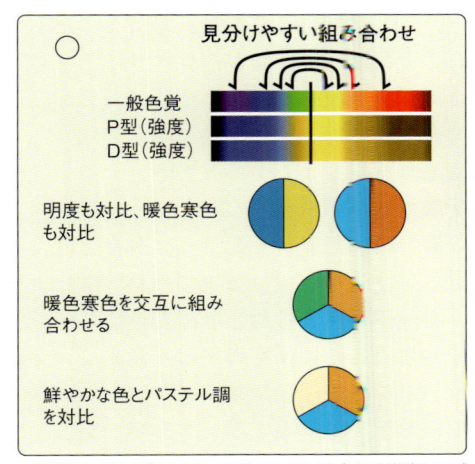

一般色覚
P型（強度）
D型（強度）

- 明度も対比、暖色寒色も対比
- 暖色寒色を交互に組み合わせる
- 鮮やかな色とパステル調を対比

図版提供／NPO法人カラーユニバーサルデザイン機構（CUDO）

第8章

豆知識 T型（Tritanopia／3型色覚）は10万人に1人以下の割合。錐体を1種類しかもたない人や桿体しかもたない人はA型（Achromatopsia／1色型）といい、10万人に1人以下の割合。

機能性色素

> **Key word** 　**機能性色素**　生体色素、および顔料と染料に対して、光、電場、磁場、熱、圧力、酸などの相互作用により発色、変色、消色などの新しい機能を創出するものを機能性色素という。

代表的な機能性色素の特徴

20世紀は「電子の時代」であるが、21世紀は「光の時代」、「光色の時代」といわれている。機能性色素とは、この光の吸収や発光、化学変化や物理変化を利用したり、また磁場、熱、圧力、酸などの外部刺激を与えることにより、色素分子を励起させることで生み出された新しい色素である。従来の染料や顔料色素は可視光線内の発色であるが、この色素は紫外線、近赤外線までの範囲にまで広がっている。近年開発された機能性色素には、以下のようなものがある。

①特定の波長を選択的に吸収する色素

ある特定の狭い波長域を選択的に吸収する色素を利用した技術にCD-RやDVD-R、**ブルーレイディスク**などがあり、光によって色素を変化させることによってデータを記憶させている。またこの色素を着色した光フィルターとして、液晶カラーフィルターがある。

②酸で発色する色素

酸で敏感に発色するように改良されたカラーフォーマーを、筆圧や熱溶融によって酸性物質と接触させて発色する色素である。この技術を利用した色素にノンカーボン紙や感熱記録紙のファクシミリ用紙やワープロのプリンター紙がある。

③光で色が変わる色素

光の作用により、色素が変化する技術を応用したもの。ある色素は無色だが日光に当たると青色や褐色に変化し、室内ではもとに戻る。この技術を応用したサングラスなどが市販されている。将来的には光スイッチ、光で稼動する液晶表示などが期待されている。

④二色性色素

液晶表示に使われる色素である。二色性色素という化合物を用い、偏光板に、この色素を染色または溶解させる。これを利用することによって、偏光フィルム、ゲスト・ホスト液晶表示ができる。

⑤眼に見えない色素

可視光線はほとんど吸収せず、近赤外線のみを吸収する色素が開発されている。この色素を用いれば隠し文字や図像を印刷することができる。この色素は近赤外レーザーで読み取れるため、偽証券、偽カードなどの防止に用いられている。紫外線を当てるとオレンジ色や黄緑色に光る特殊発光インキも開発され、紙幣の偽造防止に役立っている。

その他、光や熱の刺激を与え、さまざまな有機性色素を発色させた着色ガラス瓶や農園芸用フィルムなどが作られている。

豆知識　励起状態（Excitation）とは、光、熱、磁場などの刺激によって引き起こされる量子の興奮状態のこと。励起により、基底状態にあった固有状態はより高いエネルギーをもった状態へ移る。

機能性色素の例

＜有機性色素―リサイクルへの応用＞

透明ガラスの表面に、有機性色素で着色した無機の被膜をコーティング。加熱すると無色に戻るので、色別回収の必要がない。

写真提供／NEDO

＜眼に見えない色素―偽造防止への応用＞

日本の紙幣には、紫外線を当てるとオレンジ色や黄緑色に光る特殊発光インキが使われている。ホログラムやパールインキとともに偽造防止に役立てられている。

資料・写真提供／日本銀行

＜光で色が変わる色素―実用品への応用＞

おもに紫外線に反応して色が変わるレンズ「フォトクロミックレンズ・サンテック」。

資料・写真提供／HOYA㈱ビジョンケアカンパニー

＜光で色が変わる色素―ディスプレイへの応用＞

ブラックライト（紫外線を出す）を当てると発光する特殊蛍光体「ルミライトカラー」。通常の照明では白色。左が昼、右が夜の写真。

写真提供／シンロイヒ㈱

豆知識 ブルーレイディスク（Blu-rayDisc）は、405nmの青紫色の半導体レーザーを使用した新世代光ディスクである。これによって従来のDVDの5倍の記録容量が可能となった。

カラーマネジメント（Color Management）

> **Key word**
> カラーマネジメント　情報機器の多様化により、色彩環境の異なる機器どうしや色再現システムの異なる媒体との間での共通言語を整備する必要に迫られている。$L^*a^*b^*$表色系はカラーマネジメントに有効な手段である。

カラーマネジメントの必要性

　画像メディア（CRTテレビ、LCDテレビ、コンピュータ、デジタルカメラ、カラースキャナ、カラープリンタ、インクジェットプリンタ）などのデジタル技術や機種の多様化、進展化に伴って、その相互間で色を正確に伝達したり、再現することが重要になってきている。しかし、コンピュータのディスプレイ上に表現された色を、印刷物に正確に再現しようと試みても、ほぼ不可能である。通常、ディスプレイやスキャナは、色光の3原色（RGB）を加法混色で発色している。原理的には光を強くすれば、真っ白い色を作り出すことができる。一方、プリンタや印刷機は色材の3原色（CMY）による減法混色で色再現を行っている。従って、どんなに明るい白を作り出そうと思っても、紙の白さ以上の明るい白を作り出すことができない。つまり、使用する機種によって、色再現を行うための色空間が異なるのである。この異なる色空間の色を合わせるためには、両方の機種や色空間を理解して、そのカラーシステムを変換して正しい色再現ができるようにする**カラーマネジメント**が必要になる。

プロファイルの役割

　上記のカラーマネジメントを円滑に行うためには、共通の**プロファイル**（Profile）を作ることが必要となる。プロファイルとはいわゆる「プロフィール」のこと。つまり、語学にたとえれば英語辞書のようなもので、和英辞典・英和辞典を揃えておけば、両方の言葉の意味を理解することができる。色空間においては、その基準となる色言語が**CIEカラー**（XYZ、おもに$L^*a^*b^*$表色系）である。つまり、色空間においては、プロファイルはRGB→CIE→CMYKと正確に変換する辞書のような役割を果たすものである。

　たとえば、CMYKで表現されたカラー印刷の紙面をスキャナで読み取った場合、スキャナはRGB→$L^*a^*b^*$プロファイルに変換してデータを記憶する。さらにモニタでは、その$L^*a^*b^*$をRGB色空間に変換して映し出す。そのデジタル画像をプリンタで出力する場合、そのまま出力したのでは正確な色は再現できないので、そのデータはプリンタのプロファイルと照合して、CMYKに変換して出力する。つまりカラーマネジメントによって、100％色再現とはいかないまでも、近似値による色再現が可能になるのである。

豆知識　異なる機器（デバイス）間の色管理のために、各デバイスの色特性を記述したものをデバイスプロファイルという。

カラーマネジメント

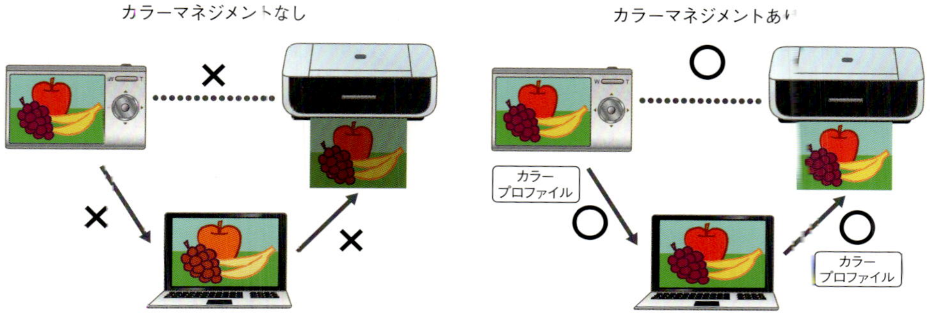

カラーマネジメントなし

カラーマネジメントあり

カラーマネジメントをしていない状態では、デジタルカメラからPC画面、カラープリンタと、デバイス(機器)が変わるたびに違う色が出てしまう。

カラーマネジメントを行った状態では、デバイスが異なっても同じ色が再現される。

カラープロファイルの相関性

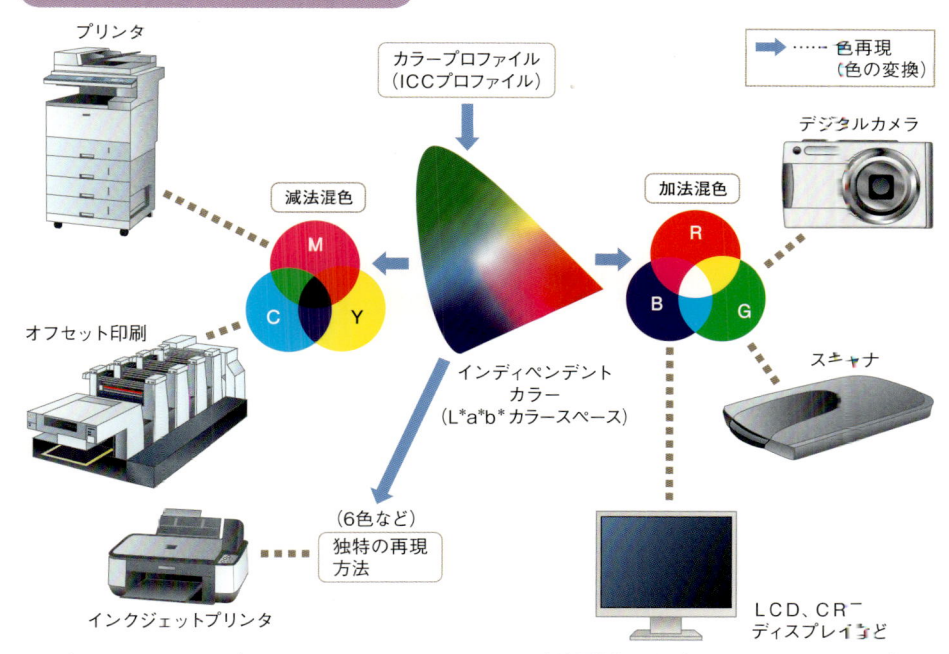

プリンタ

カラープロファイル
(ICCプロファイル)

→ ……色再現
（色の変換）

デジタルカメラ

減法混色

加法混色

オフセット印刷

スキャナ

インディペンデント
カラー
(L*a*b*カラースペース)

(6色など)
独特の再現
方法

インクジェットプリンタ

LCD、CRT
ディスプレイなど

第8章

ICCプロファイルはICC (International Color Consortium)が標準化したプロファイルで、あるデバイスがどのように色を再現するかについて記述したもの。ディスプレイ、入力機器、出力機器の3つに対して作成される。デバイスに依存した各々の色空間を、デバイス非依存のL*a*b*などの色空間に変換することでカラーマネジメントを行う。

豆知識 カラーマッチングは色を合わせることを意味しており、その手段は問わない。カラーマネジメントは、CIEカラーを媒介として色を正確に合わせることである。

193

癒しと色彩

> **Key word** ヒーリングカラー　色彩による癒しは古代から呪術的に用いられた手法であるが、現代でも色彩の効用のひとつとして注目を集めている。

ゲーテやシュタイナーが探求した色彩の精神的意義

　ゲーテは色彩の感覚的・精神的作用について、「人間は色彩を見ると大きな喜びを感じる」とし、「どんよりと曇った日に太陽が（中略）ひとすじの光を射しはじめ、色彩を甦らせるときの解放感を思い出していただきたい。色彩を帯びた宝石には病を癒す力があるとされていたのは、この言い表しがたい深い自足感のせいかもしれない」（色彩論：高橋義人他訳）と述べている。またゲーテは、友人の体験を例にあげ、部屋の調度の色を塗り変えることが精神に及ぼす影響などに言及している。

　このゲーテの色彩観を受け継いだのは、人智学者**ルドルフ・シュタイナー**（1861年～1925年）である。彼はゲーテの色彩観をさらに発展させ、緑、桃色、白、黒を霊的な世界観の基本に据え、さらに黄は霊の輝き、青は魂の輝き、赤は生命の輝きとして、それらの色によって人間は霊的な世界へ昇華できるとした。彼は色彩が人間の行為に多大な影響を与えるとし、色彩知覚を人間の精神形成の効果的な手立てとみて数々の提言を行った。

色と精神的作用に関する研究

　その後、色彩の精神に及ぼす影響の研究が進められ、心理学者や精神科医を始めとして、色彩学者やデザイナーからもさまざまな提案がなされている。

　精神病理学者の**岩井寛**（1931年～1986年）は、ゴッホやピカソの絵画の色彩を分析したり、精神病患者に絵を描かせたりして、人間の深層心理と色彩の関係を探り続けた。岩井は黄色い服を見ると怒りを覚える男性や、対人恐怖の不安を青い水の絵に描く女性を診察しながら、その色彩の呪縛から解放しようと試みた。

　さらにアメリカの心理学者で、神経症患者と精神病患者の色彩感覚の相違を研究し、後にカラーコンサルタントとして活躍した**デボラ・T・シャープ**は、老人を対象とした色彩嗜好の研究を土台にして、「老人むけの看護ホームや病院の色彩は、原色とパステルカラーを混ぜて装飾するとよい。原色は老人に必要な安心感と刺激を与え、パステルカラーは全体的効果を和らげるのに役立つからである」と述べ、病院や施設における高齢者たちの恐怖や不安からの解放を試みている。

　色は物理的存在であるとともに、精神的・心理的存在でもある。今後、色彩の心理的側面へ及ぼす影響の研究が一層、重要な要素になってくると思われる。

豆知識　オイリュトミー（Eurythmy）とはシュタイナーが提唱した教育法のひとつ。ギリシャ語で「美しいリズム」という意味で、言葉、音楽、色などを、自分の身体や踊りで表そうとする。

医療・教育施設に活かす色彩効果

ペール・トーンのピンクを基調にしたコーディネートで、春のような甘美で暖かいムードを醸し出す。鮮やかな赤や黄色をアクセントにして、いっそう効果的になる。穏やかな環境が必要な医療施設や教育施設に向く。

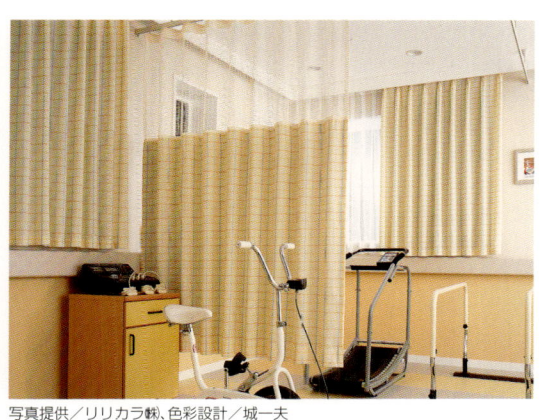

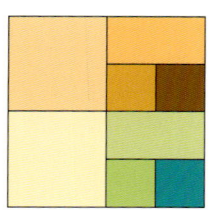

ディープ・イエロー、ペール・イエローを基調とし、心を浮き立たせ明るく生き生きとした室内空間を生み出す。白・灰・黒の無彩色をアクセント・カラーとし、イエローの明るさを引き立たせる。心を高揚させる空間として、医療施設の回復ルームなどに向く。

写真提供／リリカラ㈱、色彩設計／城一夫

花の色の効果

オレンジ色は気持ちを明るくし、ピンクは若返り効果があるといった説がある。そうした効果をねらった商品パッケージの例（ジグソーパズルのシリーズ）。

©2008 EPOCH CO., LTD.
写真提供／㈱エポック社

第8章

豆知識 モンドリアンは抽象画「コンポジション・シリーズ」で、シュタイナーが輝きの色とした黄、青、赤と無彩色を駆使し、自然の事象を超えた宇宙的なものを表現しようと試みた。

Column

JIS 慣用色名 ⑧

凡例 ★JIS以外の一般色名

| 色 | 色名（読み方）/解説文 | JIS マンセル値 / 系統色名区分 |

洋色名

★	**ネービーブルー**(Navy Blue)	イギリス海軍の制服に由来する色名。その服色に似た暗い紫みの青。別にネービーともいう。	6.0PB 2.5/4.0	暗い紫みの青
★	**ロイヤルブルー**(Royal Blue)	ロイヤルは「王室」の意味。イギリス、フランスの王室で禁色とされた濃い紫みの青のこと。	7.0PB 3.0/12.0	こい紫みの青
	ウルトラマリンブルー(Ultramarine Blue)	貴重な鉱物のラピスラズリに由来する濃い紫みの青の顔料。海を渡ってヨーロッパに来たため、この名がついた。	7.5PB 3.5/11.0	こい紫みの青
	ラベンダー(Lavender)	ラベンダーはシソ科の常緑低木。そのラベンダーの花のような灰みの青紫。和色名の半色(はしたいろ)に相当する。	5.0P 6.0/3.0	灰みの青みを帯びた紫
	モーブ(Mauve)	最初の合成染料。イギリスの化学者パーキンによって発見された。アニリンから合成される強い青紫色。	5.0P 4.5/9.0	つよい青みの紫
★	**アメジスト**(Amethyst)	紫水晶ともよばれる宝石の色。紫水晶は、キリスト教の大祭司の胸当てに付いていた宝石のひとつ。	1.0RP 2.5/9.5	こい紫
	マゼンタ(Magenta)	色材の3原色のひとつ。印刷に用いられる赤版の色である。塩基性染料のフクシンに由来するあざやかな赤紫。	5.0RP 5.0/14.0	あざやかな赤紫
★	**オペラ**(Opera)	語源は明確でないが、英国国立歌劇場ロイヤルボックスの明るい赤紫に由来するという。20世紀初頭に流行した。	6.0RP 4.5/12.5	明るい赤紫
★	**チリアンパープル**(Tyrian Purple)	アクキ貝から採取された貝紫。古代フェニキアの港町テュロスに由来。ローマ皇帝の衣服の色として畏敬された。	6.0RP 4.0/6.5	くすんだ赤紫
	アイボリー(Ivory)	アイボリーは象牙(ぞうげ)のこと。その象牙の色に似た黄みの薄い灰色のこと。	2.5Y 8.5/1.5	黄みのうすい灰色
	チャコールグレイ(Chacoal Grey)	チャコールは木炭、炭のこと。その炭色に似た紫みの暗い灰色。紫みがかっているのが特徴。	5.0P 3.0/1.0	紫の暗い灰色

第9章

世界各国の色彩文化

国旗と色彩

Key word **国旗** 英語のColorの日本語訳は「色」だが、複数のColorsになると国旗を意味する。それぞれの国旗の色は、国家の歴史、肌の色、文化、資源、風土などが象徴されている。

国旗の色

　国旗とは国家の象徴であり、その形、図像、色彩には、国家の主義・思想、成立状況、自然、民族、宗教、文化、伝統、人種、肌の色などさまざまな要素が反映されている。英語のColor（色彩）は、複数のColorsになると**国旗**の意味になる。いわば、国旗の色彩は、国家の象徴なのである。国旗で使用されている色は全部で13色に及ぶが、やはり明視性の高い色が主流である。2009年1月現在、日本政府が承認している194か国が使っている色は、赤（131か国、以下数字は国の数）、黄赤（29）、黄（105）、黄緑（21）、緑（70）、青緑（6）、青（66）、水色（31）、青紫（5）、紫（6）、赤紫（1）、白（145）、黒（43）となっている。また色数では、3色旗(76)が一番多く、次いで4色旗(54)、2色旗(39)、5色以上(24)、1色旗(1)となっている。この1色旗とは、緑色のリビアである。さまざまなトリコロールがあるが、色は有効な視覚言語であることが分かる。

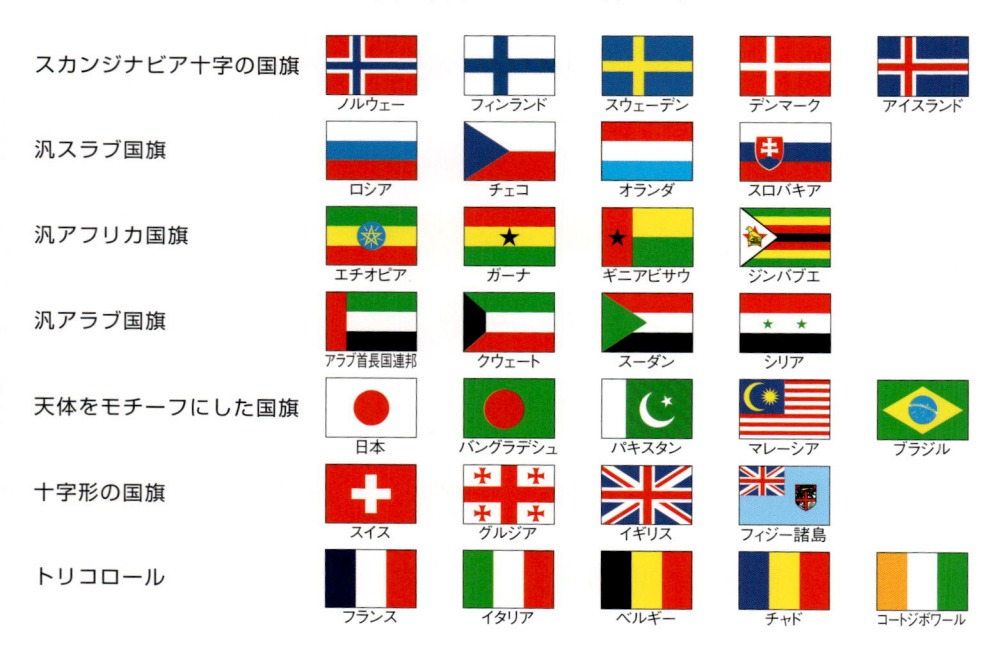

スカンジナビア十字の国旗	ノルウェー	フィンランド	スウェーデン	デンマーク	アイスランド
汎スラブ国旗	ロシア	チェコ	オランダ	スロバキア	
汎アフリカ国旗	エチオピア	ガーナ	ギニアビサウ	ジンバブエ	
汎アラブ国旗	アラブ首長国連邦	クウェート	スーダン	シリア	
天体をモチーフにした国旗	日本	バングラデシュ	パキスタン	マレーシア	ブラジル
十字形の国旗	スイス	グルジア	イギリス	フィジー諸島	
トリコロール	フランス	イタリア	ベルギー	チャド	コートジボワール

豆知識 汎スラブ色とは、スラブ諸国の旗に用いられる赤、青、白の3色旗のトリコロールカラーをさす。フランス国旗の縦ストライプに対して、スラブ諸国は横ストライプである。

国旗に象徴される色彩の意味

赤	日本の日の丸に代表されるように、赤い丸は太陽を表している。日本以外では韓国、インドネシア、パプアニューギニア、ガンビア、イラク、レバノン、サモアなど多くの国が赤を使っている。また、赤は独立のために流した赤い血でもある。フランスの3色旗の赤は博愛を表している。中国、北朝鮮では共産主義、コスタリカ、エクアドルでは独立のために流された血、韓国では陰陽の陽を表している。	韓国 中華人民共和国
黄	南米(ブラジル、ガイアナ、コロンビア)やアフリカ諸国(セネガル、ギニア、ギニアビサウ)などでは、黄色は豊かな鉱物資源や地下資源を表している。スペイン、ベネズエラの金、ブータンでは王家の権威、アンゴラでは国の富、ガボン、チャド、グレナダで太陽と国土を象徴している。	コロンビア ブータン
緑	緑はイスラム教の象徴であり、緑1色で無地のリビアをはじめとして、インド、スリランカ、パキスタン、サウジアラビア、モロッコなどイスラム教を信奉する国の国旗には、よく使用されている。またバングラデシュ、ガンビア、マリ、ジャマイカなどでは農業と農作物の豊かな土地のシンボルである。ブラジル、ボリビアでは、豊かな森林資源である。またイタリアでは自由、ハンガリーやポルトガルでは誠実と希望の象徴である。	リビア サウジアラビア
青	フランス、ノルウェー、サモア、パラグアイでは自由。キューバでは希望、アルゼンチンでは正義、友愛などを意味している。また青は空や海に関係が深く、エクアドル、バルバドス、ブラジルでは青い空、コロンビア、ベネズエラではカリブ海の象徴であり、タンザニア、モーリシャスではインド洋、ナウルやツバルでは太平洋を表している。	アルゼンチン バルバドス
白	フランス、ロシア、イタリアの3色旗では、平等の象徴であることが有名である。インド、赤道ギニア、ペルー、エルサルバドルでは平和、正義。サモア、アルジェリア、シンガポールでは純粋性、メキシコ、ハンガリーでは清浄、希望。チリ、フィンランドでは雪を表している。	ペルー アルジェリア
黒	黒はアフリカ諸国に多く、アンゴラ、ウガンダ、ガーナでは黒人、大地、自由などのシンボルになっている。またアラブ首長国連邦では、過酷な戦争、ジャマイカでは困難に打ち勝つ意思などを象徴する。	アンゴラ ジャマイカ
オレンジ	オレンジはヒンズー教の象徴としてインド、スリランカの国旗に使われている。またラマ教のシンボルでもあり、ブータンの国旗にも使われている。アイルランドではプロテスタントを表している。またコートジボワール、ザンビアでは豊かな鉱物資源、国の繁栄である。	インド アイルランド

豆知識 イギリス国旗は聖ジョージ、聖アンドリュー、聖パトリック十字が合成されたものである。また、スイスはギリシャ十字、スカンジナビア諸国はスカンジナビア十字が用いられている。

ヨーロッパの色①オランダ

> **Key word**　**オランダ**　オランダは運河に代表される国である。運河を照らす陰翳に富んだ「オランダの光」から、フェルメール、レンブラント、ゴッホ、モンドリアンなどの優れた芸術家が生まれている。

オランダの光

　オランダは、オランダ語の「低い大地」を意味するネーデルランドに由来する。北国独特の陰翳に富んだ、やわらかな光は「オランダの光」といわれ、運河に映えて、いっそうやわらかな感触をもつ。一般的に緯度の高い地域の太陽光は色温度が高く、青みがかって見える。この光が画家フェルメールの青を引き立たせ、レンブラントのやわらかな光を生み出したのであろう。

　ゴッホはかつてオランダの地を黒い大地と呼んだ。1年中、日光の照射率の少ないオランダでは、灰色の空を反映して黒い大地はいっそう黒く沈んで見える。

デルフト陶器の青と白

　デルフト陶器とは、17世紀中ごろ以降、東洋、特に中国の景徳鎮、日本の有田の染付磁器に刺激され、オランダ・デルフトで開発された陶器のことをさす。陶器に白釉をかけ、コバルトブルーで絵づけした陶器で、「**デルフトブルー**」と呼ばれる深い青が特徴。やがてこの陶器はヨーロッパ中に輸出され、人気を博した。

オランダの色－オレンジ

　オレンジ色はオランダの国民に特に敬愛されている色である。それは17世紀オランダ独立のために苦闘したオレンジ公ウィリアムに由来している。またオレンジ公ウィリアム3世は、名誉革命によってイギリスの王位にもつき、フランスのルイ14世と戦って、プロテスタントの英雄となった。この結果、オレンジ色はプロテスタントのシンボルカラーとなった。オランダのサッカーのナショナルチームのユニフォームはこのオレンジ色である。

サンタ・クロースの赤、白、緑

　サンタ・クロースは4世紀、小アジア・キリスト教の聖ニコラスの伝説に由来している。14世紀ごろから、オランダで聖ニコラスの命日の12月6日を「シンタクラース祭」として祝う慣習が生まれた。その後、17世紀アメリカに植民したオランダ人が「サンタ・クロース」を伝え、白いトナカイ、赤い頭巾と衣服、柊の緑はクリスマスの風物詩となって世界中に広まった。

豆知識　『黒いチューリップ』はフランスの小説家デュマの名作。17世紀オランダのチューリップ騒動を背景に黒いチューリップの品種開発に情熱を注ぐ青年を中心に、陰謀と恋愛とが錯綜する。

オランダの色彩

[デルフト陶器]オランダのデルフトで作られる、白い釉に青の染付けを施した陶器。17世紀、オランダ東インド会社を通して輸入された、中国の白い磁器などにならった白い陶器で、その青い色は「デルフトブルー」といわれている。

写真提供／オランダ政府観光局

[金髪碧眼の子ども]
金髪、青い瞳、白い肌はメラニン色素の少ないことに起因している。日光の照射率の少ない北国の人々に共通した身体的特徴である。

[サンタ・クロース]
聖ニコラスに由来する。オランダ語では「シンタクラース」といい、12月6日に「シンタクラース祭」を行っていた。この風習がアメリカに伝わって、サンタ・クロースとなった。白いトナカイ、赤い頭巾、緑の柊はクリスマスの象徴である。

写真提供／オランダ政府観光局

第9章

豆知識 オランダ国旗はオレンジ公ウィリアムを中心とした独立戦争が由来である。最初はオレンジ、白、青であった。だがオレンジに褪色しやすく、視認性が低いため赤に変わった。

ヨーロッパの色② ドイツ

Key word　**樹木信仰の国**　ゲルマン民族は、中央ヨーロッパに位置する森林民族であり、信仰のよりどころは樹木である。ゲルマン民族の大移動で、ヨーロッパ各地に移動したが、緑の森への畏敬は色濃く残っている。

グリーンマンと五月祭

　ドイツ国民の先祖は、ゲルマン（German）民族である。元来、ゲルマン人は森林民族であり、聖霊信仰を基本とする生活習慣は現在にまで色濃く残っている。**グリーンマン**も、そのひとつで、ゲルマン大移動を契機として彼らの生命の基本であった樹木崇拝信仰とが、キリスト教と習合し、植物＝人間の「グリーンマン」と呼ばれる図像を誕生させた。現在でもゴシック（ゴート人）風のキリスト教寺院には、植物から生まれたようなキリスト像や植物を口から吐き出している聖人像を見ることができる。

　現在でもヨーロッパ各地で5月1日（メーデーの日）には、街の広場に緑の葉をつけた**メイポール**（五月柱）を建て、身体に緑の葉っぱをたくさんつけた「背高のっぽ」のジャック・イン・ザ・グリーンが、沢山のグリーンマンを引き連れて、緑の復活を願う祭りが行われている。このゲルマン風の祭りは、ヨーロッパ各地に伝播して、緑の**五月祭**として残っている。

憧憬の対象の白い磁器

　17世紀、ヨーロッパ各地では東洋の磁器に憧れ、宮殿に「陶磁器の間」を作り、東洋磁器のコレクションを競い合った。ドイツ・ザクセン王のアウグスト2世豪胆王は、白い磁器の自国生産を思いつき、錬金術師のヨハン・ベッドガーに、東洋磁器のような白い磁器の開発を命じた。ベッドガーは、8年の苦闘の末、ようやく1709年、白磁の生産に成功し、ヨーロッパ最初のマイセン磁器が誕生した。以来、白い磁器はヨーロッパ全土に普及していった。

レンガ色の街並み

　ゲルマン民族は森林民族として狩猟、農耕の生活を送ってきた。その伝統は現在でも脈々と生きており、森の色と調和する色彩を用いて、集落の形成、街作り、家並みの形成を行っている。ドイツでは、行政は必ず、住民参加のもとに景観形成、街作りを行っていくことが法律で義務づけられている。森の色は濃淡さまざまに変化する。街の色も、その街の土で焼いたレンガ色により、ベージュから濃いレンガ色まで、千変万化の色彩を見せるのである。

豆知識　ゲルマン出身者には金髪が多い。4世紀末、ゲルマン民族の一派のゴート人がローマに侵入して以来、ローマ人はその金髪に憧れて、髪をブロンド色に着色することが流行したという。

ドイツの色彩

[マイセン磁器]写真はマイセン磁器の名作「ブルー・オニオン」(青いタマネギ)。中国の磁器を模倣して作られた際、ザクロのモチーフがタマネギのような形に変化し、この名前がついた。

[メイポール]五月祭に立てられる。五月祭は、古代ゲルマンに由来する緑の復活・豊饒を祈念する祭で、葉っぱをつけたグリーンマンが練り歩き、五月の女王を選ぶ。ヨーロッパ各地で今日まで続けられている。

写真提供／ドイツ観光局

[レンガ造りの街並み]景観を守る意識の高いドイツでは、各地域の土を使ってレンガを焼く。従って1つの街の中では同じ素材、同じ色みの屋根瓦が使われ、街ごとに異なる景観を呈することになる。

第9章

豆知識 白バラ運動とは第二次世界大戦中、ミュンヘンの学生を中心にした非暴力主義の反戦、反ナチ運動。反戦思想を象徴する事件として今日まで語り継がれている。

203

ヨーロッパの色③ イギリス

Key word　**青の国**　イギリスは北緯50度から60度という北の国である。光色は色温度が高く青みを帯びている。そのためか、青に対する嗜好が強く、国旗にも紋章にも、陶磁器にも、さまざまなブルーの色名がある。イギリスは青の国である。

紋章の色

　11世紀、十字軍の遠征のとき、敵味方を区別するために、**紋章**が作られた。紋章には厳しい色彩規定があり、①金属色（金・銀）より1色、②原色（赤、橙、黄、緑、青、紫、白、黒）の中より1色以上を必ず使用することと規定された。この規定に反したものは正式な紋章とは認められなかった。ただし、金は黄色、銀は白で代用することは認められた。特に**獅子王リチャード**に始まるイギリス王室の赤、黄、黒の獅子の紋章は代表的なものである。

タータンチェックの緑、赤、黒

　タータンチェックとは、スコットランド高地人の伝統的な布地の模様である。経糸と緯糸の色糸による組み合わせで表現した綾織物の格子柄であり、その色の組み合わせによって、それぞれの家柄を表している。タータンチェックには、次のような種類がある。

①家柄を表すクランタータン。緑×黒、黄×黒、赤×黒などが多い。②狩猟のときに着用するハンティング・タータン。保護色の緑系統が主流。③葬儀のときに着用する白×黒のモーニングタータン。④スコットランド王家の赤×黒×白のロイヤルタータンなどである。

イギリスの嗜好色－ブルー

　イギリスには、オックスフォード・ブルー、ケンブリッジ・ブルー、ネービー・ブルー、ロイヤル・ブルー、**ウェッジウッド ブルー**などブルーを冠した色名が多い。古代ローマ軍がイギリス（ブリタニア）に侵攻したとき、そこに在住していたケルト人はアブラナ科の植物のウォード（woad）を発酵させて作る染料で、身体を青く彩色して戦ったといわれている。ブルーはケルト人にとって、土着の色彩である。

　1348年、宮廷舞踏会である貴婦人が失くしたガーターを、エドワード3世が見つけたことが、イギリス最高の勲章である「ガーター勲章」（ブルーリボン）の由来となった。

　また1637年、チャールズ1世が権力の象徴として緋色を選んだのに対して、長老派は青を選んだ。以後、青はホイッグ党から保守党の色となり、アメリカ南北戦争の北軍の色となった。青はイギリスにとって政治的な色でもあった。

豆知識　ガーター勲章以来、ブルーは最高位を表すシンボルになった。映画祭の最高優秀賞はブルーリボン賞、ポーカーなどの高得点はブルーチップ、証券関係では最優良株を意味する。

イギリスの色彩

[イギリス王室の紋章] 1195年にリチャード1世が定めた紋章に端を発するといわれている。現行の紋章は、19世紀のヴィクトリア女王の紋章を継承したものである。

[スコットランド高地人のタータンチェック] 15世紀以降、スコットランド高地人が家柄を表す紋章として定めるようになったという。

[バッキンガム宮殿の近衛兵] イギリス王室の警護に当たる英国陸軍の近衛兵。赤い上着、黒のズボン、熊の毛皮の帽子が特徴である。

[ロンドンバス] 1954年から登場した、市内を走る赤い二階建てのバス。今ではロンドンの観光名物になっている。

[ウェッジウッド ブルー]「英国陶工の父」と称されるジョサイア・ウェッジウッドが開発した「ジャスパー」。淡い青の地に白い浮き彫りを施したデザインが象徴的で、イギリス陶磁器の代表的な作品となっている。

写真提供／フィスカース ジャパン㈱

第9章

豆知識 聖ジョージは赤い龍を退治して、イングランドの守護神となった。後に赤い聖ジョージ十字ができ、イギリス国旗の図柄の一部となり、近衛兵の制服やロンドンバスの色となっている。

ヨーロッパの色④イタリア

Key word　**イタリアの3色旗**　1946年に制定された赤、白、緑の3色旗はイタリアのシンボルカラーである。緑は豊かなイタリアの国土、白は自由、赤はイタリア独立のために流した尊い血を表している。

独立の象徴である赤

　古代ローマでは、赤はローマ神話の軍神マルスを象徴する色であった。ローマの兵士は、この赤の外套を着て行進したため、まるで赤い海のようであった。またイタリア国旗の赤は、別に独立のために流した勇者の血や服の色の意味もある。1860年ごろ、ガリバルディ将軍が率いる義勇軍は、イタリア全土統一のために戦い、王国統一のために尽力した。彼らは全員が赤い毛織物の衣服を着て戦ったため、「赤シャツ隊」とよばれ、赤はイタリアの象徴色の1つとなった。

イタリアの緑のハート

　イタリアの国旗の緑は、豊かな国土の緑を表している。なだらかな丘陵と光あふれるトスカーナ地方、オリーブの木々が生い茂るウンブリア地方は、「イタリアの緑のハート」といわれるほど緑に輝いている。オリーブの葉はイタリア国章の色でもある。カプリ島の緑の洞窟も青の洞窟に劣らず美しい。イタリア人の食卓にはバジルの葉、ホウレン草、レタスなど欠かすことのできない食材がある。

地中海の青と白

　イタリア南部のカプリ島にある**青の洞窟**は、イタリアを代表する風光明媚な観光地である。陽光に映える洞窟の青は神秘的に輝いて見える。またイタリア地中海沿岸の島々、地中海の島々に点在する白壁の建物は、紺碧の空、群青色の海と、白と青の明確なコントラストを形成している。「地中海のブルー」という色名があるほど、青はかけがえのない色である。大人気のイタリア・サッカーのナショナルチームのユニフォームも、**アズール・ブルー**である。

マジョリカ陶器の黄と褐色と白

　マジョリカ陶器は、元来はスペイン領の**マジョリカ島**で生産、イタリアに輸入された錫釉色絵陶器のことである。焼成された陶土の壺に、白陶色の錫釉を掛け、その上にさまざまな色で絵付けをしたものである。色彩的には、白釉の上にベージュから黄赤、黄土色、黄褐色、暗褐色までのイエロー、ブラウン系、そしてブルーをアクセントカラーに用い、さまざまな模様、絵付けを表現している。

豆知識　18世紀末、ナポレオン将軍がイタリアを統治していたとき、フランスの3色の青、白、赤の国旗の青だけを緑に変えて、緑、白、赤の3色をイタリア連邦の統一旗にするように命じたという。

イタリアの色彩

[青の洞窟] イタリア南部のカプリ島にある海食洞。その海面が青い光を散乱させ、神秘的な青色に輝いて見えることから、青の洞窟とよばれ、観光名所になっている。
©Regione Campania

[アズール・ブルー] アズールは「青」を表わすイタリア語で、諸説があるが、貴石であるラピスラズリに由来しているといわれる。サッカーのナショナルチームは、この色をユニホームの色に定めている。

[ポンペイの壁画] ポンペイは、紀元後79年、ベスビオ火山の噴火によって壊滅した古代都市。その「秘儀荘」には往時の壁画が残されている。ポンペイ・レッドは有名な色名である。

[マジョリカ陶器] イタリア産の錫釉色絵陶器。スペインのマジョルカ（英語名マジョリカ）島経由で輸入されたため、この名がある。白釉の地に黄褐色、緑、青など独特の色で絵付けされている。後にイタリアでも模倣され、隆盛を極めた。

豆知識 ポンペイ壁画の貴婦人たちは、ローマ皇帝のみが着る禁色の貝紫に憧れて、嘆願書を出し、貴族の別荘地であるポンペイだけで、貝紫の衣服を着ることを許されたと伝えられている。

ヨーロッパの色⑤ フランス

> **Key word　フランスの色**　フランスを彩る色は、フランスの3色旗（トリコロール）である。青の自由、白の平等、赤の博愛は、長い歴史の中で紆余曲折を経ながら、フランス人の基調色となっている。そしてゴッホや多くの画家を感動させたプロヴァンスの黄色と青も、彼らの魂の色である。

ロイヤル・ブルーと3色旗

　伝承によれば、フランス・ルイ7世（1121年〜1180年ごろ）が、青地に白い百合の花（Fluer-de-lis）を配したものをフランス王家の紋章に定めたという。以来、青と白はフランス王家を表す色として畏敬された。1753年、セーブル王立製陶所が発足し、セーブルはそのとき開発された青釉を「ロイヤル・ブルー」として禁色とした。1789年のフランス革命の際、革命派は青、白、赤の3色旗を「自由、平等、博愛」のシンボルとして使用したが、それに続いてナポレオン1世は、その帝政下、その3色旗をフランス国旗として使用した。彼の没落後は、1830年にオルレアン公ルイ・フィリップが正式に国旗にしたといわれている。

ポンパドールのピンク

　18世紀、フランスではブルボン朝の絶対王権が確立し、太陽王ルイ14世やルイ15世、ルイ16世を中心に華やかな貴婦人のサロン社会が確立した。特にルイ15世の愛妾であった**ポンパドール侯爵夫人**は、洗練された感性のもとに優雅で甘美な**ロココ文化**の保護、育成に努めた。フラゴナールやブーシェなどの雅宴画家を支援するとともに、特に**セーブル製陶所**の援助、育成に力を注いだ。このポンパドールの支援に応えて、化学者エローが独自のピンクを開発し、「**ポンパドール・ピンク**」と命名し、禁色とした。このような風潮を背景にして、社交界ではピンクが大流行し、貴婦人たちの衣裳、扇子、靴などを彩った。

風景を彩るワイン色と黄色

　フランスはワインの国である。ブルゴーニュ、ボルドー、シャンパーニュなどの有名な産地では、季節になれば、豊かなブドウがたわわに実り、赤や白（黄色）のワインが人々の味覚を楽しませる。赤紫系のブルゴーニュ、ボルドー、黄色系のシャンパーニュなども色名として親しまれている。また南フランスに赴くと、太陽が燦燦と輝き、黄色のヒマワリをはじめとして、サフラン、タンポポ、エニシダ、マスタードの花などが咲き誇る。暗い大地のオランダからアルルに来た画家のゴッホは、その黄色に彩られた風景に感動して、『ひまわり』をはじめとして、輝くプロヴァンスの太陽を輝くような黄色で描いている。

豆知識　中世では黄色は、キリストを裏切ったユダの色として、病気と狂気、虚偽と裏切りを象徴し、最も嫌われた。だが、現代では、ツール・ド・フランスの優勝者に与えられる色となっている。

フランスの色彩

[ロイヤル・ブルー] フランス王立セーブル製陶所が開発した青の釉薬。

[ポンパドール・ピンク] ポンパドール侯爵夫人にちなんで開発された釉薬。
写真提供／㈱欧羅巴製品貿易

[ひまわり] ゴッホは、プロヴァンスの明るい太陽を彷彿とさせるヒマワリの絵を何枚も描いた。
写真提供／損保ジャパン東郷青児記念美術館

[コート・ダジュール(青の海岸)] 地中海に面した南フランスの海岸。美しい海の色によってこの名がある。

[TGV] 1981年に開業したフランスの超高速列車。ブルーを基調に、ペパーミントとピンクのボディーカラーが特徴。

[ジョルジュ・ポンピドーセンター] 1977年に開館した、国立近代美術館を含む施設。原色に塗られた電気や水道などの配管が、外観に露出している。

第9章

豆知識 18世紀サロン社会の女性たちは、肌の色に「妖精の太腿」「娘の尻」「牡鹿の腹」など、いろいろな名前をつけて楽しんだ。「蚤の腿」や「蚤の腹」などというユニークな色名もある。

209

アフリカ諸国の色

Key word　**黒い大地アフリカ**　古くは深い密林、広大な砂漠が広がる「暗黒の大陸」といわれ、文明不毛の地と考えられていた。アフリカ大陸に居住するのは、皮膚の色の黒いネグロイドの人たちである。

アフリカの3色・緑・黄・赤

　アフリカの国々の国旗には、ガーナ、ギニア、カメルーン、コンゴ共和国などのように、「緑・黄・赤」の3色が使われていることが多い。これを「汎アフリカ色」という。一般的に、緑は森林資源、農業などを表し、黄は鉱物資源、黄金、正義、団結を、赤は独立のために流した血や革命、情熱などを象徴している。

　また「汎アラブ色」といわれる色もあり、1916年、フセイン・イブン・アリーがアラブの反乱を起こしたとき用いた「黒・白・赤・緑」の4色を指している。この場合の緑はイスラム教の緑であり、アラビア半島の国々の国旗に多く用いられるが、アフリカにおいてはスーダンの国旗が汎アラブ色である。

アフリカの藍色

　緑が生い茂り、泉が湧き出るオアシスは、生命を救い、生活に憩いを与える救いの地であった。アフリカ大地を横断する母なるナイル川にちなんだ「**ナイルブルー**」という色名があるように、青はアフリカ人にとって、生命の色といえるだろう。

　ヨルバ族、ハサウ族、モシ族、ブア族、ボボ族、ブール族の女性たちは、大胆な同心円模様や渦巻き模様を絞り染めにした藍染の**ブーブー**（ロングドレス）を好んで着ている。この藍染のブーブーは、灼熱の太陽の下、黄色と青の強烈なコントラストとなって輝いている。また、灼熱の太陽に負けないようなカラフルな**カンガ**も、アフリカ独特の染物である。

アフリカの黒と白

　アフリカ人はネグロイドに属し、黒い肌を誇っている。これは灼熱の太陽の紫外線をカットするため、皮膚にメラニン色素が作り出され、黒くなったためである。彼らにとって「肌が黒い」というのは褒め言葉である。また、アフリカを代表する民族のひとつであるズール族にとって「あなたの肌が黒い」というのは王に対する賞賛の言葉である。彼らがいかに黒い肌を誇りとしているかがわかる。

　一方、白は神の色であり、エジプト壁画に描かれる神の姿は白い衣服で表現されている。農業の神であり、死と復活の神である**オシリス神**は、天界の門番である黒い顔のアヌビスに囲まれ、緑の顔をした白衣の神様である。

豆知識　エジプトでは、さまざまな再生・復活のシンボル―三角、緑、スカラベ、蛇―などが畏敬された。オシリス神が緑色の顔をしているのは死者の復活を司る神だからである。

アフリカの色彩

[緑の顔をしたオシリス神] エジプト人にとって、緑色の顔をしたオシリス神は、死と再生を司る神である。
写真提供／エジプト大使館エジプト学・観光局

[カンガをまとったアフリカ人] カンガとはアフリカの伝統衣裳の1つ。赤、橙、黄の暖色系、あるいは寒色系の藍などを使い独特の模様を配した捺染意匠である。

[スカラベの彫像] スカラベはタマオシコガネ、フンコロガシともいわれる昆虫。獣の糞を球形に丸めて転がし、中に卵を産む。その糞球が太陽に見立てられ、再生・復活のシンボルと考えられた。ラピスラズリや黒曜石に刻まれたスカラベの意匠は、護符や印章に用いられた。

[悠久のナイル川] アフリカ大陸東北部を流れ地中海に注ぐ大河。エジプトの生命といわれ、古くから畏敬された。「ナイルブルー」は緑がかった薄い青で、有名な色名である。
写真提供／エジプト大使館エジプト学・観光局

豆知識　古代エジプトにおいて、ミイラの胸の上に置かれた「ハート・スカラベ」は、裏に『死者の書』の一文が彫られた、やや大型の護符である。

中南米諸国（ラテンアメリカ）の色

> **Key word　陽気なラテンの色**　南アメリカはラテンアメリカ系の地域といわれる。深い密林、際立った山々に囲まれたラテンアメリカの国々の色は、陽気な民族性を反映して、華やかな色彩に輝いている。

南アメリカの国旗の色

　南アメリカ諸国の国旗は大きく4グループに分けられる。1つ目はエクアドル、コロンビア、ベネズエラに見られる赤、黄、青の3色。赤は勇気、黄は豊かな資源、青は空と海を表しているとされる。

　2つ目はブラジル国旗の、緑と黄と青い天体である。緑は森林資源、黄は鉱物資源の象徴である。

　3つ目は南に位置するアルゼンチンやウルグアイで、自由や正義を象徴する青と、平和を意味する白、独立戦争の勝利を意味する黄色い太陽からなる。

　そして4つ目はチリやパラグアイに見られる、青、白、赤の3色で、赤は独立のために流した血や正義を象徴しているとされる。

リオのカーニバル（謝肉祭）

　謝肉祭とは、キリスト教の復活祭と異教の農業祭が習合した祭りである。復活祭の前の日曜日を除く40日間（四旬節）は肉を食べることを禁じられていたため、その前に肉をたらふく食べてキリストの復活を祝おうという祭りである。特にリオ・デ・ジャネイロの**カーニバル**がもっとも華やかで世界的に有名である。

　この日は、華麗なサンバのリズムに乗って、派手な色とりどりの飾り物をつけた沢山の山車が出る。その山車で囲まれた中央には、赤、橙、黄などの派手な色の衣裳を身につけた女性や踊り子たちが登場し、歌を歌ったり、踊ったりして華麗な色の饗宴を繰り広げる。

モラの色

　「**モラ**」とは、元来、現地のクナ語で上着（ブラウス）の意味であるが、パナマ共和国のサンブラス諸島の原住民クナ族によって作られる派手な色使いの伝統的なアップリケを、特に「モラ」というようになった。

　通常のアップリケは、土台となる布の上に模様となる布を置いて刺繍するが、モラは逆に、強烈な色彩の赤、橙、黄、緑、青、白、黒などの布地を複数枚重ね合わせ、上布をデフォルメした動物や花模様に切り抜き、下布を浮き上がらせたものである。このモラの強烈な色彩は、赤道直下の強い陽射しにも負けない魅力に輝いている。モラの色はまさに原色に輝く中南米独特の色彩である。

豆知識　15世紀まで南アメリカを支配していたのはインカ帝国である。数多くのピラミッドや黄金の工芸品や血塗られた数々の伝説に彩られている。

中南米諸国の色彩

[リオのカーニバル] カーニバルとは謝肉祭のこと。特にリオ・デ・ジャネイロで開かれるサンバ・カーニバルでは色彩の饗宴が繰り広げられる。

[モラ] パナマ共和国・サンブラス諸島の女性たちが作るアップリケ布地。神話や動物、植物などを鮮やかな色使いでアップリケするのが特徴である。

[カナリアイエローのユニホーム] サッカーの強豪・ブラジルのナショナルチームは、カナリアイエローとよばれるユニホームを身につけている。ブラジル国旗の色でもある。

豆知識　ルイス・バラガン（1902年〜1988年）はメキシコの建築家。彼の代表的建築の〜ウラルパン礼拝堂、ヒラルディー邸は強い陽光にも負けない赤、黄、白、青、赤紫に輝いている。

イスラム圏の色

Key word　イスラム圏の色　イスラム教を信奉する人々にとって、彼らの生命と心を癒すものは、緑の樹々が生い茂ったオアシスであり、祈りを捧げる緑や青緑色などのモスクであった。

楽園の色としての緑

　イスラム教の聖典「**コーラン（クルアーン）**」には、イスラム教を信仰し善行をなした者に許されるという、川や泉水がありナツメヤシなどの実る楽園のことが示されている。楽園は緑に包まれており、天幕の中にはつぶらな瞳の美女が、緑の褥（しとね）と美しい絨毯（じゅうたん）の上に身を寄せているといったことが語られている。楽園（エデンの園）には生命の源である緑の植物が生い茂っており、美女たちは緑の褥（座布団、敷物の意味）や絨毯の上にいるというのである。緑はイスラム教の天国＝楽園を象徴する色であろう。

　一説では、預言者ムハンマド（570年頃〜632年）は緑のターバンを巻いていたともいわれ、緑のターバンはムハンマドの子孫を表すともいう。

　現在、イスラム教を信奉する国々の国旗は、緑色で彩られているものが多い。たとえば、リビアは緑一色の国旗であり、サウジアラビアの国旗は緑の地色に白抜きの文字で「アラーのほかに神はなく、ムハンマドはアラーの使者である」と書かれている。

モスクの青緑

　モスク（アラビア語でマスジドMasjid＝跪拝（きはい）する場所の意味）は、文字通りイスラム教徒にとって、最も神聖な祈祷の場であり、寺院である。これらの寺院の外壁は、灼熱の風土に耐えるように、おもに緑色から寒色系の青緑、青に至る色で彩色された陶板で彩られることが多く、そこには永遠の生命を表すかのようなアラベスク模様が描かれている。現在、熱砂の大地である中近東も、かつては豊穣な緑に覆われた大地であった。その土地の記憶とイスラム教への信奉が、モスクを緑色や青緑に彩っているのであろう。

チャドルの黒

　日常生活では、イスラム教徒の女性たちは黒い**チャドル**を纏（まと）っていることが多い。チャドルとは女性たちが、コーランの教えに従い、外出のときに頭から被る全身を覆うマントのような外衣のことである。灼熱の大地の下では、直射日光を避けねばならず、紫外線を防ぐ黒一色のチャドルを着て、身体を保護する意味もあるのであろう。

豆知識　11世紀から始まる十字軍との戦いは200年間で8回に及ぶ。その間、イスラム教徒たちは緑の旗を立てて戦った。敗戦続きの十字軍にとって、この緑は悪いイメージの色となった。

イスラム圏の色彩

[モスク]モスクはイスラム教の祈りの場所。このモスクの建物全体やドーム型の屋根は、青緑色のアラベスク模様の陶板で覆われている。

[黒いチャドル]イスラム教徒の女性が外出時に着用する、黒いマント状の服のこと。地域などにより異なるが、顔の部分だけを出して後はすべて覆うのが基本形である。激しい太陽光のもとで紫外線を防ぐ役割も果たしていると思われる。

豆知識 汎アラブ旗とはフセイン・イブン・アリーが、オスマン・トルコに対して反乱を起こしたときのアラブ連合軍に用いた旗のこと。赤、黒、白と緑の4色を基調としている。

アジアの色①中国

Key word　宇宙の色　中国の色彩は「陰陽五行説」による宇宙を構成する1つの要素と考えられ、しかも仏教、道教にも習合して人々の畏敬を集めた。また禅宗により墨絵が発達して五彩を兼ねる黒の世界が展開する。

陰陽五行説と色彩

　古代中国の世界観の1つ・陰陽五行説の「五行」とは、宇宙を支配する自然の力を木、火、土、金、水とし、この五行の盛衰循環により宇宙が変転するとした哲学思想である。五行はまた季節、方位、五色などの相関性が配当されている。色相は青、赤、黄、白、黒の順で循環し、それぞれの色は青が東、赤が南、黄が中央、白が西、黒が北の方位と対応し、中国特有の宇宙観を形成している。この思想は北京の紫禁城にも引き継がれており、朱色の伽藍に対して、甍は中央の色であり、そして皇帝の色である黄色に輝いている。またその九龍壁には、中央に黄色の龍を配し、左右には青龍、赤龍、白龍、黒龍が雄渾に描かれている。また各地に点在する孔子廟や関帝廟も、朱色の伽藍と黄色の甍で輝いている。

漢民族の赤

　中国人の大半は漢民族である。伝説の「黄帝」により、殷、周の時代に異民族が統合され、最初の漢民族国家が作られたといわれている。黄帝は軍事的に国家を統一したばかりではなく、衣服、舟車、家屋、祭祀、風習を創始した文化的英雄で、色彩では、赤を民族の象徴として用いた。そのため、祝祭や慶賀の場面で赤が呪術的な意味を込めて使われてきた。

　道教や仏教寺院の赤い伽藍は、悪霊の侵入を防ぐ意味があり、また正月に家屋の壁に赤い紙を貼り、墨や金色で文字を書き、逆さまに貼る風習がある。また中国の結婚式では、花嫁が赤い服を着る風習もまだ残っているが、欧米の影響で白い衣裳を着る人が多くなり、伝統主義者からは非難を浴びている。

　なお、五行説によれば、白は西方浄土、喪の色である。今でも地方では、葬儀の際に白い喪服を着ることも少なくない。

墨色の世界

　中国絵画の南宋画は、墨のぼかしと濃淡のみによって、自然の事物や事象を表現しようとしたものである。この場合の墨の濃淡は単に光と陰影を表したものではなく、「墨は五彩を兼ねる」という言葉が示すように、同時にすべての色彩を含んだ色なのである。水墨画は唐時代に山水画として発達し、宋時代に禅宗と習合し、その世界観を現す絵画として、急速に広まっていった。

豆知識　陰陽五行説は、五行、色彩、季節、方向、聖獣などと結びついている。漢字の「青春」「青龍」「朱雀」「白秋」「白虎」「玄冬」などはその現れである。

中国の色彩

[春節の龍舞] 春節とは中国の旧暦の正月のこと。豊穣を祈願して、赤と黄に彩られた龍が舞う。

[紫禁城の九龍壁] 黄色の龍を中心に、青、赤、白、黒の龍が描かれている。

[紫禁城の屋根] 紫禁城は皇帝の居城であり、五行説の中央の色である黄色は皇帝の象徴色である。

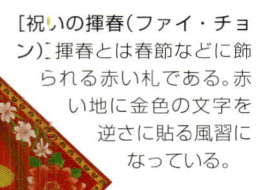

[祝いの揮春（ファイ・チョン）] 揮春とは春節などに飾られる赤い札である。赤い地に金色の文字を逆さに貼る風習になっている。

[景徳鎮の磁器] 景徳鎮は中国江西省の東北部に位置する都市で、唐代から白い磁器の産地として知られていた。

豆知識 陰陽五行説では、黄色は皇帝の衣服の色である。この思想はわが国にも伝えられ、天子の住まう家屋は「黄門」「黄屋」、天子の持つ刀は「黄鉞（こうえつ）」などという。黄門様の由縁はここにある。

アジアの色②日本

> **Key word**　**雅と粋色**　日本では神道を旨として白、赤、黒、緑の4色が畏敬されたが、やがて襲の色目など雅の世界を築き上げた。また江戸時代以降、地味色を「粋」色とした独自の色彩空間を愛でた。この伝統は今日まで受け継がれている。

陰陽五行説の色

飛鳥・奈良時代に伝来した陰陽五行説は、冠位十二階などにより官位制度に取り入れられ、またその彩色は8世紀初頭の高松塚古墳やキトラ古墳の壁面にも現れている。その色彩観は現代にも生きており、2002年に開かれた東大寺大仏開眼法要を飾った巨大な5色幕の記憶も新しい。また現在の大相撲の土俵の四隅を飾る四本柱（青、赤、白、黒の房）や、能舞台の橋懸かりに掛かる5色の幕、食の5原色などで見ることができる。

また言葉でいえば、青春、青龍、朱雀、黄門、白虎、白秋、玄武なども、その名残である。

黒と白の美学

鎌倉時代になると、中国から禅宗がもたらされ、合わせて水墨画が取り入れられた。わが国でも禅僧の雪舟、雪村、画家の長谷川等伯などの逸材が輩出し、墨と白で表現する絵画文化を作り上げた。次いで、茶道の創始者の千利休が登場し、侘び茶の精神を提唱し、虚飾を排した茶室を作るとともに、黒の楽焼を愛で、独自の世界観を作り上げた。利休の弟子・古田織部もまた瀬戸黒・黒織部などの焼き物を作り、利休の精神を継承していくのである。

この無彩色への憧憬は現代にも受け継がれ、川久保玲に代表される黒のファッションやブラック家電、黒のシャンデリアなどへの嗜好となって現れている。

四十八茶・百鼠

江戸時代には、町人たちの贅沢を戒めるため、幕府は度重なる奢侈禁止令を乱発し、紅花染めや紫根染を禁止した。そこで地味色を「粋」とする美意識が生まれ、粋な色として最も流行したのが、俗に**四十八茶百鼠**といわれる色である。

特に歌舞伎の人気役者が着ていた衣裳が流行色となり、路考茶、梅幸茶、芝翫茶、璃寛茶、団十郎茶、高麗納戸という**役者色**が流行した。同時に鼠色の微妙な色の違いをとらえて名前をつけ、銀鼠、藍鼠、藤鼠、白鼠、鳩羽鼠、紅鼠、利休鼠などといって愛好した。

建築家の黒川紀章は1977年に国立民族学博物館を設計したが、その外壁は「利休鼠」で彩色されている。民族文化を代表する建造物に、黒川は日本の代表的な伝統色を意識して使用したのであろう。

豆知識　襲（かさね）の色目とは、平安時代以降に、貴族の服装に用いられた配色のことである。男女とも、季節や年齢によって用いる色が規定されていた。

日本の色彩

[大相撲の四本柱] 大相撲の土俵は、土表が象徴する大極を中心に、中国の陰陽五行説に影響を受けた四本柱に彩られている。

[成田エクスプレス] デザイナーの栄久庵憲司は、海外からの客を迎える日本の最初の顔になることを意識し、日の丸の赤を使用したと述べている。

[アサヒ・スーパードライホール] フランス人デザイナーのフィリップ・スタルクがデザインした。黒と金色でデザインされている。

[国立民族学博物館] 黒川紀章が1977年に設計した「国立民族学博物館」。黒川は他に「国立文楽劇場」も同じ利休鼠をコンセプトとして設計した。

豆知識 五行説の青、赤、黄、白、黒よりも尊ばれたのは紫である。中国では天子は死後、北極星となるとの伝承があり、その北極星のことを紫微垣（しびがき）といい、京都の紫宸殿の由来でもある。

第9章

さくいん

▶▶▶ アルファベット、記号 ◀◀◀

Adobe RGB ················ 104, 184, 185
cd（カンデラ）···························· 36, 37
CIE（国際照明委員会）········ 40, 66, 98
CI カラー ································ 178, 179
CMY（CMYK）
············ 22, 23, 102, 103, 105, 114, 115
CRT ·· 109, 118
HSB(HSV) ······························ 104, 184
HVC ·· 102
K（ケルビン）·································· 34
L*a*b*（表色系）······ 98, 99, 104, 192
LCD ······································· 118, 119
LED →発光ダイオード
lm（ルーメン）····························· 36, 37
lx（ルクス）·································· 36, 37
L 錐体 ································ 58, 70, 188
M 錐体 ······························· 58, 70, 188
NCS·· 96, 97
nm（ナノメートル）······························ 16
PCCS ················· 94, 95, 148, 150, 152
PDP ······································· 118, 119
RGB ························· 22, 23, 105, 184
RGB 表色系 ··································· 98
SD 法 ··································· 126, 132, 133
sRGB ···································· 104, 184, 185
S 錐体 ····································· 58, 188
XYZ 表色系 ······························ 98, 104
xy 色度図 ·································· 98, 99
Yxy ·· 104
φ（フィー）····································· 97

▶▶▶ あ 行 ◀◀◀

アクセントカラー ······ 158, 159, 166, 167
アソートカラー ··············· 158, 166, 167
アブニーシフト ······························· 82
暗順応 ······································ 64, 65
暗所視 ··························· 37, 58, 59, 66, 67
安全色彩 ································ 180, 181
アントシアン ······························ 42, 43
一次視覚野 ······························ 60, 61
イッテン，ヨハネス ······················· 144
イメージプロフィール ···················· 132
色温度 ······································ 34, 35
色記憶 ·· 80
色空間 ·· 99
色順応 ······························ 64, 65, 68
色の寒暖感 ·································· 126
色の軽重感 ·································· 130

色の硬軟感 ·································· 130
色の 3 属性 ······························· 90, 91
色の象徴語 ·································· 124
色の伝達方法 ······························ 100
色の派手地味感 ···················· 130,131
色立体 ·································· 92, 93, 94
印刷（印刷インキ）··········· 48, 49, 114
インテリア ································ 166, 168
ウェッジウッド ブルー ············ 204, 205
エーレンシュタイン効果 ············· 84, 85
液晶ディスプレイ ····················· 118, 119
エクステリア ·································· 164
絵の具 ······································ 52, 53
演色（性）、演色評価数 ·········· 40, 41
縁辺対比 ··································· 74, 75
オートカラーアウォード ················· 175
オズグッド，チャールズ ·················· 132
オストワルト，ウィルヘルム ··········· 142
温白色 ·· 35

▶▶▶ か 行 ◀◀◀

回折 ·· 28, 29
外側膝状体 ······························ 60, 61
回転混色 ································ 110, 111
貝紫 ·· 44
可視光線 ···················· 16, 17, 18, 66
可視領域 ····································· 18, 19
カッツ，ダヴィッド ··························· 30
カテゴリカルカラーネーミング法 ····· 100
家電 ·· 172, 173
加法混色 ···························· 108, 109, 110
カマイユ配色 ···························· 156, 157
カラーオーダーシステム ················· 90
カラーハーモニー・マニュアル ········ 142
カラーピラミッド・テスト ·········· 134, 135
カラーマネジメント ················· 192, 193
カロテノイド ································ 42, 43
干渉 ·· 28, 29
桿体（視細胞）········ 56, 57, 58, 59, 66, 67
慣用色名
········ 54, 88,100,106,120,136,160,182,196
慣用的トーン配色 ························ 156
顔料 ································ 46, 47, 52
記憶色 ······································ 80, 81
輝度 ·· 36, 37
機能性色素 ···························· 190, 191
基本色彩語 ······························ 100, 101
吸収 ·· 20
鏡映色 ·· 30
共感覚 ·· 122
空間色 ······································ 30, 31
具体的な連想 ······························ 124
屈折（率）······················ 16, 18, 24
グラデーション ························· 158, 159
グレースケール ······························ 97

220

クロマチックネス	96, 97	四十八茶百鼠	218
クロロフィル	42, 43	視神経乳頭	56, 57, 70
景観緑三法	162, 163	自動車	174
蛍光灯	32, 33, 35	視認性	78, 79, 150, 178
継時加法混色	108	灼熱	30
携帯電話	176	ジャッド, ディーン・ブリュスター	146
系統色名	100, 101	収縮色	128, 129
ゲーテ, ヨハン・ヴォルフガング		シュヴルール, ミッシェル・ウジェーヌ	
	14, 138, 139, 194		140, 141
結像	56, 57	主観色	84
顕色系（表色体系）	90	主観的輪郭	84, 85
原色	22, 23	シュタイナー, ルドルフ	194
減法混色	108, 112, 113	主虹	24, 25
光輝	30	順応（性）	64, 68, 69
光源色	21	条件等色	38, 39
高次視覚野	60, 61	照度	36, 37
恒常性	68, 69	親近性の原理	146, 147
光束	36, 37	人工光	32, 33
後退色	128	進出色	128
光沢	30	心理補色	72, 94
光度	36, 37	心理4原色説→反対色説	
コチニール	44, 45	錐体（視細胞）	56, 57, 58, 59, 63, 66, 67
混色系（表色体系）	90, 98	スプリット・コンプリメンタリー	
コンプレックス・ハーモニー	158, 159		144, 145
		スペクトル	14, 18, 19
▶▶▶ さ 行 ◀◀◀		赤外線	16, 17, 18
		セパレーション	158, 159
彩度	76, 90, 91, 102	セマンティック・ディファレンシャル法→	
彩度対照系の配色	152, 153	SD法	
彩度対比	74, 75	染料	44, 45
彩度類似系の配色	152, 153	側抑制	74
錯視	84, 86		
3色説	62, 63	▶▶▶ た 行 ◀◀◀	
残像	70, 71, 138		
散乱	26, 27	ダイアッド（2色調和）	144, 145
紫外線	16, 17, 18	対照色相配色	150, 151
視覚野	56, 57, 60, 61	大脳	56, 57, 60, 61
色陰現象	72	対比	72, 73, 76, 77
色覚（1型色覚、2型色覚、3型色覚）		対比の調和	140, 141
	188, 189	段階説	62, 63
色光の3原色	22, 23, 108	短波長	17, 18, 19, 112, 113
色材	44, 46, 48, 50, 52, 112	秩序の原理	146, 147
色彩科学	14	中間混色	76, 108, 110
色彩調和論	138, 140, 142, 144, 146	昼光色	35
色材の3原色	22, 23, 48, 112	中差色相配色	150, 151
色素	42, 43	抽象的連想	124
色相	76, 90, 91, 102	昼白色	35
色相環	93, 95, 97, 103, 139, 142, 143	中波長	18, 19, 112, 113
色相対比	72, 73, 77	長波長	17, 18, 19, 112, 113
色相における調和	142	デジタル色彩	184
色聴	122, 123	テトラッド（4色調和）	144, 145
識別性	78, 178	デルフト・ブルー	200
刺激値	98, 104, 105	電界発光	32, 186
刺激値直読方法	104, 105	電球色	35
視交叉（視神経交叉）	60, 61	展色材	50, 52, 53
視細胞	58	電磁波	16, 17, 18

さくいん

221

同一色相配色	148, 149
投映法（投影法）	134
透過	20
同化	76, 77
透過色	21
透過率	20
同時加法混色	108
等色相面	91, 93, 95, 97, 142, 143
等色相面における調和	142, 143
透明表面色	30, 31
透明面色	30, 31
トーナル配色	156, 157
トーン	94, 95
トーン・イン・トーン	156, 157
トーン・オン・トーン	148, 156, 157
トーン対照系の配色	154, 155
トーン同一系の配色	154, 155
トーン類似系の配色	154, 155
特色印刷	114
ドミナント	140, 141, 146, 147
トライアッド（3色調和）	144, 145
塗料	50, 51

▶▶▶ な・は 行 ◀◀◀

ナチュラル・ハーモニー	146, 158, 159
ナチュラルカラーシステム	96
ナトリウムランプ	32, 33
日本色研配色体系	94
日本ファッション協会	102, 103, 175
ニュートン，アイザック	14, 16, 18
ネオンカラー効果	84, 85
パーキン，W. H.	44
配色	148
白色（蛍光灯）	35
白熱灯	32, 33
薄明視	37, 66
発光ダイオード	32, 33, 186, 187
反射	20
反対色説	62, 63, 96
ハント効果	82, 83
比視感度	66, 67
ビヒクル	48, 49
標準イルミナント	38, 39, 40, 41
表面色	20, 21, 30
フェヒナー，グスタフ	84
フォ・カマイユ配色	156, 157
フォーカル色	80
副虹	24, 25
物体色の色名	100, 101
フラボノイド	42, 43
プリズム	14, 18, 19
プルキニエ，ヤン・E	66
プルキニエ現象	66, 67
プロセス印刷	114, 115
ブロッケンの妖怪	28

プロファイル	192, 193
分光	18
分光測色方法	104, 105
分光反射率	20, 21
分光分布図	20, 21
併置混色	110, 111
ベースカラー	158, 166, 167
ヘクサッド（6色調和）	144
ベゾルト＝ブリュッケ現象	82, 83
ヘモグロビン	42, 43
ヘリング，エヴァルト	62, 96, 142
ヘルソン＝ジャッド効果	82, 83
ヘルムホルツ，ヘルマン	62
ペンタッド（5色調和）	144
ベンハムのこま	84, 85
膨張色	128, 129
補色色相配色	150, 151
ポンパドール・ピンク	208

▶▶▶ ま・や・ら・わ 行 ◀◀◀

マンセル，アルバート・H	92
マンセル値	102, 103, 104
マンセル表色系	92, 93
ミー散乱	26, 27
無彩色	90
明順応	64, 65
明所視	37, 58, 59, 66, 67
明度	76, 90, 91, 102
明度対照系の配色	152, 153
明度対比	74, 75, 77
明度類似系の配色	152, 153
明瞭性の原理	146, 147
メタメリズム→条件等色	
メラニン	42, 43
面色	30, 31
盲点	56, 57
網膜	57, 58, 59
モーヴ	44
役者色	218
ヤング，トーマス	62
ヤング＝ヘルムホルツ説→3色説	
有機 EL	32, 118, 186
有彩色	90
誘目性	78, 79, 150, 178
ユニバーサルデザイン	188, 189
乱反射（拡散反射）	20
隣接色相配色	148, 149
類似色相配色	148, 149
類似性の原理	146, 147
レイリー散乱	26, 27
連想	124, 125
ロイヤル・ブルー	208
ロールシャッハ・テスト	134, 135

■特別協力

河口洋一郎（かわぐち・よういちろう）
東京大学大学院情報学環教授。CGアーティスト。グロースモデルの自己増殖の研究を行う。国際大会でのグランプリ受賞多数。第100回ベネチアビエンナーレで日本代表芸術家。

宮島達男（みやじま・たつお）
東北芸術工科大学教授。現代美術家。LEDのデジタルカウンターを使用して、死生観を表現した作品「Sea of time」、「Death of time」で国際的に高い評価を受けている。

北岡明佳（きたおか・あきよし）
立命館大学文学部教授。専門は知覚心理学。錯視における認知心理学的な研究とともに、錯視を利用したデザイン・画像を数多く作る。第9回ロレアル色の科学と芸術賞金賞受賞。

川添泰宏（かわぞえ・やすひろ）
武蔵野美術大学名誉教授。アート＆グラフィックス主宰。音楽との共感覚や錯視をテーマに数多くのCGを制作。著書に『色彩の基礎－芸術と科学―』『ゆかいなどうぶつ』がある。

■おもな参考文献 （順不同）

ヨーハン・ヴォルフガング・フォン・ゲーテ著、高橋義人・前田富士男訳、十川浩江編『色彩論 第一巻』（工作舎）

ルドルフ・シュタイナー著、西川隆範訳『色彩の本質』（イザラ書房）

M. E. Chevreul『THE PRINCIPLES OF HARMONY AND CONTRAST OF COLORS AND THEIR APPLICATIONS TO THE ARTS』(Reinhold Publishing Corporation)

ハラルト・キュッパース著、富家直訳『色彩 起源／体系／応用』（美術出版社）

ヨハネス・イッテン著、大智浩・手塚又四郎訳『色彩の芸術』（美術出版社）

福田邦夫著『色彩調和論』（朝倉書店）

日本色彩学会編『色彩用語事典』（東京大学出版会）

アリスン・コール著、村上博哉訳『色の技法』（同朋舎出版）

フランス・ゲリッツェン著、富家直・長谷川敬訳『現代の色彩』（美術出版社）

川添泰宏著『色彩の基礎－芸術と科学―』（美術出版社）

北畠耀著『色彩学貴重書図説』（日本塗料工業会）

一ツ橋美術センター編『カラーウォッチング 色彩のすべて』（小学館）

川上元郎著『色の常識』（日本規格協会）

ニュートン著、島尾永康訳『光学』（岩波書店）

日本色彩学会編『新編 色彩科学ハンドブック』（東京大学出版会）

金子隆芳著『色彩の科学』（岩波書店）

日本色彩研究所編『カラーコーディネーターのための色彩科学入門』（日本色研事業）

池田光男・芦澤昌子著『どうして色は見えるのか－色彩の科学と色覚－』（平凡社）

村上元彦著『どうしてものが見えるのか』（岩波書店）

近江源太郎著、日本色彩研究所監修『カラーコーディネーターのための色彩心理学入門』（日本色研事業）

金子隆芳著『色彩の心理学』（岩波新書）

大山正著『色彩心理学入門』（中央公論新社）

左巻健男著『光と色の100不思議』（東京書籍）

斉藤文一著『空の色と光の図鑑』（草思社）

北畠耀編『色彩演出事典』（セキスイインテリア）

川崎秀明著『カラーコーディネーターのための配色入門』（日本色研事業）

東京商工会議所編『カラーコーディネーションの実際』第2版（東京商工会議所）

東京商工会議所編『カラーコーディネーション』第2版（東京商工会議所）

東京商工会議所編『カラーコーディネーションの基礎』第3版（東京商工会議所）

D.B. ジャッド・G. ヴィスツェッキー著、本明寛訳『産業とビジネスのための応用色彩学』（ダイヤモンド社）

大田登著『色彩工学 第二版』（東京電気大学出版局）

江崎正直編『色材の小百科－染料から機能性色素まで－』（工業調査会）

一見敏男著『印刷のための色彩学』（日本印刷新聞社）

中澄博行著『機能性色素のはなし』（裳華房）

重森義浩著『色と着色のはなし』（日刊工業新聞社）

日本色彩研究所編『デジタル色彩マニュアル』（クレオ）

杉山久仁彦著『Desktop color Handbook 7』（ナナオ）

上原ゼンジ著『すぐにわかる！使える‼カラーマネージメントの本』（毎日コミュニケーションズ）

■編著　城一夫（じょう・かずお）

共立女子学園名誉教授。色彩文化の研究、色彩計画等に従事。著書に『COLOR ATLAS 5510』(光村推古書院)、『フランスの伝統色』『フランスの配色』『常識として知っておきたい美の概念60』（PIE BOOKS）他。展示会『大江戸の色彩展』『明治・大正・昭和の色彩展』(DIC株式会社）の企画・構成、テレビ番組『北野武の色彩大紀行』(テレビ朝日）他を監修。他に福祉・医療施設の色彩計画（リリカラ株式会社）などを担当。

■著者　渡辺明日香（わたなべ・あすか）

共立女子短期大学生活科学科教授。現代ファッションと色彩を研究。著書に『ストリートファッション論』（産業能率大学出版部、2011年）、『東京ファッションクロニクル』（青幻舎、2016年）、分担執筆に「ストリートファッション―都市文化としてのファッション」『ファッションで社会学する』（有斐閣、2017年）などがある。

■著者　高橋淑恵（たかはし・すみえ）

染織作家。スタジオ デル ソル代表。染色と織物と色彩などの教室を開いている。共著に『色彩用語事典』（東京大学出版会）。第23回京都親彩染色研究会展で京都市長賞、第65回日本手工芸美術展日本手工芸文化協会委員長賞、ネオ・ジャポニズム特別展でパレ・パルフィー賞受賞。

本書の内容に関するお問い合わせは、書名、発行年月日、該当ページを明記の上、書面、FAX、お問い合わせフォームにて、当社編集部宛にお送りください。電話によるお問い合わせはお受けしておりません。
また、本書の範囲を超えるご質問等にもお答えできませんので、あらかじめご了承ください。
　FAX：03-3831-0902
　お問い合わせフォーム：http://www.shin-sei.co.jp/np/contact-form3.html

落丁・乱丁のあった場合は、送料当社負担でお取替えいたします。当社営業部宛にお送りください。
法律で認められた場合を除き、本書からの転写、転載（電子化を含む）は禁じられています。代行業者等の第三者による電子データ化及び電子書籍化は、いかなる場合も認められていません。

徹底図解　色のしくみ

編著者	城　　一　夫
発行者	富　永　靖　弘
印刷所	株式会社新藤慶昌堂

発行所　東京都台東区　株式　新星出版社
　　　　台東2丁目24　会社
　　　　〒110-0016　☎03(3831)0743

Ⓒ Kazuo Jyo　　　　　　　　　　Printed in Japan

ISBN978-4-405-10678-9